中国海洋大学"985"工程海洋发展人文社会科学研究基地建设经费资助
教育部人文社会科学重点研究基地中国海洋大学海洋发展研究院资助
国家海洋局海洋咨询中心资助

中国海洋管理哲学研究

变革中的**海洋管理**

王琪　王刚　王印红　吕建华 ◎ 编著

Marine Management IN Evolution

社会科学文献出版社
SOCIAL SCIENCES ACADEMIC PRESS (CHINA)

序

一百多年前的狄更斯曾经说过："这是最好的时代，也是最坏的时代。"套用狄老这句充满智慧的话，这是一个距离海洋最近的时代，也是一个距离海洋最远的时代。没有任何一个时代，像今天的我们这样渴望亲近海洋。海洋给予我们越来越多的馈赠。丰富的海洋能源与资源，良好的海洋环境，都是我们渴望从海洋中获得的财富。以前，海洋是阻隔世界各国的"天堑"，现在已经成为连接整个世界的"交通枢纽"。到目前为止，全球一半以上的人口居住在海岸线以内60公里处，有专家预计，到2020年，这一比例将达到3/4。但是，在我们如此亲近海洋的过程中却发现，我们距离海洋越来越远。我们对海洋的认知如此之少，"海洋时代"来临，我们却发现我们对海洋的认知还处于初级阶段，很多的认知空白需要我们去填补。换言之，我们对海洋的认知要远远落后于我们走向海洋的步伐，也落后于我们渴望走向海洋的热忱。现实对海洋管理有着巨大的渴求。与其形成鲜明对比的是，海洋管理的很多研究也是空白或处于起步阶段。

这种状况激发了大家对海洋管理研究的热忱。不同的研究者从不同的视角对海洋管理进行探究。概括而言，其研究可以分为两条途径：一是从工商管理的视角来研究海洋管理，代表了管理学基本原理在海洋管理方面的运用；二是从公共管理的视角来研究海洋管理，代表了政治学、行政学等基本原理在海洋管理方面的运用。这两条研究途径从不同角度和侧面诠释海洋管理。显然，多途径的研究有利于海洋管理的深化。但遗憾的是，目前学界对于海洋管理的研究，在基本理论方面还没有实现突破。海洋管理的一些基本概念，还处于争鸣之中。海洋综合管理、区域海洋管理（抑或海洋区域管理）、海洋行政管理等概念的内涵与外延以及它们之间的关系，学界还没有取得一致。海洋管理的研究框架及内容，也没有非常清晰的界定。但是我们想，这种现状正好为海洋管理研究展现了一个很好的舞台。它还没有奠定夯实的基础，也就意味着我们肩负着更多的使命；它没有厚重的历史，那就让我们拥抱它的未来。

我们所在的中国海洋大学法政学院，突出"海洋"与"环境"两大研究特色，在海洋管理、海洋政治、海洋社会、海洋法、环境法等领域进行了开拓性的研究。在研究海洋管理的过程中，很多同事以及学生都给予了我们极大的启迪。本书的很多内容都是我们在与同事、与研究生的相互探讨过程中形成的。从这个意义上而言，本书的完成，是集体智慧和创作的结果。此外，本书的部分内容也是笔者近几年的研究成果，其中一些已公开发表。当然，由于笔者学识及能力方面的限制，其中很多内容还不完善。将此书付梓，更多是希望引起学界的关注和更大的研究兴趣，以此推动海洋管理研究的深化。

本书由王琪、王刚负责框架体系设计及统稿、定稿等工作。书中的第一章、第七章、第八章主要由王琪负责撰写，第二章、第四章、第五章由王刚负责撰写，第三章由吕建华负责撰写，第六章由王印红负责撰写。中国海洋大学法政学院行政管理专业以及国家海洋局专业硕士班的研究生同学以其对海洋管理研究的热忱，积极参与了本书的资料收集和部分章节的撰写工作，这些同学是：刘建山、季晨雪、高扬、吴失、刘弈晨、孙慧慧、尹跃、罗玲云、高娜、刘鹏飞、赵俊亭、张璇、宗鹏飞、王晨良子、崔璐、许文燕、贾宪飞、叶攀、方楚云。此外，王爱华、赵志燕两位同学参与了本书的最终统稿工作。上述同学对海洋管理研究的热爱和智慧，让我们感受到了中国海洋管理研究未来的希望，在此，向上述同学表示感谢。

本书能够出版，得益于中国海洋大学"985"工程海洋发展人文社会科学研究基地、教育部人文社科重点研究基地中国海洋大学海洋发展研究院、国家海洋局海洋咨询中心的经费资助。正是由于它们对于海洋人文社科研究的高度关注和鼎力支持，我们这些海洋人文社会科学的研究者才有了发表学术观点和出版学术著作的平台和机会。感谢给予我们的扶持和帮助。

最后要感谢的是社会科学文献出版社社会政法分社王绯社长、曹长香编辑及其他评审老师，他们对本书一丝不苟地审阅、校正，使我们避免了许多不该有的问题，正是他们耐心细致的工作，本书才得以顺利出版。

由于我们水平和能力有限，书中难免有疏漏不妥之处，恳请读者不吝赐教，予以批评指正，以帮助我们不断完善海洋管理研究。

作　者

2012 年 10 月写于海大五子顶侧

目 录
CONTENTS

一 上篇 总论篇 一

下篇 分论篇

上篇
总论篇

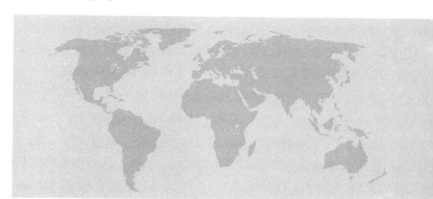

Part 1

第一章 海洋价值

一 关于海洋价值的理性思考

千百年来，人类走近海洋、探索海洋、开发利用海洋，这一切的涉海活动都源于：海洋是有价值的。正是海洋所蕴涵的巨大价值，驱使着人们奔向海洋，去征服它、占有它、享用它。对于人类来说，仅仅认识、把握海洋，那是远远不够的，更重要的在于，人类要根据自身的主体尺度，在正确判定海洋对于人类所具有的重大意义的同时，凭借人类的力量去影响和改造海洋世界，以满足人类自身生存和发展的客观需要。无论是为获取海洋资源所进行的海洋开发活动，还是为了更好地获取海洋资源、保护海洋环境所进行的海洋管理活动，都是基于海洋价值这一基本事实。可以说，对海洋价值的评价、认识直接影响到海洋开发活动和海洋管理活动，对海洋价值的认识不当、开发利用不当，其直接后果便是当今的海洋问题。因此，正确认识海洋价值，有效利用海洋价值，是合理开发利用海洋、科学管理海洋的基本前提。

（一）海洋价值及其拓展的内容

从哲学意义上讲，价值是指客观事物对人的需要的满足，即对人的有用性。主体有某种需要，而客体能够满足这种需要，那么对主体来说，这个客体就是有价值的。主体的需要，推动主体作用于客体，而主体需要的满足就是客体价值的实现。海洋价值是指海洋所具有的满足人类需要的各种属性。这些属性包括了自然属性和社会属性，它们构成海洋价值的客观基础。海洋价值体现着海洋与人类的关系，主要表现在海洋对人类生存、发展和享受的支持。当我们以人为尺度评价和利用海洋时，可以发现，海洋价值是由多领域的价值综合而成，不同类型的价值，对人类有着不同的意义。人们在讨论海洋价值时，往往从自身的需要出发，根据需要的不同类别，来确定海洋价值的不同表现，并且根据自己的标准来评判海洋价值的大小。一般来说，当海洋能够发挥自身的作用对人类作出长期贡献时，我们说海洋价值高；海洋的自然功能削弱或海洋对人类的贡献下降，我们就说海洋价值在下降。

海洋价值是与人们的具体需要联系在一起的，从满足人们的具体需要来讲，整体的海洋价值又可分解为政治军事价值、经济价值、科学文化价值等不同的方面。长期以来，人们谈论海洋价值，所想到的总是上述方面。从古代的鱼盐之利和舟楫之便，到世界交通的重要通道；从人类生存的重要空间，再到1992年世界环境与发展大会认为的，海洋是人类生命支持系统的重要组成部分，是可持续发展的宝贵财富。海洋在人类生活中扮演的角色越来越重要，海洋的价值也越来越大。随着人们对海洋认识的深入，海洋价值的内容也在不断拓展。21世纪海洋世纪的到来，世界范围内的海洋开发利用进入了前所未有的时代，世界各国特别是沿海各国从来没有像今天这样重视海洋，人类对海洋价值的认识越来越深入。海洋这一尚未充分开发利用的自然资源宝库，作为人类生存与发展的重要空间，不仅是人类可持续发展的重要支撑力量，而且，也作为最大的政治地理单元，成为国际政治活动、军事活动的重要场所。经济与社会的发展，国际安全、沿海国家的安全，都与海洋密切相关。从战略的高度认识海洋价值，可以发现，海洋价值又被赋予了新的具有时代意义的内涵，在原有的海洋价值认识基础上，海洋价值观被进一步拓展。

1. 海洋生态价值

现代生态学的扩展、延伸，开拓了海洋价值认识的思路，促使人们从生态学的角度，强调海洋生态系统与人类社会的关系。与海洋生态学兴起相伴随的是海洋生态价值观的兴起，海洋生态价值观是从海洋生态学的角度看待海洋价值的一种观点，强调海洋与人类的交互作用。

　　海洋自然生态系统是生物圈中具有独特形态、结构和功能的组成部分。海洋中的每个构成部分又各有其独特的地质地貌、物理化学性质和生物组成。它们具有其他自然生态系统不可替代的环境价值、经济价值和社会价值。海洋生态系统在以物质性产品的形式满足人类生存、发展和享受的需要的同时，又以非物质性产品的形式为人类提供舒适性服务，满足人类更高级的享受。同时，海洋还具有重要的生态功能。正像一部由许多零部件组成的机器一样，各个零部件有机结合起来，就具有了它们单独存在时所不具备的新的功能。海洋生态系统的价值主要体现在：①提供生境；②调节控制物种种群结构；③污染治理；④防治海洋灾害；等等。

　　海洋生态系统不仅为我们提供产品，也为我们提供服务，而且，后者的价值往往高于前者。但要让生态系统提供的这类服务得到保护，对这类服务的价值就有必要加以计算，并将其体现在市场信号中。如果忽视海洋生态价值或者将其估价过低，那就会刺激海洋生态资源的过度消耗，破坏生态平衡，使海洋生态功能减少以致丧失。罗伯特（Robert）、科斯坦萨（Costanza）等人1997年在《自然》（*Nature*）杂志上撰文，公布了他们对全球海洋在一年内对人类的生态服务价值的评估结果。价值类别包括气体调节、干扰调节、营养盐循环、废物处理、生物控制、生境、食物产量、原材料、娱乐和文化形态等。计算结果是全球海洋生态系统价值为每年461220亿美元，每平方公里的海洋平均每年给人类提供的生态服务价值大约为57700美元（见表1-1）。

表1-1　全球海洋生态系统价值评估

生态类型	面积（百万公顷）	单位面积价值（美元/公顷/年）	全球价值总量（10亿美元/年）
海洋	36303	577	20949
大洋	33202	252	8381
河口	180	22832	4110
海草海藻床	200	19004	3801
珊瑚礁	62	6075	375
大陆架	2662	1610	4283
滩涂、红树林	165	9990	1648
沼泽	165	19580	3231
总　计			46122

资料来源：《海洋：我们的未来》，世界海洋独立委员会报告，1997。

按照上述计算标准，中国渤海、黄海、东海与南海的面积共计 4728000 平方公里，每年提供的生态服务价值共计 2728.06 亿美元，约为 22642 亿元人民币。由于各海域地理要素的差别，应该对我国四大海域的这些估计值进行修正。程连生根据各海区的情况，对四个海区的数值进行了分析，得到一个估价数，即中国四大海域每年提供的生态服务价值 1813.6 亿美元，约为 15047 亿元人民币。罗伯特、科斯坦萨等人的另一个评估结果是，沿海地区每平方公里平均每年给人类提供的生态服务价值大约为 405200 美元。以中国沿海滩涂面积计算这种价值，滩涂面积 20779.3 平方公里，生态服务价值约为 84.2 亿美元，约为 697 亿元人民币[①]。

海洋生态系统的服务价值评估研究告诉我们，海洋是有价值的，正确认识、评估海洋生态价值是合理开发利用海洋的前提。任何对海洋资源的无价使用或低价使用，都会导致海洋资源的过度消耗和海洋自然生态的严重破坏。随着海洋开发强度和深度的扩展，进入海洋环境的有害物质增加，海洋污染日趋严重，而且海洋自然灾害频繁，海洋脆弱的自然生态平衡系统极易被打破，造成近海渔业资源衰退、生物多样性锐减、生物资源量降低等环境问题。《2003 年中国海洋环境质量公报》显示，2003 年全国海域总体污染趋势有所减缓，但"近岸污染依然严重……重点监测的陆源入海排污口邻近海域环境污染严重，影响了邻近海水养殖区、旅游区等海洋功能区的功能利用。……河口海域的鱼类产卵场受到威胁。海洋赤潮发生仍较频繁，主要集中在东海海域"。这一切表明，现代人已在有意无意间降低了海洋生态价值。因此，仅仅把海洋当作一种发展经济的资源来看待，是极为片面的，将导致海洋功能的片面发挥或功能失效。在相互依赖、相互制约的自然环境要素之间，牵一"发"而动"全身"。过去，由于偏重生产观点，缺乏生态观点，从而造成生态系统的严重破坏和污染。早在一个世纪以前，恩格斯就提醒人们："我们不要过分陶醉于我们对自然界的胜利。对于每一次这样的胜利，自然界都报复了我们。每一次胜利，在第一步都确实取得了我们预期的结果，但是在第二步和第三步却有了完全不同的、出乎预料的影响，常常把第一个结果又取消了。美索不达米亚、希腊、小亚细亚以及其他各地的居

---

① 杨金森等：《海岸带和海洋生态经济管理》，海洋出版社，2000，第 245 页。

民，为了想得到耕地，把森林都砍完了，但是他们梦想不到，这些地方今天竟因此成为荒芜不毛之地，因为他们使这些地方失去了森林，也失去了积聚和贮存水分的中心。"①

海洋生态学观念的推广，改变了人们对海洋的态度。正如恩格斯所说："因此我们必须时时记住：我们统治自然界，决不象征服者统治异民族一样，决不象站在自然界以外的人一样，——相反地，我们连同我们的肉、血和头脑都是属于自然界，存在于自然界的；我们对自然界的整个统治，是在于我们比其他一切动物强，能够认识和正确运用自然规律。"② 在现代人们的价值观中，海洋不仅仅是人类索取的对象，而且是需要人类加以关心、保护的对象，要求人类在进行海洋开发的同时，保持慎重和节制态度，科学评估海洋所具有的生态价值，合理开发利用海洋。

2. 海洋国土价值

当人类开始需要把海洋作为生存与发展的新空间时，新的国土观也随之产生。海洋国土的概念是近十几年来随着国际海洋法律新制度的建立而提出来的。1982 年通过的《联合国海洋法公约》（以下简称《公约》）首次以国际法的形式，对领海、毗连海、专属经济区和大陆架等作了具体规定。《公约》规定，在 12 海里以内的内水和领海，国家拥有完全主权；24 海里以内的毗连区及 200 海里以内的专属经济区和大陆架，国家拥有海域管辖权和资源主权权利。也就是说，从广义来讲，领海、毗连海、专属经济区和大陆架都可算作一国的海洋国土。根据《公约》的有关规定，属于我国管辖的海域约 300 万平方公里，这是国家陆地国土的扩大和延伸。从广义上说，我国的"海洋国土"包括：①拥有完全主权的内水和领海，约 38 万平方公里；②拥有海域管辖权和资源主权权利的毗连区、专属经济区和大陆架，约 300 万平方公里。《公约》规定，沿海国在领海的主权及于领海的上空及其海床和底土，沿海国在其专属经济区内和大陆架有勘探开发、养护和管理自然资源的主权权利，以及管理海洋科研、防止海洋污染等一系列特定事项的管辖权。这样，我国既有 960 万平方公里的陆地国土，还

---

① 《马克思恩格斯选集》第 3 卷，人民出版社，1972，第 518 页。
② 《马克思恩格斯选集》第 3 卷，人民出版社，1972，第 518 页。

有约 300 万平方公里的海洋国土。我国是建立在辽阔的陆地和广阔的海洋上的国家，我国的海、陆综合国土应该是 1260 多万平方公里。这一重大变化不仅使海洋主权利益份额加重，也意味着我国未来的生存、发展有了更大的拓展空间。

《联合国海洋法公约》的规定，无疑为沿海国家提供了一个更加广阔的发展空间和广泛的海洋权益，它使得沿海国的国土构成发生了巨大的变化，国家管辖范围扩大。海洋国土的确立，表明了当代沿海国家的国土向海洋上延伸，也表明了沿海国家主权和利益在海洋上的延伸。国家管辖范围的扩大，意味着国土资源开发管理的任务加重，同时，也意味着国与国之间矛盾的加剧，作为人类未来重要生存空间的海洋不可避免地成为新时期国际斗争的焦点。控制了海域，就控制了资源，就掌握了竞争的主动权。可以说，《公约》唤醒了沿海国家开发利用和维护海洋资源的意识，进而引发了争夺海洋岛屿、海洋国土、海洋资源和海洋通道的新斗争。各沿海国都在按照自己对《公约》的理解，尽可能大地圈占海域。不仅发达国家继续谋求海洋霸权，广大发展中国家在海洋问题上日益觉醒，参与了争夺和控制海洋的斗争。各国纷纷调整本国国土及其资源开发和管理政策。许多沿海国家重新审视本国的海洋政策，制定新的海洋开发战略，加强领海、大陆架和专属经济区的开发保护和管理，使这些管辖海域向国土化方向发展，成为沿海国家的食品资源生产基地、能源资源开发基地、水资源开发基地以及生产和生活空间。

新的国土观在极大地拓展沿海国家人民赖以生存和发展的空间的同时，也必然成为 21 世纪世界政治、经济、军事、科技竞争的新高地。因为财富来自海洋，危险也将来自海洋。对于这些延伸到海洋里的国土，沿海主权国必然要考虑如何去行使主权和获取利益，同时也必然要考虑怎样去捍卫这些海洋国土上的主权和利益。虽然我国疆域陆海兼备，但国人的海洋意识历来比较薄弱。多年来我们还未能跳出已有的思维定势，从来没有把海洋作为国土进行过相应的国土基础测量，对海洋国土的基本家底模糊不清，更谈不上对海洋像陆地国土一样进行开发保护的总体规划和安排，海洋国土的实际管辖不到位。因此，中国急需提高和增强全民族自上而下的海洋国土意识，认识海洋的国土价值，保护海洋的国土价值。

（二）关于海洋价值的进一步思考

1. 海洋价值的展现是一个逐渐暴露的过程

海洋价值的展现表现为物的有用性不断丰富和提高，价值对象的数量和种类不断扩大和增多。海洋有价值，而且海洋的价值表现在方方面面，对人类社会的生存和发展都有重大意义。但海洋自身所具有的所有价值，并不是一下子全都呈现在人们面前的，而是有一个逐渐暴露的历史过程。海洋价值的体现本身就是一个过程，这一过程既是自然界自身演化的客观规律的体现，也是人与海洋交互作用的结果。从海洋价值形成过程看，需要很长的时间，如海洋矿产的形成，它是海洋中分散的化学元素，经过岩浆喷发和地壳运动以及地球化学作用过程、物理作用过程和生物过程等，在某一岩体中富集且达到一定量时才形成的。从作为自然物的海洋发展过程看，海洋这一自然生态系统所具有的多要素、多层次、多结构、多功能等特点，在自身的发展过程中呈现出错综复杂的态势，在发展的不同时期、不同状态下表现出不同的特征和功能，因而其所具有的各种属性有一个逐渐展现、暴露的过程。当其性质没有表现出来的时候，相应的海洋价值就体现不出来。从人与海洋的交互作用来看，海洋价值的体现与人类的需要程度密切相关。受一定历史条件的限制，人们的需要也是具体的、有限的。当人们的需要没有达到一定高度的时候，对海洋价值的认识必然受到限制，即使海洋价值内涵丰富，但人们所看到的海洋价值可能仅仅是满足饮食需要。而一旦海洋价值的发现和利用满足了人的需要，这种需要的满足又推动着人们去发现海洋新的价值，海洋价值在其发展中呈现出越来越多样化的趋势。恩格斯指出："从历史的观点来看……我们只能在我们时代的条件下进行认识，而且这些条件达到什么程度，我们便认识到什么程度。"① 某种海洋物质成为被人们所利用的资源，即有价值，往往需要具备三个条件：一是人类需要，二是科学认识发展，三是技术工具进步。随着这些条件出现，某种海洋物质成为人类利用的资源，在此以前，虽然海洋是客观存在的，但是其价值并未体现出来。海洋富饶而未充分开发，海洋的价值尚未被充分认识。研究、

---

① 《马克思恩格斯全集》第20卷，人民出版社，1971，第585页。

开发利用海洋的实践还在发展，人类对海洋价值的认识也会继续深化。人类在开发利用海洋时，应该尊重海洋价值的历史性，根据海洋价值形成的历史规律来分阶段、分步骤地开发海洋，使海洋价值的利用达到最合理化。

2. 海洋价值的实现是一个由应有到现有的转化过程

海洋是有价值的，但是，如同自然界不会"主动站出来满足人类需要"一样，海洋也不会自动站出来向人类报告它丰富的价值内涵，自动展示它的巨大功效。归根到底，海洋价值的体现和实现是由人来完成的。实现这一过程取决于以下因素。

其一，人们的认识程度。价值是对人而言的，海洋价值的展现程度和范围与人的认识过程是一致的。在一定的历史条件下，人们对海洋的属性、本质的认识是有限的、相对的，因而对于海洋究竟能在多大程度、方面和范围满足人的需要，即对海洋实际价值的认识和把握，也是有限和相对的。而且，人对客观事物价值的发现与掌握，是在实践基础上由片面到全面、由简单到复杂不断上升的过程。起初，人类改造自然的能力低下，实践活动的领域狭小，人所能利用的客观事物也极为有限。随着实践的发展，人对客观世界的认识与改造能力不断提高，对海洋价值的认识也逐渐深化。当人类开始把认识的对象指向海洋，向海洋要资源、要效益时，海洋便以其多样性的价值来满足人类不同层次的需求。然而，海洋价值的实现及其实现程度受人类对其认识程度的制约。近代以前，人类有关海洋的知识非常匮乏，人类的生存资源主要来自陆地。只是沿海的居民，凭借对海洋的朴素认识，"靠海吃海"，从海洋中获取现成的生物资源来满足自己生存的需要，这时对海洋价值的认识仅仅停留在海洋能满足人们饮食的需要。由于人类的海洋活动仅局限于海岸带和近海浅水区域，而且主要集中在水产捕捞、航运和海洋制盐上，对深海、大洋和广阔海底的资源情况均不可能了解。认识不到的事物，当然也就不可能产生认识和评价。因此，人类早期对海洋价值的认识只能是渔盐之利、交通之便。工业革命和科学技术的发展，深化了人们对海洋的认识，改进了开发利用海洋的手段，人类的海洋价值观发生了质的变化。更多受利益驱动的经济个体开始聚集到海洋，去占有、使用海洋。这时海洋的价值开始由仅仅满足人们的饮食需要，扩展到满足国家的政治军事和经济发展需要，海洋的价值呈现出多样化。而当人类进入 21 世纪——海洋世纪时，陆地资源的短缺，促使人们重新认识海洋价值，使传统海洋价值观念向新的认识转移，向更高层次发展。人类从来没有像今天这样依赖海洋，海洋价值也从来没有像今天这样被如此看重。但人类对海洋价值的认识受到人类自身认识能力和技术条件等各种因素的制约。其结果，一方面可能是人类对海洋所蕴藏的巨大价值认识不足，导致海洋价值不能充分利用，从而造成资源的浪费；另一方面可能是对海洋价值认识错误，导致海洋价值在一定程度上的破坏，从而造成海洋生态系统的失衡和人类之间的利益冲突。无论是对海洋价值认识不足还是认识错误，最终导致海洋价值不能达到有效利用。因此，正确地认识海洋价值，是人类充分开发利用海洋价值的必要前提。

其二，科学技术水平。与认识陆地不同，认识海洋的难度极大。深不可测的海水阻隔了人们观察的视野，海洋复杂多变的自然环境也阻碍了人们对海洋价值的认识。海洋价值认识的由浅入深、由简单到复杂，在很大程度上主要取决于科学技术的进步。没有一定的装备技术条件，海上的活动将无法进行。无论是海洋调查还是海洋开发，现代海上各类活动几乎都是依赖通用、专用和高技术组成的装备系统来完成的，如海洋调查，使用船舶进行海洋观测研究历史悠久，是普遍应用的载体。一艘现代海洋调查船，不仅船体集中了造船的主要技术，而且为了执行不同海区和各种调查勘探任务，在普通船舶技术的基础上，还加装了动力定位系统、高精度导航系统、全球通信和信息传递系统等。在海洋价值的开发利用中，可以说，科学技术起到了决定性的作用。现代海洋开发，一般是先公海后私海，先深海后浅海，发达国家利用手中掌握的先进科学技术，在公海、深海进行石油勘探、资源挖掘，把海洋公共资源据为己有，最大限度地利用海洋价值，而我国由于技术条件等限制，在海洋开发利用上则显得滞后，从而影响到海洋为我所用的力度。

3. 对海洋价值拓展的认识改变着人与海洋之间的关系

人们之所以提出需要改变人与海洋关系的价值观念，是因为事态的发展已使我们认识到，人类过去对海洋的态度所依据的价值观是片面的，它是基于如下一些观念：①人是海洋的主人，人有支配甚至统治海洋的权力；②海洋作为自然界的一部分，也和自然界一样，任何人都可以无偿地自由使用；③海洋作为资源是无限的，可以取之不尽，用之不竭；④海洋消纳废物的能力也是无限的，可以把我们不需要的一切扔到海洋中。正是依据这样的观念，人们对海洋采取了片面的态度：把海洋看作是仓库，任意向它掠夺越来越多的资源；把海洋看作是垃圾场，向它排放越来越多对海洋有害的废弃物。可见，在人与海洋关系的历史发展中，最突出的问题是人们对海洋价值的认识不正确、不全面。实际上，当我们说海洋的价值没有体现出来时，通常意味着人们对海洋价值的认识没有达到相应的程度，认识不到的事物当然无法断定它对人类的价值。而一旦人们对其价值的认识错误，则必然导致价值的无法实现。从最早直接利用海洋资源，发展到开发利用，都是掠夺式地对待海洋。这时，人与海洋的关系是消费性关系，人只考虑向海洋索取，而不考虑海洋的承受能力和海洋的未来。虽然人们利用海洋取得了一个又一个胜利，但是，海洋也一次又一次地报复了人类，如海平面的上升、日益严重的污染、频繁的赤潮等。海洋虽然是一个庞大的自然地理单元，似乎能够负担人类加予的一切危害，但近20多年来的实践证实，海洋也是一个比较脆弱的系统，在一定的开发利用规模下，海洋能够保持自身的生态平衡，但过度的开发利用所引起的海水污染、环境与资源损害等现象，必然影响人类自身的生存。因此，现实迫使人们改变以往对海洋的态度，站在与海洋平等的立场上审视海洋的价值，从人与海洋共生共荣的生态系统中寻找海洋价值实现的合理方式。以此为前提，海洋实践活动的方式方法发生了相应的变化，人作为海洋的管理者，不得不调整干预海洋的方式，采取友善的态度对待海洋。

4. 海洋价值的实现是一个人与物结合的过程，要顺利实现这一过程，必须借助有效的海洋管理

人类与海洋的交互作用推动了对海洋价值的认识与利用。但海洋价值的实现过程并不都如人们所料想的那样，经常会出现事与愿违的情况，即海洋价值没有充分体现出来。通常我们说海洋价值没有体现出来，主要指以下几种情况：其一，海洋价值没有充分发挥出来，即本来海洋有十分的价值却只发挥出一分，海洋开发利用程度严重不足，海洋资源没有得到有效利用，事实上造成资源浪费；其二，海洋价值的发挥是残缺的、单方面的，表现在海洋有多方面价值，却只发挥了一种或几种，而且通常是这一种或几种被竭力消耗、用尽，造成海洋生态系统失去平衡；其三，海洋价值是负的，海洋对人类产生了负面影响。由于人类开发利用海洋的方式不当，或对海洋资源的过度掠夺，导致海洋本应对人类具有的积极作用体现不出来，反而对人类产生危害。因此，现实的海洋开发利用过程中，最核心的问题不仅仅是实现海洋价值，让海洋对人类有用，而是使海洋价值达到最合理、最有效利用，只有这样，才能实现海洋的可持续发展。要实现海洋价值的合理、有效利用，必须依靠对海洋的有效管理。因海洋价值的实现过程就是人与物的有机结合过程，人与海洋没有结合意味着海洋价值没有得到体现，人与海洋结合不密切或结合的方式不对，则可能导致海洋价值的片面或畸形实现。而海洋管理正是人与海洋有机结合的一种方式，其目的便是通过协调海洋活动中人与人、人与物的关系，实现海洋资源的合理化运用，最终达到海洋的可持续利用和海洋生态系统的平衡状态。

海洋价值问题，是在资源、生态、环境问题日益严重的背景下提出来的。美国生态经济学家莱斯特·R.布朗在所著的《生态经济 有利于地球的经济构想》一书中讲到："在我们的人口数量相对远小于地球面积的时候，稀缺的是人造资本，而自然资本则非常丰富。现在的情况变了。随着人类事业的继续扩张，由地球生态系统所提供的产品和服务越来越稀缺，自然资本正在迅速成为制约因素，而人造资本则越来越雄厚。"[①]自然资本的日益稀缺，使得海洋价值问题更为突出，海洋价值研究的意义更为重大。因为只有承认海洋环境有价值，不断去认识海洋环境的价值，才能充分合理地利用在一定时间和空间范围内对人类有限的环境资源，高效利用海洋环境，自觉保护海洋环境。海洋的价值在于海洋以其特有的功能影响着人们的经济、政治和文化生活，为经济、社会的发展创设着广阔的空间和发展平台。就海洋价值的资源性而言，海洋价值如果不能得到最大

---

① 〔美〕莱斯特·R.布朗著《生态经济 有利于地球的经济构想》，林自新等译，东方出版社，2002，第21页。

限度的利用，那将是资源的一种浪费，是人类的一种不经济行为。因此，向海洋要资源，向海洋要效益，开发利用海洋，反映人类征服自然、改造利用自然的一种能力。但是，任何一种巨大的力量，如果不受约束，可能将因被滥用而导致严重的后果。美国学者卡逊给我们描绘"寂静的春天"时说道：人们"被用最现代化、最可怕的化学武器武装起来了，这些武器在被用来对付昆虫之余，已经转过来威胁着我们的整个大地了，这真是我们的巨大不幸。"①海洋之所以有价值，在于能够满足人类生存、享受和发展的需要，推动人类社会进步；但是如果海洋开发利用的方式不当，就会造成海洋环境的污染和生态破坏。其结果将使本应有益于人类的海洋变得有害于人类。要使海洋价值得到充分体现，必须考虑海洋利用的"度"。在一定限度内，对海洋价值的挖掘、利用不会损害海洋的支付能力，海洋自身能通过稀释、降解、沉淀吸附、生化反应等多种方式对污染物进行分解，维系自身的生态平衡。但超过一定限度，对海洋价值的破坏将变成不可逆的，从而导致海洋功能的丧失和海洋环境质量的恶化，那么，海洋对经济、社会发展的支持功能也将不再存在。因此，善待海洋，保护海洋，也就是善待我们人类自己。

二 海洋软实力：概念界定与阐释

1987 年耶鲁大学历史学家保罗·肯尼迪（Paul Kenned）教授在其著作《大国的兴衰》中，从军事、经济等可见的实力竞争视角分析，认为美国在与苏联的大国争霸以及与其他国家的国际竞争中因巨大的国防开支而必然衰败，美国正在重蹈历史上霸权国的覆辙②。一时间"美国衰落论"甚嚣尘上，成为当时国际关系学界的共识。然而，哈佛大学教授约瑟夫·奈（Joseph S. Nye）却认为美国的力量并没有衰落，而是其本质和构成正在发生变化。1990 年，他分别发表了《变化中的世界力量的本质》

①〔美〕R. 卡逊著《寂静的春天》，吕瑞兰译，科学出版社，1979，第 515 页。
② 蒋英州、叶娟丽：《国家软实力研究述评》，《武汉大学学报》（哲学社会科学版）2009 年第 2 期，第 241～249 页。

和《软力量》（soft power）等一系列论文，首次明确提出了"软力量"①概念。奈明确指出，"美国不仅是军事和经济上首屈一指的强国，而且在第三个层面上，即在'软力量'上也无人与之匹敌"②。奈提出这个概念，主要是基于冷战时期国家间竞争的需要，即在国家间以军事、经济、科技为主要内容的硬实力竞争之外，寻找比硬实力更高层次、更有效的分析工具与路径。

软实力概念提出以后，成为一个频繁用于多个领域的名词。传入我国以后，软实力成为研究热门，国内外学者针对软实力的概念、构成要素、提升战略，以及相关衍生概念如文化软实力、军事软实力、经济软实力、城市软实力、企业软实力等进行了广泛研究。国内学者对"中国软实力"的研究和建设的战略意义已经有了统一的认识，正如有学者所言：作为后起的大国，中国与发达国家相比，差距最大的不是国内生产总值和军事实力，而是各种软实力。在信息化全球化时代，软实力在综合国力结构中比硬实力更为重要。在经济实力作为常量确定的前提下，非经济因素就是变量或乘数对综合国力和经济实力产生倍增或递减效应。能否提升和强化解决软实力，关系到中华民族的复兴和中国特色社会主义的前途，是强国战略的必经之路③。"海洋软实力"作为"国家软实力"的重要内容，是"国家软实力在海洋方面的体现"。"海洋软实力"这一概念目前已被提出，并开始引起关注，但以海洋软实力为题的专门研究目前国内尚处于空白。中国正在实施海洋强国战略，实现和平崛起，提升海洋软实力是必由之路，由此，海洋软实力研究已成当务之急。

（一） 我国海洋软实力概念的提出

世界近现代史的经验证明，大国的崛起、民族的强盛和国家的繁荣往往与海洋密切相关。走向海洋是世界强国共同的国家战略，但发展模式各有不同。第二次世界大战之前，走向海洋离不开战争，第二次世界大战之后，出

---

① "soft power"概念诞生后，国内学界围绕这个词语，长期存在着"软力量""软实力""软权力"和"软国力"等不同中文译法，这些译法之间并没有明确的区别，本书统一采用"软实力"的译法，对该词的讨论也包括对其他译法的讨论。

② 约瑟夫·奈著《软力量——世界政坛成功之道》，吴晓辉、钱程译，东方出版社，2005。

③ 黄仁伟：《中国崛起的时间和空间》，上海社会科学出版社，2002，第 109～110 页。

现了可以采取和平模式建设海洋强国的历史环境①。面对新的历史机遇和有利的国际环境，中国选择了通过和平发展实现国家崛起和民族复兴的战略道路。在和平发展战略的指引下，中国走向了海洋强国之路，海洋强国之路不是重蹈历史上海洋强国崛起的武力称霸之路，而是通过提升海洋软实力来实现和平崛起，实现"不战而屈人之兵"的战略目的。

海洋在我国和平崛起过程中，是与世界联系最为密切和复杂的领域之一。世界各国对海洋资源的争夺，我国外向型经济对海洋空间的倚重，国际海洋合作的广泛性和海洋问题的复杂性。特别是近年来，中日、中韩岛屿争端和南中国海岛屿主权归属问题日益升温，南海海域的石油天然气资源被周边国家严重盗采，我国的海洋权益正遭受严重侵犯，海上安全形势十分严峻。面对如此严峻的海上形势，面对我国海洋权益被严重侵犯的事实，如何在和平发展战略下有效维护我国的海洋权益，化解海洋权益纠纷，建设海洋强国就成为一个重要的战略课题。

非军事力量和非战争形式成为在"和平发展"战略背景下维护和发展国家海洋权益的主要力量和形式。"作为和平发展战略的组成部分，中国建设海洋强国的过程是和平的，不是通过海洋对外扩张来实现的。其本质是自强自立自卫，通过壮大国力达到防御外来侵略，维护国家利益的目的。"②中国的和平崛起，并不是硬实力的单向发展，它取决历史文化、教育状况、法治水平、政府效能等软实力的综合建设。在相互依存的世界里，国家利益的多向度化和新的竞争模式要求海权建设更加注重软实力的培育③。

基于对我国海洋权益维护和实现的现实需要以及我国海洋强国的战略选择，国内理论界对海洋软实力的概念和相关内容进行了初步的探索。

国家海洋局海洋战略研究所在其研究报告《2010～2020年中国海洋战略研究》中指出："建设海洋强国必须要有强大的海上力量，国家海上力量包括：综合国力、海洋软实力、海洋开发利用能力、海洋研究和保障能力、

---

① 杨金森：《关注蔚蓝色的国土——我国海洋的价值和战略地位》，《中国民族》2005年第5期。

② 刘中民、赵成国：《关于中国海权发展战略问题的若干思考》，《中国海洋大学学报》2004年第6期。

③ 孙海荣：《从和平发展战略看中国海权观新的价值纬度》，《实事求是》2007年第1期。

海洋管理能力、海洋防卫能力等。"

叶自成等强调"海权是一个国家在海洋空间的能力和影响力。这种能力和影响力，既可以是海上非军事力量（如由一个国家拥有的利用、开发、研究海洋空间的能力）及其产生的影响力，也可以是海上军事力量及其产生的影响力"①。叶自成将中国海权定义为"中国研究、开发、利用和一定程度上控制海洋的能力和影响力"，这种能力和影响力既包括海洋硬实力，也包括海洋软实力。建设海洋强国必然需要发展强大的海权，既要发展海洋硬实力，也要提升海洋软实力。

孙璐在对中国海权的内涵进行探讨的过程中，提到了海洋软实力概念。他将海洋实力分为两部分：一方面是海洋硬实力，包括海军及其舰队的数量和作战能力、海上作战武器以及海上防卫空间和预警机制装备情况等。另一方面是海洋软实力，包括海洋战略、海洋意识、政治精英的海洋思想、海洋人力资源、海洋管理体制等②。

刘新华、秦仪指出："海权的观念资源（海洋国土观和海洋国防观）属于海洋文化的一部分。海洋文化是指导和约束国家海洋行为和国民海洋行为的价值观念。海洋文化是国家海权中的软力量，反映出国家的海洋理念、海洋行为规范和有关海洋的价值标准，在实践中，它可以通过一种共同的价值观而产生出独特的生产力效应，在国家海权的发展和维系方面起着独特的作用，因此，在缺乏海洋文化的国家，发展海权尤其要注意海洋文化的积累。"③

冯梁认为，国家海洋软实力是国家软实力在海洋方面的体现，它主要表现在海洋文化、价值观的吸引力，海洋政策和管理机制的吸引力，国民的整体形象等方面。国际竞争既是经济、科技和军事等硬实力的竞争，也是文化、价值观、意识形态等软实力的较量。树立 21 世纪中华民族的海洋意识，对提升国家海洋软实力起着至关重要的作用④。

蔡静认为，尽管目前海洋综合开发的核心内容是关于海洋经济、海洋科

---

①　叶自成、慕新海：《对中国海权发展战略的几点思考》，《国际政治研究》2005 年第 3 期。

②　孙璐：《中国海权内涵探讨》，《太平洋学报》2005 年第 10 期。

③　刘新华、秦仪：《现代海权与国家海洋战略》，《社会科学》2004 年第 3 期。

④　冯梁：《中国和平发展与海上安全环境》，世界知识出版社，2010。

技等层面的问题，但说到底还是文化问题，是怎样认识和把握、发展海洋文化的本质及其内涵的问题。在海洋世纪，如果缺失了海洋文化的研究，会比现在更可怕。对于东北亚国家和地区而言，发展海洋文化这种强大的"文化力"则显得更为关键和必要①。

通过上述分析可知，我国对"海洋软实力"的相关研究主要集中在三个方面：一是海权研究，主要研究新形势下海权内涵的演变、海权的主要内涵、海权与大国崛起之间的关系；二是我国的海洋战略研究，主要研究我国未来在全球的海洋战略定位及中国海洋相关领域的具体战略；三是海洋文化研究，主要研究我国历史上的海洋文明、沿海地区的海洋民俗、海洋历史变迁以及海洋文化、海洋意识。

虽然我国学者已经提出海洋软实力的概念，但是并没有明确界定和加以阐释，目前尚没有以"海洋软实力"为题的研究，研究现状已难以适应新形势下我国对海洋软实力的实际需要。尽快建构起我国的"海洋软实力"概念理论体系，就成为我国海洋软实力研究最迫切和基础性的任务。

（二）海洋软实力的含义及特点

1. 海洋软实力的含义

借鉴和总结不同学者的观点，本书认为，海洋软实力，即一国在国际国内海洋事务中通过非强制的方式实现和维护海洋权益的一种能力和影响力。

这种影响力主要表现在：一国的海洋文化、海洋制度、海洋发展模式等所产生的吸引力，这是海洋软实力发挥作用的初级阶段，这种吸引力建立在普世性文化的基础上，是具有全球吸引力的文化，这种吸引力并不稳定牢固，有时随着周围环境的改变而变化波动；一国海洋文化、海洋制度、海洋发展模式等所产生的同化力，这是海洋软实力发挥作用的中级阶段，这种同化力是建立在价值观认同的基础上，这种价值观的同化力更为深刻和稳定，能让人不自觉地产生行动认同；一个国家在国际海洋事务中对国际机制和政治议题的创设力，这是海洋软实力发挥作用的终极阶段，在文化吸引、价值

_____

① 蔡静：《东北亚地区海洋文化观的建构与思考》，《大连海事大学学报》2010年第4期。

认同的基础上，通过创设国际机制和政治议题来实现国家海洋权益的目的。也就是说，海洋软实力通常是一种无形的吸引力，能够通过海洋意识和相关制度潜移默化地吸引、影响和同化他人，使之相信或认同某些准则、价值观念和制度安排，以达到吸引别人去做海洋软实力拥有者想要做的事情（见图 1 - 1）。

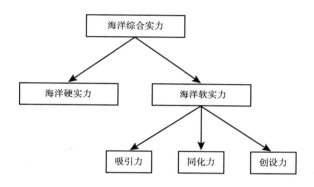

图 1 - 1　海洋综合实力框架

2. 海洋软实力概念的特点

实际上，"软实力"并非全新的创见，约瑟夫·奈本人曾经坦陈"软实力"概念只是对希腊和中国古老智慧的新的表述方式。中国古代有许多关于"软实力"的思想精华，如老子在《道德经》中提到，"天下之至柔，驰骋天下之至坚"。中国儒家思想推崇"仁义治国""得人心者得天下"，主张"以德服人"等。海洋软实力作为"软实力"的一个子概念，拥有与"软实力"相似的特点。

（1）海洋软实力作用方式的非强制性。

软实力的本质是一种吸引力和影响力。随着全球化的不断推进和信息时代的到来，正如约瑟夫·奈所言："权力正在变得更少转化性、更少强制性、更趋无形化……当今的诸多趋势使得同化行为和软权力资源变得更加重要，鉴于世界政治的变化，权力的使用变得越来越少强制性。"[①] 海洋软实力往往是通过一国的海洋文化、海洋价值观等意识形态的吸引力等非强制性

---

① 约瑟夫·奈著《软权力和硬权力》，门洪华译，北京大学出版社，2005，第 107 页。

的方式而不是军事和经济制裁的强迫来起作用的。

（2）海洋软实力作用的过程是一国对软实力资源运用的过程。

海洋软实力并不是无源之水、无本之木，它的作用的发挥需要依赖一定的软实力资源。这些软实力资源包括海洋文化、海洋政策、海洋法律法规、海洋意识、海洋价值观等。在本书中，海洋软实力的运用主体是一国政府。对于一个国家而言，即使拥有再多的资源，如果不能够被其他国家所了解和认知，就无法对其他国家产生吸引力、同化力、感召力。不是拥有了悠久的海洋文化就具有了软实力，软实力是海洋文化被有效地运用而产生的结果，所以海洋文化本身不是海洋软实力，它只是海洋软实力的基础和来源。

（3）海洋软实力成长与发挥影响的无形性和深远性。

正如软实力一样，海洋软实力的建设发展不像硬实力那样易见成效，海洋软实力更多只能立足本身，从潜移默化中逐步积淀、培育、提升。海洋软实力影响要比使用硬实力所产生的影响深刻得多，因为，硬实力的影响通常是一种威慑性的，它是通过强制来起作用的，软实力却不同，它可以通过价值观等方面的影响和吸引，产生强大的认同感和同化力，它的影响更为深远。

（4）海洋软实力与海洋硬实力相互影响。

海洋硬实力是海洋软实力的基础和有形载体，海洋软实力资源往往需要以海洋硬实力资源为载体，海洋硬实力可以为海洋软实力的发展创造条件，海洋硬实力的发展可以推动海洋软实力的提升。而海洋软实力又是海洋硬实力的无形延伸，海洋软实力的发展有助于海洋硬实力的提升。海洋硬实力和海洋软实力构成了国家海洋实力不可或缺的两个方面。例如，一个具有强大海洋硬实力的国家的海洋文化、海洋制度、海洋价值观等意识形态更具有诱惑力、感召力和吸引力。当然，海洋软实力与海洋硬实力之间的相互影响并不总是正向的，一国若过度使用硬实力以达成既定目的，有可能造成对软实力的损伤。正如约瑟夫·奈所言，"这些年，美国的经济实力和军事实力都在发展，然而，一场伊拉克战争却将美国的软实力'消耗殆尽'"[1]。

---

[1]　韩勃、江庆勇：《软实力：中国视角》，人民出版社，2009，第54页。

（三）海洋软实力的资源基础

海洋软实力和海洋软实力资源是不同的两个概念，实力属于功能、属性范畴，而实力资源则不然，它是功能、属性的载体。根据海洋软实力的概念，我们可以将海洋软实力资源划分为表层实力资源、中层实力资源和深层实力资源（见图 1 - 2）。

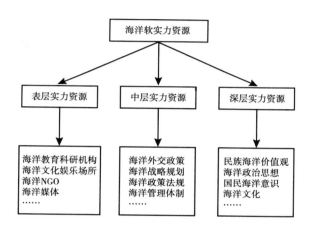

图 1 - 2　海洋软实力资源框架

表层实力资源。这些表层实力资源主要是与海洋相关的物化的存在形式。这些形式主要包括海洋教育科研机构、海洋文化娱乐场所、海洋 NGO、海洋媒体等。表层实力资源是海洋软实力的外显形式，是所能接触到和感知到的直观的物化形式，并在人们的心目中形成对一国最直接的认知，这种认知往往是暂时的、分散的。表层实力资源是海洋软实力发挥作用的基础资源。

中层实力资源。这些中层实力资源主要是海洋制度和政策。主要包括海洋政策法规、海洋战略规划、海洋外交政策、海洋管理体制、海洋决策机制等。中层实力资源介于表层实力资源和深层实力资源之间，其所产生的吸引力和影响力是稳定的、集中的。中层实力资源是海洋软实力发挥作用的重要资源。

深层实力资源。这些实力资源主要包括国民海洋意识、民族海洋价值观、海洋政治思想等。深层实力资源主要是通过意识形态认同和价值观念同化达到行动的一致性。深层实力资源是海洋软实力发挥作用的核心资源。

把海洋软实力的资源基础划分为表层、中层和深层软实力资源，只是一种概括性的分类，海洋软实力的资源是十分丰富的，在此难以一一罗列。本书认为海洋文化及价值观、海洋外交政策、海洋发展模式三个方面是海洋软实力资源的主要构成要素，它们对于一个国家的海洋软实力影响是重大且显然的，下面从三个方面逐一分析。

1. 海洋文化及价值观

文化是一个非常宽泛的概念，从广义上讲，文化是人类社会所创造的物质财富和精神财富的综合。约瑟夫·奈认为，当一个国家的文化涵括普世价值观，其政策亦推行他国认同的价值观和利益时，那么由于建立了吸引力和责任感相连的关系，该国如愿以偿的可能性就得以提高。狭隘的价值观和民粹文化就没有那么容易产生软实力[①]。

曲金良认为，海洋文化，就是和海洋有关的文化；就是缘于海洋而生成的文化，也即人类对海洋本身的认识、利用和因有海洋而创造出的精神的、行为的、社会的和物质的文明生活内涵。海洋文化的本质就是人类与海洋的互动关系及其产物[②]。根据海洋文化的定义，曲金良将海洋文化大体分为海洋民俗生活、航海文化、海港与港市文化、海洋风情与海洋旅游、海洋信仰、海洋文学艺术、海洋科学探索、国民海洋意识等。

中国的航海文化是世界上最早发展起来的中国海洋文化的重要组成部分，中国先民的航海能力达到了世界领先水平，从丝绸之路到郑和下西洋，中国的航海活动起到了传播海洋文化的作用，对周边国家具有极强的吸引力。

海洋民俗文化、海洋艺术、海港文化、航海文化等具体海洋文化形态之所以能够产生巨大的影响力和吸引力，本质上在于其内在的价值附着，这种价值附着就是海洋价值观，海洋价值观是指海洋对人类产生、生存和永续发

---

① 韩勃、江庆勇：《软实力：中国视角》，人民出版社，2009，第67页。
② 曲金良：《海洋文化概论》，中国海洋大学出版社，1999。

展的地位和作用的总体认识。相对于表层和中层的海洋软实力资源而言，海洋价值观显得更加抽象和难以捉摸，海洋价值观通过一国的海洋政策、海洋制度、国民的海洋意识、海洋文化、海洋媒体等表现出来。正如人类对自由、民主、人权等政治价值观的追求一样，海洋价值观也集中体现着人类的追求和普世价值，如天人合一的海洋文化、和平崛起的海洋发展道路等都是海洋价值观的内涵。中国秉持和平崛起的海洋价值观，推崇开放的发展、合作的发展、稳定的发展。中国政府历来主张，中国的崛起不会威胁到周边国家的发展，也不会挑战地区安全，更不会追求世界霸权，中国永远不称霸。

一国若有着灿烂辉煌的海洋艺术，领先的海洋科技，充满异域风情的海洋民俗，包含普世价值的海洋价值观，这个国家必然拥有对他国的巨大吸引力，相应也就拥有强大的海洋软实力。

2. 海洋外交政策

外交政策对软实力的影响是明显的。在国际社会，海洋外交政策往往是一国形象和地位的直接体现，符合主流价值、负责任的外交政策会受到国际社会的普遍支持和欢迎，产生吸引力和同化力。这里的外交政策不单单指一国对外奉行的海洋外交政策，还包括一国参与和创设国际机制的能力。约瑟夫·奈在1990年出版的《注定领导：变化中的美国力量的本质》中明确指出，如果一个国家可以通过建立和主导国际规范及国际制度，从而左右世界政治的议事议程，那么它就可以影响他国的偏好和对本国利益的认识，从而具有软权力，或者"制度权力"[1]。国际机制与国际社会每一个国家的利益密切相关，参与和利用国际机制维护或扩张国家也就成为各种国家力量较量的舞台[2]。因此，能否或在多大程度上参与和影响国际机制的创建，不仅反映了一个国家的国际地位，而且更重要的是这个国家在国际事务中影响国际关系运动、利用国际机制维护扩张国家利益的能力，从而构成了一国软实力的重要组成部分。

作为海洋软实力的重要资源，我国海洋外交政策影响力和创设海洋国际机制的能力是服务于我国整体外交政策的。自中华人民共和国成立以来，特

---

[1]　约瑟夫·奈著《软权力和硬权力》，门洪华译，北京大学出版社，2005，第97页。
[2]　陈正良：《中国软实力发展战略研究》，人民出版社，2008，第198页。

别是我国改革开放以后，随着中国国际地位的提升以及奉行独立自主的和平外交政策，中国的外交软实力不断提升。与此相应，我国海洋外交政策的影响力和创设海洋国际机制的能力也在不断提升。

中国作为世界上最大的发展中国家，始终坚持睦邻友好的和平外交政策。在海洋对外政策方面，"主权属我、搁置争议、共同开发"是中国处理海洋划界矛盾的基本原则，在国际组织和国际活动中恪尽职守，积极履行相应义务，努力为和平与发展参与创设国际机制，体现出一个大国应有的国际担当和形象。

3. 海洋发展模式

发展模式，"是一系列带有明显特征的发展战略、制度和理念"①。一国制度和发展模式在世界范围内的影响不断扩大，不仅将为本国外交拓展空间，也将有利于改善国家形象，提升国际地位，增强国际威望和同化力，这是一种重要的软实力资源。海洋发展模式是指一系列带有明显特征的海洋发展战略、海洋管理制度和理念的总和。

历史上，马汉和他所创立的"海权"理论为推动 19 世纪末 20 世纪初美国海外扩张的历史进程立下汗马功劳，并对之后美国历届政府推行对外政策和制定战争计划、谋求世界霸权地位产生重要影响②。正是在马汉的"海权"理论和海山霸权策略的指引下，美国、日本先后通过武力扩张和战争取得了海上霸权，发展成为海洋强国。建立强大的海上军事力量进行海外殖民扩张成为当时各国追求和效仿的海洋发展模式，与此同时，依据马汉的"海权"理论走向海洋强国的美国、日本，成为当时各国模仿和追随的对象。

历史发展到今天，和平与发展成为世界主题，军事力量和战争已经不再是国家发展海洋事业、实现海洋强国战略的唯一有效手段。不同国家根据不同的现实条件和国际环境特点选择了不尽相同的海洋发展道路和模式。

坚持和平崛起的中国海洋发展战略，发展中国海权。中国海权是一种基

---

① 俞可平：《"中国模式"：经验与鉴戒》，《文汇报》2005 年 9 月 4 日第 6 版。
② 刘永涛：《马汉及其"海权"理论》，《复旦学报》1996 年第 4 期。

于中国主权的海洋权利而非海上军事力量，也非海上霸权。其特点是：它不超出主权和国际海洋法确定的中国海洋权利范围，海军发展不超出自卫范围，永远不称霸是中国海权扩展的基本原则。经过几十年的发展，中国已经走出了一条独特的发展道路。国际社会对中国的改革开放经验有了更多新的认知和明确的看法，它们把中国的发展经验概括为"中国模式"或"北京共识"。"中国模式"的成功是经济、政治、文化等多方面的成功，自然也包括我国海洋强国发展战略的成功。中国的和平崛起引起了发展中国家的广泛关注和效仿，无形中提升了中国的海洋软实力。

进入 21 世纪，人口、资源、环境与经济社会发展之间的矛盾日益突出，海洋的战略地位越来越重要。一个不重视海洋的民族必然会走向封闭、落后，没有昌盛繁荣的未来；一个没有海洋意识的国家，会充满危机，会被动挨打。中国必须在充满机遇与挑战的 21 世纪重视对海洋的开发与利用，重塑国人的海洋意识，维护海洋权益，走海洋强国之路。坚持和平发展战略，走海洋强国之路，在维护和发展海洋硬实力的基础上，大力培育、提高我国的海洋软实力，唯此，才能走出一条中国特色的海洋强国之路。

三　我国海洋软实力的构成要素分析

海洋软实力来自于资源及对资源的柔性运用过程。海洋软实力发挥作用必须具备可供运用的资源，没有资源，也就不可能形成海洋软实力。对于一个国家而言，可产生海洋软实力的资源多种多样。学界通常认为，软实力来源于一个国家的文化、政治价值观的吸引力，有威望的外交政策及国际影响力等，也就是文化、政治、外交三个方面。其实，除了以上三个方面，软实力也可以来自于对国家实力有重要影响的经济、军事和科技等方面。综合来看，就是政治、文化、外交、经济、军事、科技六个方面的资源。虽然不同的资源在软实力的形成中会有密切复杂的内在关系，但不容置疑的是，每种资源在软实力的形成中都有各自的独特作用。接下来，本书就从政治、文化、外交、经济、军事、科技资源及其运用六个方面阐述我国海洋软实力的构成。

（一）政治资源及其运用

政治制度的创设和执行是海洋软实力的重要因素，它关系到中国的外部声誉和形象。由于国际正义的相对性，中国对待海洋规制的态度应避免意识形态化，以积极姿态来面对国际海洋制度的发展，除了遵守已签署的海洋条约、公约和协议外，还要加强对国际海洋法的研究和利用。在海洋争端中，从注重对文本条文的理解和解释转变到注重灵活应用。在国际性海洋法律文件形成过程中，争取掌握更多的话语权，从一般参与转为积极介入，把本国的权利主张借助于国际法的规则反映出来，从而达到争取和扩大国家海洋利益的目的。同时，面对岛屿领土主权争端引发的冲突威胁、海洋边界争端等，要加快国内立法。可以借鉴美国的传统做法，即首先通过国内法的形式将利益固定下来，使其具备法律上的正当性，对别国的异议则通过主张国内法优先原则和行政司法分立原则来应对①。

（二）文化资源及其运用

以郑和航海的历史故事为代表的中国海洋文化正受到越来越多的关注，中国的海洋意识也在逐步加强②。但与美、日等海权强国相比，中国的海洋意识比较薄弱，国民的整体海洋意识与海洋大国的地位还不相称。美国新的海洋政策强调，要进一步强化民族的海洋意识，并号召对所有美国人进行终身海洋教育。日本则把批准《联合国海洋法公约》正式生效日确定为其"海洋日"，作为国民的法定假日。中国需要把海洋教育的内容注入国民教育体系，把它作为启发民智的基础性工作来抓。要善于利用应急事件激发民众的海权意识，借助互联网等传媒工具引导民众讨论和传播科学海权观，唤起国民对于海洋资源、海上通道安全等海洋权益问题的关切。

（三）外交资源及其运用

随着经济全球化、区域一体化进程的加快，各国海洋经济的相互依存和

---

① 孙海荣：《从和平发展战略看中国海权观新的价值纬度》，《实事求是》2007年第1期。

② 参见《美学者分析中国如何运用软实力开展海洋外交及美应对之策》，《参考资料》2008年第4期。

合作日益加深，相互之间的竞争也随之加剧。同时海上霸权主义盛行，以争夺海洋权益为目标的海上局部战争和冲突也时起时伏，海上恐怖主义、跨国犯罪、环境污染、严重传染性疾病等全球性问题突出。我国的外交目的就是要构建海上和谐世界，坚持走"和平、发展、合作"的开发利用海洋路线，追求与各国共同和平利用与保护海洋，推动全人类海洋事业不断发展。以南海问题为例，中国没有使用武力来加强自己在南海主权主张的倾向。中国目前利用的是海洋软实力，包括对地区国家提供能力建设帮助，积极参与一系列的海洋和环境倡议，如东亚海环境管理伙伴关系计划（PEMSEA）、联合国环境规划署全球环境基金南海项目，以及在马六甲海峡和新加坡海峡实施的维护航海安全和环境保护合作机制。中国用实际行动证明：中国有意愿实现"基于国际法、不使用武力和谈判解决纠纷原则，更全面地融入区域关系系统"①。

（四）经济资源及其运用

海洋经济就是以海洋为活动场所，以海洋资源为开发对象，以海洋科技为开发手段所进行的各种经济活动的总称。具体是指开发国家领海、专属经济区、大陆架的资源，以及公海和国际海底区域的资源，形成各种海洋产业，发展海洋经济，获得经济收益。占地球面积71%的海洋是一个巨大的资源宝库，海洋国家的海洋产值在 GDP 中所占的比重将愈来愈大。随着科学技术的进步，海洋产业已经是国家也是世界经济新的增长点。海洋提供的经济贡献在中国国民经济的发展中呈不断上升趋势，发展海洋经济已成为战略机遇期内提高人民物质生活水平、全面建设小康社会的必然要求。要全面开发利用海洋资源，不断扩大海洋产业群，不断提高海洋产业产值在国民经济中的比重，使有优势的海洋产业进入先进行列，加强与各国的合作，在经济效益上实现共赢。

（五）军事资源及其运用

中国海上安全环境的复杂性和严峻性决定了中国需要一支强大的海军保

---

① 萨姆·贝特曼著《南海问题的症结和未来出路》，郭存海译，http：//www.chinaelections.org/PrintNews. asp？NewsID＝155583。

障国家海上方向的利益与推进国家的和平发展。进入 21 世纪后，中国海上方向成为国家利益集中和诸多矛盾与威胁的聚集区，既有国家统一和领土完整的斗争，又有围绕海洋权益的矛盾，既有近海的现实威胁，又有远洋的潜在威胁。军事力量作为解决各种争端和保障国家利益的最终手段，是其他任何手段都无法替代的。海军力量将在其中发挥主体作用。在战时，它可以保卫国家不受外敌侵犯，在和平时期，它可以发挥维护世界和平、促进人类共同发展的作用。在新的历史条件下，中国需要拥有一支与大国地位相称、与履行新世纪新阶段历史使命相适应的强大海军力量，有效实施打击恐怖主义、参与国际维和以及国际救援等行动，向世界证明中国的军队是威武之师，更是文明之师、和平之师。

（六）科技资源及其运用

海洋科学研究对于揭示地球起源、生命起源、全球气候变化规律、生物多样性、海洋废物清除、防灾减灾等都具有重要意义。所以，发展海洋科学涉及国家的政治权利、经济利益、军事安全和国家形象，也是一种重大利益①。中国既需要通过发展海洋科技寻求持续发展的动力，又需要在发展海洋科技过程中，作出一个负责任大国的应有贡献，实现海洋的可持续发展。要建设资源节约型、环境友好型海洋，实现经济发展与资源环境相统一，为人们的生产生活提供良好的生态环境。目前我国有中国海洋大学、广东海洋大学、浙江海洋学院 3 所海洋类高校，科研领域集中在水产、矿产、航运等传统技术领域。中科院海洋研究所、中国海洋大学、国家海洋局第一研究所等全国 60% 左右的国家级海洋科研机构，也均以技术研究为主，都没有设立专门的海洋战略研究部门，海洋研究部门设置仍停留在"专业重于战略"的状况。因此，以后我国要注重海洋人才的全面培养，科研部门的研究范围应有所拓展，使科技力量转化为我国海洋事业发展的助推器。

海洋是国际政治、军事和外交斗争的舞台，是世界格局中增强大国地位与政治、外交发言权的重要领域。以争夺海洋资源、控制海洋空间、抢夺海

---

① 杨金森：《中国海洋战略研究文集》，海洋出版社，2006，第 261~262 页。

洋科技"制高点"为主要特征的现代国际海洋权益斗争，呈现出日益加剧的趋势①。中国的国家发展模式面临着一个重要的战略转型，即由原来的自力更生内生型国家转变为资源依赖性增加的外向型国家，这意味着中国必须将传统的重视陆地地缘政治的国家战略转化为陆地、海洋并重的复合型国家战略②。在相互依存的世界里，国家利益的多元化和新的竞争模式要求我国要更加注重软实力的提升，特别是海洋软实力的提升。海洋软实力是一个国家以柔性方式运用所拥有的资源争取他国理解、认同与合作以维护和获取海洋权益的能力。提升我国的海洋软实力，不能只局限于文化、价值观、制度、政策等这样的软资源，还应扩展到军事、经济、科技等这样的硬资源，无论软资源、硬资源，只要是对资源的柔性运用，如交流、沟通、宣传、合作等柔性方式，都能实现海洋软实力。软实力是需要具有资源并且能够对资源柔性运用两个要素来实现的，不是具有了某种资源，就有了软实力，还需要对资源加以运用，否则，那样的资源只是"资源"，而不是"软实力"，如文化资源，文化资源不被开发利用是不会有影响力的，更不能称之为软实力。基于以上思路，笔者认为，我国海洋软实力包括政治、文化、外交、经济、军事、科技资源及其柔性运用六个方面，通过对它们的分析可以看出，我国目前海洋软实力的现状不容乐观，除了要加强资源本身的建设，也要加强对资源利用方式的改进。只有将丰富的资源和有效的柔性运用结合在一起，才能真正发挥海洋软实力的作用，实现我国与其他国家和平开发、共同利用海洋的利益诉求。

四　中国海洋软实力提升的战略意义

海洋是国际政治、经济、科技和军事竞争与合作的重要平台，中国作为一个海陆兼备的国家，贸易安全、能源安全至关重要。当前地缘政治局势严峻，内向型经济迫切需要向外向型经济转型，可以说，中国现在面临的海

---

① 冯梁：《论 21 世纪中华民族海洋意识的深刻内涵与地位作用》，《世界经济与政治论坛》2009 年第 1 期。

② 陈积敏：《中国的海洋地缘战略：挑战与对策——记郑永年中国外交学院演讲》，http：//www.zaobao.com/forum/pages3/forum_us101205a.shtml。

上战略形势尤其严峻。要维护国家权益，必须提升海上综合实力，而在当前海洋硬实力还不够"硬"的情况下，海洋软实力的提升不仅必要而且必需。

（一）有利于海洋硬实力的提升，增强综合国力

综合国力是指一个国家在政治、经济、文化、科技、外交等方面力量的总和，是一国赖以生存和发展的全部实力的总和，可以理解为软实力和硬实力两种力量综合作用的结果。综合国力在海洋领域则体现为海洋实力，包括海洋软实力和海洋硬实力。相对于海洋软实力而言，海洋硬实力是指一国在国际国内海洋事务中通过武力打击、军事制裁、威胁等强制性方式运用全部资源，逼迫别国服从、追随，实现和维护国家海洋权益的一种能力和影响力，主要来源于领先的海洋科技、雄厚的海洋经济实力、强大的海洋军事力量。

海洋软实力与海洋硬实力作为海洋实力不可或缺的两部分，既有区别又有联系。区别表现在：对资源的运用方式不同，前者是对资源的非强制使用，后者则是强制运用各种资源；对资源的运用效果不同，前者追求"不战而屈人之兵"，后者则是用逼迫方式，效果不持久；作用方式不同，前者通过接触、沟通、协商、对话的方式，潜移默化地影响别国，后者通过军事打击、武装威慑的方式，强制别国；运用的时机不同，前者注重在平时运用，追求水到渠成，后者一般更注重在关键时刻或最后时刻运用，在软实力难以发挥作用或面对突发状况束手无策时运用。二者的联系表现在：形成的基础都是各种资源，否则只能是无本之木、无源之水；二者相辅相成，缺一不可。海洋实力＝海洋硬实力×海洋软实力。这两个因数任何一个为零，海洋实力都会成为零。二者分别是彼此的无形延伸和有益补充，任一方面的成功运用都有助于另一方面的发展和增强[1]；二者相互制约，任一方的使用不当都会影响另一方的作用效果。

海洋软实力在很大程度上能够为硬实力的发展提供一个良好的环境，进而有助于硬实力的发挥及提升。例如，在和平崛起的海洋价值观指导

---

[1] 孟亮：《大国策：通向大国之路的软实力》，人民日报出版社，2008，第34页。

下，运用与负责任大国相匹配的海洋政策处理国际事务时，一方面会获得别国的认同；另一方面，在国际上可以树立一个正面的国家形象，形成良好的外交环境，这就为国家经济、科技等的发展提供了良好的发展氛围，有利于硬实力的提升。当今时代是一个全球化的时代，任何国家都要与别国发生经济、文化、外交等的往来，充满战火或矛盾的外部环境是不利于国家发展的。而依靠海洋软实力，中国就更容易获得别国的理解与支持，从而创造一个和平、稳定，有利于本国发展的外部环境，实现海洋强国梦。

海洋软实力作为海洋实力的组成部分，影响着海洋整体实力的提升。我们熟知木桶原理，即无论一个木桶有多高，它的盛水量取决于最短的那块木板。要想使木桶的盛水量最大化，就需要"加长"最短的木板。海洋软实力与海洋硬实力作为海洋实力不可或缺的两部分，一文一武，三者之间的关系是：海洋实力＝海洋硬实力×海洋软实力。所以在提升海洋整体实力时，要填补"短板"，增加整个木桶的容量，不能使任何一方成为限制海洋实力提升的"短板"。目前我国的海洋硬实力虽然还不够"硬"，板子还不够"长"，但是相比软实力这个"短板"而言，要"长"得多，因此提升海洋软实力对于海洋整体实力提升意义重大。

同时，海洋硬实力在一定程度上是海洋软实力运用的坚实后盾。在中国海洋硬实力还不够"硬"的背景下，我们尤其不能单纯强调海洋软实力的提升，而忽视海洋硬实力的建设，二者是相互制约、相互促进的，任何一方为零，海洋整体实力就会为零。所以说，在实施海洋强国战略时，海洋软实力与海洋硬实力都不能忽视，要实现二者的有机结合。这样才能在和平崛起的道路上越走越远，越走越稳。

（二）有利于塑造良好的国家形象，提高本国的国际地位

首先，经历过工业革命之后的生态危机，目前多数国家都倡导走可持续发展道路，反思"人类中心主义"的恶果。因此，人与海洋和谐相处的"天人合一"的海洋文化具有普适性，能为各国普遍接受并认同，无形之中就会大幅提升中国的国家影响力，进一步提高国际地位。一种文化要能对别国产生吸引力，就不能是狭隘的，而应符合别国认同的价

值观以及利益。"天人合一"的海洋文化作为中国海洋软实力的重要来源，以其深邃的文化魅力吸引着世界各国，在实践中有利于国家形象的塑造。

其次，在和平崛起的海洋价值观指导下的海洋发展模式更容易被他国接受和认同，并与中国合作。这也是海洋软实力提升的表现，有利于在世界范围内塑造良好的国家形象，对别国产生吸引力，提高本国地位。缺乏正确的海洋价值观指导，一个国家的政策或行动可能就不符合人类的共同利益，很可能就会走上一条不归路。一个个体、一个组织甚至是一个国家，如果思想不成熟或是偏执，本身又拥有较为强大的力量，最终将造成非常严重的后果。例如，日本的武士道精神本身可以是日本软实力的重要来源，但是第二次世界大战时被"军国主义"所利用、所歪曲，导致当时的武士道精神丧失其本来意义，成为日本武力侵略、占领别国、压迫别国的帮凶，无论对日本国民还是遭受日本蹂躏的其他国家都造成了无法挽回的损失。所以说，在和平崛起的海洋价值观指导下，中国能够塑造良好的国家形象，正确、合理地发挥海洋硬实力的作用，实现和平崛起，成为海洋强国。

最后，实施与负责任大国相匹配的海洋政策有利于良好国家形象的塑造。中国作为世界上最大的发展中国家，理应承担起与其地位相当的责任，中国的海洋政策不能仅仅是为了本国利益，还应站在全人类的角度，制定符合全人类共同利益的海洋政策。这样，在应对国际争端时，就能够得到别国的理解、认同、支持，是通过吸引力而不是依靠强制力逼迫别国。

总之，重视、发扬"天人合一"的海洋文化，始终坚持和平崛起的海洋价值观，可以从源头上提升海洋软实力，塑造良好的国家形象，提高国际地位。

（三）有利于发展海权，维护国家权益

马汉的"海权论"强调制海权，对海洋的控制，其目的是获取海上霸权。虽然中国的海权思想也是从西方引入，并深受其影响，但是在和平年代，中国视角下的海权不是海上霸权，而是维护国家的海洋权益。孙璐曾指

出，中国的"海权"是海洋实力、海洋权利与海洋权益的统一。"海洋实力"是由一国海洋要素构成的综合力量，是海洋软实力与海洋硬实力的统一。"海洋权利"是"国家主权"概念的自然延伸，包括国际海洋法如《联合国海洋法公约》规定和国际法认可的主权国家享有的各项海洋权利。"海洋权益"是由海洋权利产生的各种经济、政治和文化利益。"海洋权力"是指一个国家为了维护法理基础上的海洋权利和外延的海洋权益向他国施加影响的能力，是维护海洋权益的重要手段。海洋实力是前提，海洋权力是手段，海洋权益是目的。

海洋实力是由海洋硬实力与软实力组成的，是维护海洋权益的前提，提升海洋软实力对维护海洋权益意义重大。冯梁认为，"海洋综合力量强大即能够保证领海和岛屿领土主权不丧失、专属经济区和大陆架主权权利和管辖权不受侵犯、全球海洋航线安全、分享和利用公海及区域等资源与空间的权益等"①。海洋硬实力在维护海洋权益中的作用是显而易见的，但在很多情况下是不能诉诸武力的，更多的是通过协商、对话的方式解决争端，这就需要夯实国家海洋软实力，让别国心悦诚服地认同，达到"不战而屈人之兵"的效果。在处理国际事务时，树立负责任大国的形象更有利于从源头上维护本国的海洋权益，而国家形象的塑造又与"天人合一"的海洋文化、和平崛起的海洋价值观紧密相关。"天人合一"的海洋文化与坚持可持续发展具有内在一致性，不以破坏海洋生态为代价换取经济的发展，这符合全人类的共同利益，具有普适性，会获得其他国家的认同；和平崛起的海洋价值观向世界表明，中国不是要获取海洋霸权，"中国威胁论"的论调是站不住脚的。

所以说，海洋软实力作为海洋实力的一个组成部分，对于发展中国特色海权、维护本国的海洋权益意义重大。

（四）有利于实现和平崛起，推进和谐海洋、和谐世界的建设

改革开放 30 多年来，中国的发展取得了举世瞩目的成就，"中国模式"

---

① 冯梁：《论 21 世纪中华民族海洋意识的深刻内涵与地位作用》，《世界经济与政治论坛》2009 年第 1 期。

引起世界各国的关注，但一些别有用心者趁机宣扬"中国威胁论"。针对国际上这种有损中国国家形象、妨碍中国发展的论调，2003 年 12 月 10 日，温家宝总理在哈佛大学发表了题为"把目光投向中国"的演讲，首次全面阐述了"中国和平崛起"的思想，"今天的中国，是一个改革、开放与和平崛起的大国"①。这表明：一方面，中国要实现民族复兴，不断缩小与发达国家的差距，成为世界强国；另一方面，中国的崛起是和平的，是建立在与别国友好的经济、政治、文化、外交往来基础之上的，为世界和平贡献自己的力量。

中国要成为真正意义上的世界强国，首先要成为世界意义上的海洋强国，要靠海洋软实力的提升，实现和平崛起。随着经济全球化、区域一体化进程的加快，各国之间海洋经济、政治、文化、科技、外交等的合作与竞争日益深入，各国为了实现自身的海洋权益难免会产生争端，如果运用海洋硬实力可能会使争端、矛盾升级。相比较而言，运用非强制方式就更容易获得别国的理解、认同、支持，在协商、对话的基础上加强合作。

"天人合一"的海洋文化实质就是可持续发展的和谐海洋观。一方面，通过开发海洋获得持续发展的动力；另一方面，在开发海洋的过程中，始终走可持续发展道路，作出与一个负责任大国相匹配的贡献，促进各国和平利用与保护海洋，推动海洋事业的不断发展。

目前，全球化趋势不断深入，各国的联系日趋紧密，虽然局部有战乱，竞争与合作长期并存，但是，和平发展是大势所趋。这就要求，在实施海洋战略时，中国不仅要加强海洋软实力建设，还要倡导世界各国提升海洋软实力，促进相互的理解、认同、支持与合作，建设一个和谐美好的世界。

五　海洋伦理及其建构

海洋资源是人类共同拥有的财富，保护海洋环境是全人类共同的责任。

---

① 阎学通、孙学峰：《中国崛起及其战略》，北京大学出版社，2005，第 210 页。

我们在开发与利用海洋的同时必须尊重自然规律，在满足人类需要的同时必须对人的行为有所规范、限制，在促进海洋经济发展的同时，应注重处理好海洋的利用与保护、局部利益与整体利益、短期利益与长远利益的关系，文明开发与利用海洋资源，保持海洋发展的可持续性。如何有效地调整好海洋资源开发与利用及其管理主体之间的利益关系，切实履行保护海洋环境的义务？笔者认为，仅仅依靠法律、行政和经济等强制性的刚性手段是不够的，必须要有伦理道德等非强制性的柔性手段。本书以海洋伦理的基本问题研究为切入点，通过对人类自身行为造成的一系列海洋环境问题的深刻反思，总结问题的症结所在，探讨规范人类海洋实践活动的有效手段和方法。

随着科学技术的发展，人类对海洋资源的开发与利用愈加频繁。由于人类长期以来的不当开发，海洋环境不断恶化，海洋环境问题日益突出和严重。比如：我国近海区域的酷渔滥捕，使海洋渔业资源严重衰退；对沿海湿地的围垦造田，改变海岸形态，降低海岸线的曲折度，危及红树林等生物资源，造成对海洋生态环境的破坏。近年来，我国海洋生态环境面临的突出问题是：全国近海海域污染严重，大部分河口、海湾以及大中城市临近海域受营养盐、有机物、石油和重金属污染；全国海水鱼、虾、贝、藻类养殖区的水环境受无机氮、石油类和铜的污染，海产品质量受影响；近海传统优质渔业资源日趋枯竭，生物资源严重衰退，鱼群种类和数量减少，海洋生物多样性下降；海水富营养化引起赤潮灾害频发；部分海洋生态系统遭到破坏等①。海洋生物多样性的不断下降是人类生存条件和生存环境恶化的一个信号，这一趋势目前还在加速，这固然直接危及当代人的利益，但更为重要的是对未来持续发展的积累性后果。

面对如此严重的海洋环境问题，人类开始审视并反思自己在海洋开发与利用中的成败得失。值得欣慰的是，通过反思人们已意识到在开发利用自然获取资源财富的过程中，没有善待自然，从而遭到了自然的惩罚；意识到要用伦理规范来匡正自己的行为，文明理性地进行海洋实践活动，才能保证海洋资源开发利用的有序、有度、有偿进行，最终达到保护海洋生态环境的目

---

① 国家环境保护总局：《中国的海洋环境保护》，《环境保护》2004 年第 6 期。

的，真正实现海洋资源的可持续利用。

正是基于上述背景，旨在协调人类与自然环境道德关系①的环境伦理学、生态伦理学、大地伦理学等新兴学科应运而生。同样，人类对海洋的开发与利用也亟须一套规范的价值体系来指导与制约，这就是海洋伦理学。但目前学界对海洋伦理学的研究尚处于起步阶段，环境伦理学无疑给海洋伦理学的形成带来了契机，同时也打下了良好的理论根基。笔者的初衷就是为海洋伦理学学科建设的提出和发展作铺垫，并希冀借助本书与有志于我国海洋伦理建设的同仁一起磋商、规划海洋伦理学建构的前景蓝图。为此，本书仅就海洋伦理的几个基本问题作一探索性的基础研究。

（一） 概念内涵

伦理是一种特殊的社会意识形态，是依靠社会舆论、传统习俗和人们的内心信念来维系的，表现为善恶对立的心理意识、原则规范和行为活动的总和。

何为海洋伦理？首次提出"海洋伦理"一词的学者是台湾海洋大学海洋资源管理研究所邱文彦教授，他在《应用伦理研究通讯》杂志第 37 期上发表了《海洋新伦理——跨世纪的环境正义》一文。虽然他的论文中出现了海洋伦理这个名词，但却没有给海洋伦理下一个明确的定义，只是从环境保护的角度来阐述海洋伦理。他认为，海洋伦理包含的内容主要是：在海洋开发中要遵守法律和相关程序，保证所有人都拥有公平使用海洋资源的权利，人类在开发利用海洋时，必须遵循保护海洋的理念，不能对环境造成破坏；认为海洋伦理是一种生态伦理②。滕娜将海洋伦理的概念等同于海洋环境道德，海洋环境道德又称海洋生态道德，是人们为了保护海洋生态环境而自觉调整人与海洋关系而形成的道德意识、道德规范和行为实践的总和③。俞树彪认为，海洋伦理是以海洋活动为对象，以伦理现象为视角进行的系统

---

① 戴维·贾斯汀：《环境伦理学—环境哲学导论》，北京大学出版社，2002，第 10 页。

② 邱文彦：《海洋新伦理——跨世纪的环境正义》，《应用伦理研究通讯》2006 年第 2 期，第 37 ~ 24 页。

③ 滕娜：《我国海洋环境伦理规范理论与实践探析》，《大连海事大学学报》2009 年第 14 期。

研究和学术建构，它以海洋科学、海洋管理学、伦理学为基础，包含以下内容：生态公平、公共正义、全球责任、人海和谐、敬畏生命、边际效应①。王刚、吕建华的《论海洋伦理及其内涵》一文认为，海洋伦理至少包含三层含义，即海洋伦理是一种生态伦理，同时又是一种公共伦理，海洋伦理是海洋制度的构建基础和必不可少的组成部分②。

以上学者的论述虽然都涉及海洋伦理这一名词，但都没有给海洋伦理的概念作一个明确的界定。笔者认为，海洋伦理的内涵不仅包括生态伦理、公共伦理，而且从某种意义上说，更应该包括公共行政伦理和环境伦理。

行政伦理就是行政管理领域中的角色伦理，是国家权力机关的执行机关——行政机关及行政工作人员在管理和服务国家公共事务、社会公共事务和国家政府机关内部事务过程中所必须遵循的伦理规范和道德准则。众所周知，一国海域权属与陆域权属不完全相同。海域的权属归国家，具有主体唯一性的特点，国家对权属内的海域行使管辖权，即行使行政管理权。行政管理过程就是国家公共权力的行使过程，它必须按照公共事务的性质和规律，以公共利益为依托，履行公共责任。为确保行政权力行使的正当性，就离不开对行政权力的制约。行政伦理是以协调个人、组织与社会关系为核心的行政行为准则和规范系统，因此，行政伦理是行政权力的重要制约机制之一。我国宪法明确规定，国家行政权由国务院及其各部委和地方各级人民政府代表国家行使。国家行政机关管理国家与社会公共事务的活动也称为公共行政。从公共行政的角度来解释海洋伦理的"公共"性，可以追溯到古希腊思想家和政治家柏拉图，他从道德的角度阐述了城邦正义精神，其中维护正义体现为政府的"公共"性。社会契约论的早期学者从政府代表公共利益的契约精神出发阐述了"公共"性。人们为了避免在冲突中受到更大的伤害，把天赋权利让渡给国家，由国家维护"公意"。公共利益演变为"公意"的同时，即具有了"公共"性。新公共行政学派认为，其"公共"性应该包括实现

---

① 俞树彪：《海洋公共伦理研究》，海洋出版社，2009，第92～99页。
② 王刚、吕建华：《论海洋伦理及其内涵》，《湖北社会科学》2007年第7期。

社会的公平、正义和回应性。罗尔斯认为，对弱势群体的保护是"公共"性的一个重要体现，就是应该体现公共行政的价值诉求——正义与公平。正如美国著名政治学家乔治·弗雷德里克森所著的《公共行政的精神》一书所强调的，公共行政必须在政治、价值与伦理方面进行恰当定位，从而构建公共行政官员所应遵循的价值规范与伦理准则，保证建立有效的现代民主政府和政府治理①。

当然，海洋伦理也是一种环境伦理。构建海洋伦理的初衷是为了保护海洋环境，因此环境伦理应该是海洋伦理的重要内容。环境和生态的一个重要区别在于前者强调静态的自然资源所处的环境，包括人类生存与发展所依赖的所有物的环境，如空气、水、阳光、矿藏、草原、森林、滩涂等；后者强调动态的具有生命体特征的可维护生态系统的自然资源，包括人类和动植物等。生态伦理是建立在环境伦理价值基础之上的。可以说，人类没有环境伦理，就不可能顾及生态伦理，或者说，人类只有重视环境伦理，生态伦理的价值才能凸显。

目前，全世界的海洋环境破坏和污染问题十分严峻。单就中国而言，20世纪50年代我国有红树林约5万公顷，而现在只剩下2万公顷，海南岛80%的岸礁遭到不同程度的破坏。我国每年沿海工厂和城市直接排入海洋的污水就有约100亿吨，主要有害物质146万吨。除此之外，海洋溢油事故频繁发生，自21世纪以来，具有一定规模的溢油溢气事件就发生了多起。例如，2010年美国墨西哥湾溢油事件，2011年中国康菲渤海溢油事故，2012年法国道达尔钻井平台天然气泄漏事故。2011年7月5日，英国《卫报》公开了一批不为人知的石油巨头溢油档案。档案显示，2009年至2010年，北海海域共发生油气泄漏100多次，平均每周一起事故。其中，壳牌和道达尔"荣登"最频繁溢油企业榜首，而丹麦马士基（Maersk）、加拿大公司塔里斯曼（Talisman）以及BP旗下的Mungo Etap亦榜上有名。海洋环境的破坏急需一种立足环境保护的伦理来规范。目前，西方关于环境伦理的理论派别林立，有以黑迪为代表的"现代人类中心主义"、以帕斯莫尔和麦克斯基

---

① 乔治·弗雷德里克森著《公共行政的精神》，张成福等译，中国人民大学出版社，2003，第10页。

为代表的"开明人类中心主义"、以诺顿为代表的"弱势人类中心主义"、以泰勒为代表的"尊重自然界的伦理学"以及以莱奥波尔德为代表的"大地伦理学"等[①]。西方环境伦理学理论派系繁多，大体可以分为两派：一派是以人类为核心的"人类中心主义"，认为只有人类才是自然界唯一具有内在价值的存在物，离开了人类，自然界就无价值可言；另一派则是将道德关怀扩展到动物、植物以及山川河流等各种自然存在物上的"自然中心主义"（非人类中心主义），它们认为人以外的自然存在物和人一样，也有其自身存在的内在价值和权利。我们在构建海洋伦理的过程中所关注的，不是"人类中心主义"与"自然中心主义"关于人类是否是自然界唯一的价值体的争论，而是它们对全球环境的一种保护和敬畏的心态，这种心态对于海洋开发显得尤为重要。如同大地伦理学的代表人莱奥波尔德所言，人不仅要尊重共同体（即大地）的其他伙伴，而且要尊重共同体本身。这告诉我们，不仅要保护海洋环境，同样要将海洋作为维持一切生命的特有资源和空间加以保护和尊重。

（二）调整对象

海洋伦理是以海洋道德为调整对象和范围的科学体系，是研究人与海洋关系、海域中人与人关系等问题的一门学科。海洋伦理调整的对象应该包括人与海洋之间的道德关系和海洋活动中人与人之间的道德关系两个方面。调整对象之所以有两方面是因为人与自然的关系具有双重性。人与自然的关系是相互依存且彼此统一的。人兼具自然属性和社会属性，一方面，人是自然整体中的有机组成部分，不论人类社会发展到哪个阶段都不能脱离自然而存在，或是凌驾于自然之上；另一方面，人具有理性和智慧，具有主观能动性，人能主动改造自然。人类以实践活动为纽带，将人与自然的关系和人与人之间的关系有机联系起来。人们改造自然的生产活动是以一定方式结合起来的共同活动，本质上是一种社会实践活动。因此，人与人之间的关系从一定程度上来说就是人与自然关系的衍生和发展。海洋伦理的调整对象不能局限在人与海洋的自然关系层面上，还应扩展到海洋实践活动中人与人之间的

---

① 傅华：《生态伦理学探究》，华夏出版社，2002，第7～25页。

社会关系层面上。所以，在研究人与海洋的伦理关系时既要注重"物"的尺度，确立尊重海洋、保护海洋的伦理道德规范，又要肯定"人"的主观能动性，通过调整人与人在海洋实践中的关系来实现人与海洋的和谐相处与发展。

1. 调整对象之一：人与海洋间的道德关系

对于人与自然的道德关系研究，人类长期以来被认为是自然界中唯一具有理性和优越性的主体，自然是被人类主宰的客体，本身不具有内在价值，与人类不存在伦理意义上的关系，只能作为对人类有用的工具而存在，人类保护自然归根结底是为了维护自身的利益。在环境伦理学的研究兴起之后，这种传统的伦理观受到了质疑，伦理界广泛主张将人的天赋权利和内在价值扩展到自然界及其存在物身上，承认它们在内在价值和权利并拥有与人类同样的地位①。这是伦理学发展历程中的一次革命，它第一次将自然纳入了伦理道德的范畴之中，为缓和人与自然的对立关系作出了重大贡献。人类基于传统的人类中心主义伦理观提出了许多环境保护的理念，但收效甚微。这种基于人类利益进行的环境保护是脆弱易变的，自然界不具有内在价值，不在人类道德关怀的范围内，可以随时让位于人的利益，在处理人与海洋的道德关系时要超越传统的完全以人类利益为中心的伦理观，在发挥人的主观能动性的同时自觉承担保护海洋的责任和义务。

人类要改变单向度地主宰海洋的现状。人类在重视人与海洋的道德关系问题上，最重要的是要明确海洋存在的价值。笔者认为，海洋的存在至少有两方面的价值，一是作为获取海洋资源的工具价值。这种价值体现在对人类正当发展需求的满足层面上，海洋为人类提供了多种资源，人类则从资源的开发中获得了经济效益和社会效益。二是海洋自身所拥有的内在价值。海洋是孕育生命的摇篮，养育了人类及众多的海洋生物，同时海洋也是地球生命系统的组成部分，在维持地球的新陈代谢中起到重要作用。海洋的内在价值是本身固有的，它不为人类创造并且先于人类活动而自然存在。两种价值是相辅相成的统一体，任意夸大和否定任何一种价值的做法都有失偏颇。基于

---

① 田文富：《环境伦理的时代价值与中国环境伦理的构建思考》，《哲学百家》2006年第9期。

海洋具有内在和工具双重价值的现实，可以确立海洋实践活动中调整人与海洋道德关系的基本准则。人类对海洋的利用是出于生存的本能，但是人类对海洋的利用活动如果超越了海洋自身的承受力和自我修复能力，影响了海洋生态系统的健康和完整，就应该停止这种利用，并对所造成的破坏进行补偿，直至其恢复到正常水平①。总之，肯定海洋具有内在价值，即是认同海洋具有作为伦理道德主体的资格，拥有相应的环境权利，人类在开发利用过程中必须以尊重海洋生态环境发展的客观规律为前提，不允许人为破坏海洋生态环境，不无故伤害海洋中的一切生命，切实维护海洋生态环境的健康和完整。

2. 调整对象之二：海洋活动中人与人之间的道德关系

海洋活动中人与人之间的道德关系通过海洋环境正义的确立来实现，海洋环境正义涉及代内正义和代际正义两个层面。

海洋环境的代内正义强调当代人在开发利用海洋资源、谋求生存和发展的机会是一律平等的，同时在承担保护海洋的义务上也是平等的。随着世界全球化进程的加快和经济一体化的发展，东西方国家之间的贫富差距不但没有缩小反而进一步扩大了，发达国家不仅垄断着海洋开发的先进技术，还在海洋资源开发利用的规则制定上占据主导地位，导致了世界各沿海国对海洋开发与利用的机会不平等。比如，早在20世纪五六十年代，以美国为代表的发达国家就不断对世界各大洋的公海海底进行探测，在公海海域大肆"圈地"，全球锰结核最集中的海底矿区很快被瓜分完毕，并且又在20世纪末开始了对更有价值的海底矿产富钴结核进行勘探，而这一活动的参与者几乎都是发达国家。

代内正义的原则主要体现在以下三个方面。其一，在制度安排上提倡规则和机会平等。构建保障公平使用海洋资源的制度框架和解决方案，各国和地区不论经济强弱和地位高低都平等地享有海洋资源的开发和使用权，反对海洋资源开发过程中的垄断行为。针对当前发达国家和发展中国家在海洋资源开发中的不平等现状，必须限制发达国家对海洋资源的滥用和独占。其二，承担共同但有区别的责任原则。强调各国各地区负有保护

---

① 叶立新：《江苏海洋经济可持续发展研究》，《商业研究》2005年第15期。

全球海洋环境的共同责任，但是在发展中国家和发达国家之间，责任的分担是与它们在历史上和当前对环境造成的破坏程度来区分的。事实证明，发达国家对海洋环境造成的损害较大，理应对海洋环境破坏承担主要责任。其三，倡导国家间的国际合作。由于发展中国家的资源、能力有限，基础薄弱，发达国家应为发展中国家提供可能的和充分的帮助，以实现合作共赢。

海洋环境的代际正义是指每一代人都同等地享有海洋资源与环境权益，上一代人留给下一代人的环境质量应该不比其从上一代人继承的环境质量差，每一代人不仅要为下一代人保存丰富的资源与良好的环境，而且还要为之提供发展经济和提高福利的空间[1]。过多、过快地开发利用海洋资源，会使有限的资源被掠夺殆尽而不能延续，这对后代人来说是极不公平的。因为环境损坏的影响并不只在当代持续，它具有滞后性和累积性特征，其后果往往要经过几代人才能反映出来，而这种不可逆的后果将会损害后代人的利益。所以，人类要事先尽最大可能充分估计自身行为的后果，主动承担对后代人的责任。

代际正义的原则主要体现在以下方面。其一，公正的储存。海洋资源包括不可再生资源和可再生资源，不可再生资源如海底矿藏都是有限的，随着开发活动的加剧，矿藏资源蕴藏量会逐渐减少，而可再生资源被过度开发利用后也会在相当长时间内无法再生。由此可见，海洋资源具有稀缺性的特点，当代人的过度消耗会打破生态平衡，导致人类居住环境恶化，并直接损害后代人的利益。因此，要注重对海洋资源的储存，确立既要满足当代人的需要，又不对后代人满足其需要的能力构成危害的发展目标。其二，在经济增长方式上实现可持续发展。人类曾把经济增长作为衡量社会发展的唯一指标，认为环境可以容纳经济的无限增长。但是现实世界中资源的储藏是有限的，人类的经济增长方式不能一直依靠传统模式，如果当代过度地发展，尤其是发展那些高资源消耗产业，就会限制后代的发展空间和潜能。

综上所述，海洋实践活动中人与人之间的伦理道德关系，直接影响了海

---

① 田文富：《环境伦理的时代价值与中国环境伦理的构建思考》，《哲学百家》2006 年第 9 期。

洋环境，进而影响了人海关系，因此可以说，人与人之间的伦理关系是海洋伦理研究的逻辑起点，更是海洋伦理研究的基础和重点。

（三）体系的建构

海洋伦理是人们在海洋开发与利用过程中形成的人与人、人与社会、人与自然关系所应遵循的行为准则或行为规范。海洋伦理在海洋环境管理中起着至关重要的作用，是海洋制度构建不可或缺的组成部分。

1. 海洋伦理规范的构成

"规范"就是指约定俗成或明文规定的标准，是一种既定的、公开的、被大多数人认可的限制性要求。规范具有概括性、公开性、明确性和适度性的特征。规范的概括性是指一般的、概括的规则，不针对具体的人和事，对同样的事情同等对待，可以反复适用；规范本来就是为了引导或限制人们的行为而制定的，只有在人们了解了其具体内容后才能被遵守，人们也只有接受被公开了的规范才能限制和约束其行为。所以，规范必须是公开的，而且要进行宣传，要让人们广泛了解；规范的明确性表明规范不仅对人们可以怎样行为、不得怎样行为、应当或必须怎样行为等有明确的规定，而且在语言表述上要简洁明确、通俗易懂，让社会一般成员都能理解，这样才能真正有效规范人们的行为，不致让一些人钻"空子"，也不致让一些人无所适从；规范的适度性体现在规范必须反映社会的一般行为要求，应当与人们的职责、身份和心理承受能力相适应，既不能过于理想无法做到或难以做到，也不能要求过低而达不到应有的规范目的。

鉴于对海洋伦理及规范概念内涵的认识与理解，笔者认为，海洋伦理规范的构成应分为四个层面：一是观念层面的海洋伦理，是人类涉海行为伦理道德价值判断的主观反应；二是制度层面的海洋伦理，是提炼海洋伦理的道德价值内核，并上升到法律制度的高度，成为人类所共同遵守的、强制性规范，以命令形式贯彻海洋伦理的价值诉求；三是社会层面的海洋伦理，也就是说，将海洋伦理的道德价值如同人与人、人与社会之间的礼仪、文化和思想观念一样贯穿于人类的日常社交生活，成为人们的一种习惯性道德行为；四是精神层面的海洋伦理，在这一层面上，海洋道德意识与价值观念已不再外化于制度与社交层面上，而是作为一种与生俱来的品质与意志存在于人类个体自身，作为一种内在的约束机制。这四个层面由表及里、层层推进，是递进的逻辑关系。海洋伦理规范的构成见图1-3。

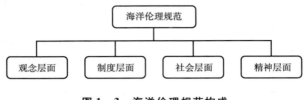

图1-3　海洋伦理规范构成

2. 海洋伦理框架体系建构

基于对我国海洋资源的可持续利用、对海洋生态环境的保护和对海洋经济和谐发展的理念来建构我国的海洋伦理框架体系。同时海洋伦理框架体系建构应本着全面公平、综合效率、互动和谐、协同进化的原则设计。

笔者认为，海洋伦理建构应该在海洋伦理规范体系的基础上，进行从微观到中观再到宏观层面的建构。

自然个体层面。作为个体——人是海洋开发与管理最主要的主体，也是参与涉海活动的最小单位，虽然作为单个的个体在涉海活动中微不足道，但每个个体产生的社会影响却是不容忽视的。从某种意义上说，个体层面的海洋伦理是微观层面的，也是基础层面的。

社会公众层面。海洋是社会的公共领域，公众在参与海洋开发与治理过程中必然会形成一系列的共同社会问题与社会矛盾，为了维持良好的海洋开发与治理秩序，社会需要能够被公众所接受或认可的伦理规范来制约公众的涉海行为。这是中观层面的海洋伦理。

社会组织层面。组织有大有小，大到国家、社会，小到一个单位、社团。目前我国海洋开发与管理实践大都是以组织的形式进行的，组织层面的海洋伦理是宏观层面的，也是尤为关键的层面。

上述每个层面的海洋伦理都由伦理观念、伦理制度、伦理社会和伦理精神四部分构成。当然各个层面的侧重点不同。个体层面侧重伦理观念。公众层面侧重伦理社会。组织层面则侧重伦理制度和伦理精神。海洋伦理框架体系架构见图 1 – 4。

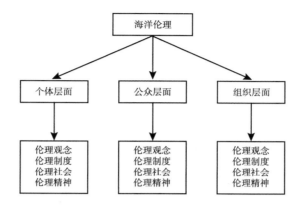

图 1 – 4 海洋伦理框架体系架构图

第二章　海洋综合管理

一　海洋管理的发展演化

人类社会发展的历史进程一直与海洋息息相关，海洋既是生命的摇篮，又是人类各种资源的宝库。随着科学技术的进步，人类开发利用海洋的水平不断提高，人们已经开始用新的眼光和思维来重新认识海洋的价值。面对战后世界人口激增、耕地不足、能源短缺、环境污染等问题，如何开发海洋，特别是可持续开发和利用海洋已成为世界各个海洋国家的主要议题。自1992年联合国环境与发展大会通过《21世纪议程》和1994年《联合国海洋法公约》生效以来，世界各个海洋国家都在根据本国的具体情况，重新制定或调整本国的海洋发展战略和策略。

（一）海洋管理的概念诠释

海洋管理概念是伴随海洋管理实践的发展而逐步提出的。由于各国、各地的海洋管理实践活动有极大的差异，在海洋管理的主体、客体等一系列问题上有着不同的理解，加之海洋管理学科尚处在发展和完善之中，因而对海洋管理的概念至今尚未形成统一的认识[1]。

美国学者蒂默（Peter Cry Tumer）和阿姆斯特朗（Jom M Armstrong）认

---

[1]　王琪：《海洋管理——从理念到制度》，海洋出版社，2007，第48页。

为，海洋管理是指政府能对海洋空间和海洋活动采取的一系列干预行动[①]。当代一般将海洋管理定义为国家对海洋区域的管理，强调了国家作为海洋管理的主体性，以及海洋管理对象的区域性，并因当代海洋的综合性、区域性，而将海洋管理称为海洋综合管理、海洋区域管理，认为它们是海洋管理的高层次形态，而行业管理则是相对的低层次形态。当代的海洋管理不应是某一具体领域的行业管理，而应当是国家通过政策、法律、经济、行政等手段实现对权益所及的海洋区域内资源开发和人类海上活动的控制，可概括为两类管理内容：海洋权益管理和可持续发展观念下的海洋经济管理[②]。我国学者王琪等在其编著的《海洋管理——从理念到制度》一书中认为，海洋管理属于公共管理范畴，海洋管理是以政府为核心主体的涉海公共组织为保持海洋生态平衡、维护海洋权益、解决海洋开发利用中的各种矛盾冲突，依法对海洋事务进行的计划、组织、协调和控制活动[③]。管华诗、王曙光认为，所谓海洋管理是指政府以及海洋开发主体对海洋资源、海洋环境、海洋开发利用活动、海洋权益等进行的调查、决策、计划、组织、协调和控制工作[④]。

参考目前学术界对海洋管理的定义，笔者认为，海洋管理是指国家在一定的环境条件下，综合利用行政、经济、法律、技术等方法，为提高海洋利用生态、经济、社会效益，维护国家利益，监督海洋开发利用，保护海洋生态环境，而进行的计划、组织、协调和控制等综合性活动。

（二）国际社会海洋管理的发展演化

海洋管理的产生是基于海洋有价值这一客观前提。人类对海洋价值的认识，是一个不断深化的过程。这个过程随着海洋研究、开发和保护事业的发展不断深化、不断发展。海洋是人类共同的财富，翻开数千年来人类开发海洋的历史卷册不难看出，海洋对于人类进步和社会发展是至关重要的。早在2500多年前，古希腊海洋学家狄米斯托利克就有一句名言："谁控制了海

[①]　蒂默、阿姆斯特朗：《美国海洋管理》，海洋出版社，1986，第2页。
[②]　李文睿：《当代海洋管理与中国海洋管理史研究》，《中国社会经济史研究》2007年第4期。
[③]　王琪：《海洋管理——从理念到制度》，海洋出版社，2007，第51页。
[④]　管华诗、王曙光：《海洋管理概论》，中国海洋大学出版社，2003，第1页。

洋，谁就控制了一切。"在早期人类对于海洋的开发和利用过程中就出现了有意识的海洋管理活动。

自远古时代至 15 世纪，接触海洋的人主要是居住在沿海地区的居民，他们利用海洋的活动主要是采拾贝类和捕捞小鱼，利用海水制盐，在近海航行。靠海吃海和就近航海的实践，使得人类对于海洋有了初步的认识。

15 世纪后期以来，世界大航海时代到来，欧洲发现了新大陆，开辟了新航线，进行了环球航行，扩大了世界市场，开始了近代殖民掠夺，推动了欧洲资本主义的发展，资本主义代替封建主义的时代到来了。尤其是第一次世界大战以来，人类对海洋的利用进一步深化，加强了对海洋活动的管理。战争时期，海洋成为屯兵作战的重要战场，战后海洋又成为食品基地、油气开发基地、旅游娱乐基地和仓储等空间利用基地，海洋的价值越来越大，成为人类生存的现实空间，海洋本身成为各国争夺的对象。这期间，海洋的政治地理格局发生了重大变化，出现了海洋国土观念，国际海底区域有特殊的法律制度管辖，其资源是人类共同继承的遗产，不能由任何国家占有。这是世界上最大的一个政治地理区域，是唯一一个尚未开发、由全人类共同管理的区域。国际海底区域的上覆水域是公海，公海也有一系列国际法律制度。

工业革命的浪潮拓展了海洋开发利用的广度和深度。航海技术、造船技术、海洋勘探等技术的发展，使人们发现海洋所蕴涵的更大价值。如果说 15 世纪到 19 世纪人们感受到海洋活动中的"无序"主要是由国家主权之争而产生的各种海上冲突，那时所谓的海洋管理主要是有效地控制海洋，那么进入 20 世纪后，海洋活动中的"无序"无论内容上还是形式上都表现得异常复杂。海洋价值的新发现，海洋环境、海洋资源对于人类生存的重要意义，使海洋成为各种矛盾交织、利益斗争的新场所。可以说，直到进入 20 世纪，人类才开始产生海洋管理的自觉意识，才开始有意识地去探索海洋管理的有效方式①。

1994 年，《联合国海洋法公约》的生效，对于推进海洋管理具有划时代的意义。它的诞生，是世界海洋史上的一个重要里程碑，是广大发展中国家

---

① 王琪：《海洋管理——从理念到制度》，海洋出版社，2007，第 44～45 页。

经过长期斗争取得的积极成果。它标志着新的国际海洋法律制度的确立和人类和平利用海洋、全面管理海洋新时代的到来。《联合国海洋法公约》第一次以法律形式明确规定了 200 海里专属经济区制度，扩大了沿海国家的管辖海域；首次规定了沿海国有权建立不超过 12 海里的领海，在该区域内享有主权；规定沿海国有权建立从领海基线量起不超过 24 海里的毗连区等。自《公约》签署以来，联合国对国际海洋事务越来越重视。1993 年第 48 届联合国大会决议，敦促沿海国把海洋综合管理列入国家发展议程；1997 年以来，联合国秘书长每年都向联大作海洋事务报告，其中向 1999 年联合国大会提交的海洋事务报告指出，海岸带生态系统可以提供的经济价值约为 21 万亿美元，而陆地生态系统可提供的经济价值约为 12 万亿美元。由此可见，海洋对全球经济和社会发展具有巨大的潜在价值。为了依据《公约》协调各国与海洋有关的利益关系，联合国成立了国际海底管理局、国际海洋法法庭、大陆架界限委员会等一系列专门海洋机构，海洋资源管理日趋严格。与此同时，许多沿海国家不失时机地实施了加强海洋管理的一系列重要举措。例如：重新确立海洋发展目标，调整国家海洋政策；加强海洋管理机构建设；颁布海洋管理法规，形成海洋管理法规体系；加强规划和区划调整，制定海洋管理行动计划等。

在《联合国海洋法公约》生效至今的近 20 年里，国家海洋管理正在从单一的部门、行业管理向跨部门、跨行业的海洋和海岸带区域管理转变。传统的海洋管理一般表现为针对单一类型海洋资源及其利用的部门或行业管理，如渔业、海运、海洋油气开发等的专业部门管理。由于沿海陆域、海域空间和自然资源的有限性，在沿海生态系统的制约下，各种资源利用之间的相互影响、相互作用日趋显著，进而影响到沿海地区空间和资源利用的有效性和可持续性。传统的针对单一资源类型的专业管理，虽然仍可继续在处理本行业资源利用问题上发挥应有的作用，但难以解决现代多种资源综合开发利用所带来的区域性问题。在此背景下，以协调与整合海洋和海岸带区域资源利用规划及其实施为主旨的综合管理，得到越来越多国家的重视，在世界各地得到示范和推广。现代海洋和海岸带管理，旨在考虑区域特定生态条件及其影响的基础上，发展和实行跨部门、跨行业、多学科的综合管理，以此协调区域内各类资源的利用、保护和管理，做到区域资源的合理配置，促进区域的可持续发展，从而为国家社会经济的发展作出更大的贡献。

（三） 中国海洋管理的发展演化

中国是世界上开发利用海洋最早的国家之一，伴随着早期的海洋开发活动，产生了一些朴素的海洋管理思想。我国的渔业管理可追溯到夏商时期，夏禹曾颁令："夏三月，川泽不入网罟，以成鱼鳖之长。"到周代后，已经有了专司渔业管理的官员，周文王甚至还规定了禁渔期。我国对海盐生产的管理也有两千多年的历史，各个朝代基本上都采取了鼓励海盐发展的政策，使海盐业得以继续发展。自秦汉以来，我国相继出现了一些著名商埠，如广州、泉州、宁波等港；宋元之时，泉州港被称为"世界第一商港"。随着这些港口的出现和发展，逐渐形成了一些有关港口和海上航行等方面的管理实践。

清代中叶，闭关锁国的政策不但严重阻碍了各项海上事业的发展，也造成了海上力量的瘫痪。海上事业在 19 世纪下半叶遭到空前重创，一些获利丰厚的海洋产业几乎都被列强所控制。1904～1907 年，清政府在一些沿海地区成立了政商合一的渔业公司，负责渔业生产的经营及其管理。辛亥革命后，北洋政府在实业部设立了渔业局，专司渔政。1915 年又改制为农商部下面的渔政司，后又改为隶属农矿部地渔政科。在此期间，北洋政府还采取了鼓励渔民进入公海作业、加强护渔防盗、提倡渔业技术革新和推广等渔业管理政策，先后颁布了渔业法及实施细则、公海渔业奖励条例、渔船护洋缉盗奖励条例、渔业技术传习条例等法规。这些法规的实施推动了海洋渔业的发展，对我国的渔业管理产生了深远的影响。

为进一步加强对全国海洋渔业的统一管理，1932 年，国民政府颁布了《海洋渔业管理局组织条例》，将全国沿海分成江浙、闽粤、冀鲁和东北四个渔区，并分别设立渔业管理局，分属实业部。在对外渔业管理方面，尽管当时日本一直在肆意掠夺我国的渔业资源，但国民党政府一直不敢设立渔业保护区，直到 1947 年第二次世界大战结束之后才与日本签订了一项禁止其渔船在我国沿岸 12 海里海区捕鱼的渔业协定。

1931 年，国民政府颁布了《领海范围定为 3 海里令》，以加强对领海的管理。但由于当时帝国主义恃强凌弱，兼之国民政府软弱退却，致使海洋管理形同虚设，甚至连港口管理仍掌握在外国人手里。此外，该"领海令"中虽然规定在12海里之内海关有缉私权，但事实上由于种种原因并未得到实施。同样，同年颁布的《要塞堡垒地带法》也规定在海域要塞区内禁止测量、摄影等军事侦察活动，但西方列强进入我国内水、领海依旧如入无人之境。这种状况一直延续至新中国成立前夕。

新中国成立后，特别是改革开放以后，中国的海洋管理进入了一个新的发展阶段，海洋管理事业取得了长足的进步。20世纪80年代之前，我国海洋管理是以行业管理为主。1964年，国家海洋局成立，最初的职责是统一管理海洋资源调查和海洋公益事业服务，很长一段时间内没有承担海洋行政管理的职责。20世纪80年代以来，国家分级管理海洋的行政体制形成，地方海洋行政管理机构相继建立。目前，地方管理机构形成了三种模式：一是海洋与渔业结合，如辽宁、山东、江苏、浙江、福建、广东、海南；二是海洋与土地、地矿结合，如河北、天津、广西；三是专职海洋行政管理机构，地方与国家合并，如上海。应该说，我国海洋管理机构具有半集中的特点，除了海洋行政管理部门以外，其他涉海行业部门也具有管理本行业开发利用海洋活动的职能，如渔业、交通、旅游、石油、矿产、盐业等。

从新中国成立至今，中国海洋管理体制的变迁大致经历了新中国成立初期至20世纪80年代、80年代至今两个阶段。在新中国成立初期至20世纪80年代这一阶段，我国的海洋管理主要是以行业管理为主，按照海洋自然资源的属性进行分割管理，基本是陆地自然资源管理部门的职能向海洋的延伸。中央和各级政府的渔业部门负责海洋渔业的管理，交通部门负责海洋交通安全的管理，石油部门负责海上油气的开发管理，轻工业部门负责海盐业的管理，旅游部门负责滨海旅游的管理等。在这一历史时期，由于社会生产力水平还不高，海洋开发和利用的基础薄弱，对海洋资源的开发利用规模比较小，海洋受到的开发压力不大。涉海行业部门的主要职能是进行生产管理。从20世纪80年代起，中国海洋事业快速发展，中国海洋管理体制又经历了1998年及2008年两次大规模机构改革。海洋管理体制日益完善，在综合管理方面突出表现为地方管理机构的建立及国家海洋局综合管理协调的职能进一步加强。海洋渔业、海洋航运和港口、海洋油气生产、海盐生产等由各相关部门进行分行业管理①。

随着海洋开发保护实践的深入，我国海洋管理的内容和方式不断丰富和发展。中国于 1996 年批准《联合国海洋法公约》在我国生效，并制定了《中国海洋 21 世纪议程》，提出海洋可持续发展战略。2002 年 1 月 1 日起实施的《海域使用管理法》，更是我国政府为全面强化国家海洋权益、彻底解决海域使用及其资源开发中长期存在的"无序、无度、无偿"状态，强化海洋综合管理的关键举措，是推进我国海洋管理法制化建设的重要标志。

二 海洋综合管理的概念阐述与模式分析

海洋综合管理是美国在 20 世纪 30 年代提出的。1992 年联合国环境与发展大会通过的《21 世纪议程》《气候变化框架公约》等文件，都倡导沿海国家积极开展海岸带综合管理。目前，世界上有 56 个国家和 96 个国家的部分地区，已经或者正在制定海岸带综合管理规划和计划，开展海岸带综合管理，并创造了多种适合本国或地区特点的综合管理模式。我国是在 80 年代初期开始考虑海洋综合管理的，经过十多年的实践，已经取得了一些进展，积累了初步经验。但是，目前人们对海洋综合管理的认识还不够统一，没有认识到实行海洋综合管理的真正意义。为此，本章对海洋综合管理的可行性进行论证，以期增强公众对海洋综合管理的认识。

(一) 关于海洋综合管理的相关研究

目前学者对于海洋综合管理的论述大致可以分为三种，一是海洋综合管理的概念，二是基于某一视角展开对海洋综合管理的论述，三是基于当前海洋管理的体制展开对海洋综合管理的论述。具体如下。

---

① 国家海洋局海洋发展战略研究所课题组：《中国海洋发展报告 (2010)》，海洋出版社，2010。

1. 海洋综合管理的概念

美国是提出海洋综合管理最早的国家，对海洋综合管理进行研究的论著较多，其中比较有代表性的是阿姆斯特朗和蒂默合作完成的《美国海洋管理》，该书中认为：海洋综合管理"是把某一特定空间内的资源、海况以及人类活动加以统筹考虑。这种管理方法可以看做是特殊区域管理的一种发展，即提出把整个海洋或其中的某一重要部分作为一个需要予以关注的特别区域"①。我国学者比较有代表性的是鹿守本先生，在其所著的《海洋管理通论》一书中指出，"广义的海洋综合管理概念可以做如下表述：海洋综合管理是国家通过各级政府对海洋（主要集中在管辖海域）空间、资源、环境和权益等进行的全面、统筹协调的管理活动。在这一归纳表述基础上，还可以延伸表达如下：海洋综合管理是海洋管理的高层次形态。它以国家的海洋整体利益为目标，通过发展战略、政策、规划、区划、立法、执法，以及行政监督等行为，对国家管辖海域的空间、资源、环境和权益，在统一管理与分部门分级管理的体制下，实施统筹协调管理，达到提高海洋开发利用的系统功效、海洋经济的协调发展、保护海洋环境和国家海洋权益的目的"②。此后我国学者对此概念的界定虽然有一定的变化，但是大都参照鹿守本学者的说法。

2. 海洋综合管理的多维视角阐述

（1）从资源角度来论述海洋综合管理。学者贺义熊认为，坚持符合海洋资源特点和保证国有海洋资源保值增值的原则来改革海洋管理体制，明确海洋资源所有权、管理权和使用权主体，形成良好的产权管理体制，同时处理好海洋资源管理中管理部门与使用者的关系、行业管理部门之间的关系，从而构建海洋综合管理新体制③。学者孙悦民认为，我国海洋资源开发中存在缺乏总体规划、总体方针政策和管理主体之间的协调机制等综合管理问题。因此要建立综合管理机制，以国家海洋管理部门为主，建立协调、控

① 鹿守本：《海洋管理通论》，海洋出版社，1997，第 91 ~ 93 页。

② 贺义熊：《基于资源资产化管理的大连市海洋综合管理新体制构建探讨》，《渔业经济研究》2010 年第 2 期。

③ 贺义熊：《基于资源资产化管理的大连市海洋综合管理新体制构建探讨》，《渔业经济研究》2010 年第 2 期。

制、监督和引导综合管理体制，以确立主管部门的地位和权威，协调、平衡各涉海产业部门利益①。

（2）从海域使用角度来论述海洋综合管理。学者陈莉莉分析了舟山海域使用管理面临的主要问题，认为完善海域使用管理制度，需要强化海洋综合管理的理念，加强海洋行政管理机构的综合协调职能，同时培育和健全海域管理的协同作用机制②。学者史美良认为，《海域使用管理法》的实施打破了原来的行业、部门条块分割和多头分散管理的体制，而由海洋主管部门来集中统一综合管理，这有利于海域资源的合理开发和可持续利用，也有利于避免扯皮、推诿现象的发生，从而大大提高管理效率。但要落实这一新体制和新模式，需要处理好三个关系：综合管理与行业分管的关系、中央与地方的权限分工关系、垂直领导与横向领导的关系③。

（3）从生态角度来论述海洋综合管理。学者丘君等认为协调海洋资源开发与保护，解决海洋生态危机必须改进现有海洋管理模式，引入新的理念——基于生态系统的管理，强调综合的管理，即综合考虑生态的、经济的和社会的等因素，综合管理完整的生态系统中所有的人类活动④。欧文霞、杨圣云认为，海洋综合管理的需求，一是生态与环境危机，包括陆源污染等导致了海洋环境的日益退化，全球气候等大环境的变化引起了海平面上升以及海岸侵蚀等；二是人为的压力，在沿海地区高度开发有限的生物和空间资源，人为引发了一系列的生态与环境问题，主要包括生境损失、渔业资源退化、水质恶化、海洋水产品污染物含量超标、航道淤积、海洋生物生产力下降以及外来物种入侵等⑤。

（4）从海岸带管理视角来论述海洋综合管理。学者黄康宁、黄硕琳基于海岸带综合管理的概念及其特征，主要从三个方面阐述了目前我国海岸带综合管理的现状及问题，并据此结合美国的海岸带综合管理经验

---

① 孙悦民：《中国海洋资源开发现状及对策》，《海洋信息》2009年第3期。

② 陈莉莉：《从海洋综合管理的视角完善海域使用管理》，《中国渔业经济》2009年第4期。

③ 史美良：《海域使用管理中存在的问题及应采取的对策》，《现代商业》2009年第18期。

④ 丘君：《基于生态系统的海洋管理：原则、实践和建议》，《海洋环境科学》2008年第1期。

⑤ 欧文霞：《试论区域海洋生态系统管理是海洋综合管理的新发展》，《海洋开发与管理》2006年第4期。

研究，分析提出了有关海岸带管理边界划定、我国海岸带管理协调机制、我国海岸带管理立法以及公众参与这四个方面的对策和建议。学者段君伟认为，随着沿海经济的迅猛发展以及海岸带的开发利用冲突日益明显，各国正在运用一种综合管理机制对海岸带进行管理，同时提出完善海岸带综合管理制度需要从加强立法和建立高效的海洋管理职能部门两方面做起①。

（5）从政策与法制视角来论述海洋综合管理。在这一方面，比较有代表性的是学者胡增祥与马英杰，他们认为正确的政策和完备的法律，是对海洋实行综合管理的前提和基础，是依法行政的根据。因此，要制定海洋综合管理政策，同时加强海洋综合管理的法制建设，完善与国际海洋法相配套的国内法，制定海洋生态保护法规，同时制定海洋开发与保护的基本法规②。

3. 基于当前海洋管理体制论述的海洋综合管理

这一视角，学者主要从当前海洋管理中存在的问题论述海洋综合管理。比较有代表性的是学者李强华，他认为一个健全有效的海洋管理体制应该包括：有一个高效的海洋管理职能部门，有一支统一的海上执法队伍，有完善的海洋综合性法律法规体系，有完整系统的海洋发展战略、规划、区划、政策和方针。目前我国的海洋管理体制在这些方面都存在不同程度的问题，因此建立一套有效的海洋综合管理体制来管理、协调、规范人们开发利用海洋的行为，以实现海洋利用的可持续性成为当务之急③。

（二）海洋综合管理的内涵

综合学者的研究成果，海洋综合管理的内涵可以归纳表述为：海洋综合管理是国家通过各级政府为维护海洋发展的整体利益，借助于统一的战略、政策、规划、立法、执法、协调和监督等行为手段，对一国所管辖的海域和海域空间，以及这些海域范围内的资源、环境、权益和所有个人、组织及其

---

① 段君伟：《我国海岸带综合管理机制之探究》，《法制与社会》2006 年第 20 期。

② 胡增祥：《对我国海洋综合管理政策与法律框架的思考》，《中国海洋大学学报》（社会科学版）2001 年第 4 期。

③ 李强华：《我国海洋综合管理存在的问题及其对策》，《黑河学刊》2010 年第 9 期。

所进行的活动，进行宏观的统筹协调管理。其内涵包括多个方面的内容。

（1）海洋综合管理具有战略管理的特性。海洋综合管理作为一种国家管理活动，需从战略的高度，运用政策与法律等手段对各种海洋利益关系进行调整，以促进国家海洋事业的发展。海洋综合管理是公共部门的战略管理，公共部门的战略管理表现出战略管理的共性特征：战略特性和管理特性，同时又具有影响的深远性、公共利益取向性、目标的模糊性、制约的多重性这样一些个性特征①。海洋战略管理是涉及海洋事业长期发展的高层次管理活动，是在对海洋事业发展的外部环境、内部资源条件进行分析和预测的基础上，通过制定海洋发展战略并付诸实施，从而实现海洋战略目标的过程。战略管理的理念和实践方式贯穿于海洋综合管理的始终。

（2）海洋综合管理是政府的一种宏观管理。政府是公共权力的代表，受公众的委托来管理社会，海洋综合管理作为政府的一种宏观管理，其管理主体包括中央和地方各级政府，而且主要是带有综合协调性质的政府行政管理机构。海洋综合管理不是对海洋的某一局部区域或某一方面具体内容的管理，而是立足全部海域和长远根本利益，对海洋整体协调发展的高层次宏观管理②。其要解决的是综合性问题，如海洋经济与社会发展战略、海洋可持续发展、海洋生态系统平衡等，着眼于对海洋总体发展状况的把握，因此，所使用的手段必须是战略、政策、规划、立法、协调等。

（3）海洋综合管理涉及多种管理范畴。从综合角度来看，海洋综合管理涉及多方因素、多种力量。从海洋综合管理的参与者来说，其包括各级政府之间、政府与非政府组织和公众之间、各部门之间的统筹协调管理；从海洋综合管理的作用范围来说，其包括陆地与海洋的综合统筹管理、海洋资源的综合有序利用、海洋管理政策在纵向与横向上的统筹协调管理。

（4）海洋综合管理所要实现的是局部或行业管理难以达到的目标。具体来讲，其目标是提高海洋开发利用的系统功效，保护海洋环境和国家海洋权益，建立可持续的海洋生态环境系统，保证海洋经济的可持续发展，从而维护国家的海洋整体利益。

---

① 帅学明：《公共管理学》，中国农业出版社，2008。
② 帅学明、朱坚真：《海洋综合管理概论》，经济科学出版社，2009，第6~8页。

（三）海洋综合管理模式的构建

1. 模式一：海洋综合管理委员会模式

把某个现有部门的权限扩大到包括海洋综合管理，当前来看，主要是国家海洋局和国土资源局，但考虑到海洋综合管理的本身特性和世界各国的经验，扩大国家海洋局的权限比较合适，在海洋局设立一个有力的委员会来行使海洋综合管理的职责。该委员会由海洋局牵头，各涉及海洋的环境保护、国土资源、旅游管理、盐务管理、水利、海事、科技及教育等部门参与，以便对海洋开发利用活动中出现的重大问题进行协商，从而形成海洋综合管理模式的基础。在此基础上，进一步整合职能，简化工作程序。海洋执法采用联合执法或一把抓方式，然后移送相关部门处理。海洋综合管理委员会模式见图 2 - 1。

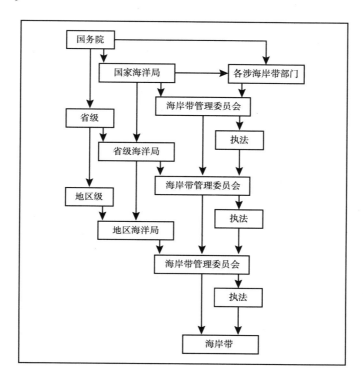

图 2 - 1 海洋综合管理委员会模式

该模式的优点：比较适合现实情况和传统习惯，实施阻碍较小。缺点：缺乏权威性；枝节过多，经过层层过滤后，执行力减弱；程序繁杂，效率低下；协调有一定限度。

2. 模式二：海洋权力集中管理模式

在科学划界的基础上，进行海洋综合管理立法，建立权力集中的海洋综合管理体制，将所有行业、部门的海洋行政职能集中到一个部门来进行管理。海洋综合管理的权限划归国家海洋局。海洋权力集中管理模式见图 2－2。

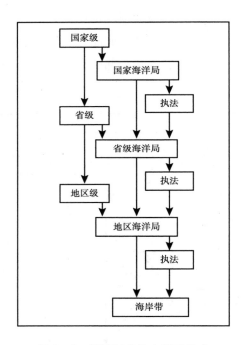

图 2－2 海洋权力集中管理模式

该模式的优点：权力集中，政令通畅；反应迅速，效率较高；一抓到底，效果较好。缺点：与现实情况和传统习惯差距较大，很难让其他利益部门接受。

理顺和完善海洋综合管理体制是我国经济和社会发展的必然要求。首先，理顺和完善海洋综合管理体制，是我国海洋经济迅速发展的客观要求。

国内掀起的海洋经济开发热潮，造成海洋开发的"无度、无序、无偿"，导致违法用海行为日益突出。而目前的海洋管理体制是根据海洋的自然资源属性，以行业部门分工管理为主，由海洋、环保、渔政、海事、边防、海关等多部门构成的分散型行业管理体制。海洋渔业部门负责海洋渔业管理，交通部门负责海上航运和港口管理，国土部门负责海洋矿产资源勘探管理，等等，涉海管理机构达十余个，虽然国家设立了国家海洋局，但由于规格低等原因，未能全面担负起对海洋事务的综合统一管理职能。因此，必须进一步理顺海洋管理体制。其次，理顺和完善海洋管理体制，是国际海洋事务发展的需要。目前，一些发达沿海国家，为加快海洋经济开发，纷纷加强海洋管理机构建设，如韩国、加拿大、印度尼西亚、印度、法国、澳大利亚、越南、巴西等国先后成立了高级别的海洋综合管理机构。联合国大会多次作出决议，敦促世界沿海国家把开发利用海洋列为国家发展战略，加强海洋管理和海洋管理机构建设。如果我国不进一步完善和理顺海洋管理机构，就无法与这些国家在管理体制上进行接轨。再次，完善和理顺海洋管理体制，是维护国家海洋权益的需要。1992 年七届人大二十四次会议通过并公布了《中华人民共和国领海及毗连区法》，1998 年全国人大又通过并公布了《中华人民共和国专属经济区和大陆架法》，对我国领海、专属经济区和大陆架的主权均作出了明确的规定。随着经济、科技的迅猛发展，许多国家均在力图扩展自己的海洋权益，多占海域，霸占资源，在这种情况下，要落实好我国的有关法律法规，保障我国的海洋权益，必须理顺和完善海洋综合管理体制。为了理顺和完善海洋综合管理体制，一是应设立国务院直属的海洋管理工作机构，即将归属国土资源部的国家海洋局，升格为国务院直接管理的国家海洋部，承担维护海洋权益、参与全球海洋事务、海洋资源开发、海洋环境保护、科学研究以及南北极和国际海底等管理事务，解决海上涉外事件、海域使用矛盾；统筹研究海洋发展战略、海洋经济发展规划和有关政策。二是应建立国务院海洋管理委员会。海洋开发的问题涉及经济、能源、军事以及国家安全，是一个全局性的战略问题，需要从宏观上调控。涉海管理部门众多，仅靠国家海洋局协调缺乏权威性。因此，国家应成立一个由国务院副总理牵头、由有关涉海部门共同参加的海洋管理委员会，协调跨部门、跨行业海洋开发活动中的重大事项，处理与海洋开发和海洋权益有关的重大问题。三是地方各级沿海政府也应相应地建立海洋管理委员会，提升海洋管理部门的级别，建立相应的协调机制，赋予其必要的权力，并整合各涉海部门的力量，形成相对集中管理和联合执法的机制。四是进一步理顺国家海洋局所属分局与地方海洋部门的管理范围、权限，明确职责，解决职能交叉问题，杜绝多头重复管理的现象。五是应建立相对集中的联合管理模式。由于我国的海洋执法具有广泛性和综合性，执法范围包含一切管辖海域，管理内容涉及海洋环境保护、海洋资源管理、海域使用、海上交通安全、海洋权益等海洋事务；执法部门既有国务院和地方，又有国务院有关部门和地方政府的有关部门；适用的法律法规和规章比较多。这些特点决定了所有涉海部门既要尽职尽责、严格执法，又要相互协同配合，形成相对集中的联合管理模式。因此，海洋、渔业、环保、公安边防、海事、海军等有关部门都要在国家和地方海洋管理委员会的领导与协调下，建立起联合执法制度，各尽其职，各负其责，积极参与到海洋管理与海洋执法活动中来，共同为维护国家海洋权益、推动海洋经济可持续发展保驾护航。

（四）各国的海洋综合管理模式实践

鹿守本将国外的海岸带综合管理体制分为集中管理型、半集中管理型和松散管理型三种类型，其中美国和韩国是典型的集中管理型。美国和韩国是海洋综合管理实施比较成熟的国家。因此，考察美国和韩国的海洋综合管理实施状况和策略，有利于改革和推进我国的海洋管理体制。

1. 美国

（1）增强联邦海洋管理部门的权限，提升其在国家权力中的地位。美国作为海洋大国，其对海洋一直非常重视。美国对其领海的管理权限有着明确的划分，州政府和地方政府管理 3 海里以内的区域，联邦政府管理 3 海里以外的领海。其商务部下属的国家海洋和大气局（National Oceanic and Atmospheric Administration，NOAA）代表联邦政府管理所属海域。近年来，随着海洋综合管理理论的深入，美国在机构设置上开始践行海洋综合管理，集中表现在两个方面。第一，成立高规格的海洋政策委员会。2004 年12 月，时任美国总统布什签署命令，正式成立新的内阁级海洋政策委员会，以协调美国各部门的海洋活动，全面负责美国海洋政策的实施①。新成立的海洋政策委员会负责向总统和政府部门首脑提供海洋事务相关政策的制定和执行方面的咨询和建议，制定国家解决海洋问题的战略原则，协调联邦各涉海部门的海洋活动。新海洋政策委员会由环境质量理事会主席任主席，其成员包括：国务院国务卿及国防部、内务部、农业部、卫生和公共事业部、商务部、劳工部、运输部、能源部、国土安全部和司法部各部部长；环境保护局、行政管理与预算局、国家航空和航天局、国家情报局和科技政策局各局局长，国家科学基金会董事长和国防部参谋长联席会议主席；国家安全事务、国土安全、国内政策和经济政策的总统助理；随时任命的美国其他官员或职员。这一高规格的海洋政策委员会使得海洋综合管理开始走向实践。第二，提升国家海洋和大气局（NOAA）的权限。除了成立新海洋政策委员会，以提升海洋管理在整个国家权力体系中的位置，美国还积极提升NOAA的现有权限。布什政府起草了NOAA组织法，并于2004年获得美国国会通过。新的组织法增强了NOAA作为国家海洋职能部门的科技实力，提升了有效履行海洋可持续利用的管理职责。

（2）出台统一的海洋管理法律。尽管美国是联邦制国家，但是美国在海洋管理中一直实行集中管理的模式。早在1972年，美国国会就率先通过了《海岸带管理法》，对海岸带实施综合管理。在1997年，为了弥补NOAA在海洋管理中的权限不足、无法有效实施海洋综合管理的窘境，美国参议院通过了1997年海洋法案，授权美国政府成立国家海洋委员会和国家海洋政策委员会②。2000年，又通过了2000年海洋法令，成立了海洋政策评估委员会。正是在国会出台的一系列海洋综合管理法律的支持下，布什政府成立了内阁级的海洋政策委员会。

（3）统一海洋执法队伍。美国联邦政府的海洋执法一直实行综合管理。其海洋综合执法队伍是海岸警备队。海岸警备队负责海上执法工作，分区进行执法管理，各海区都配有远程巡航飞机、武装快艇和综合性的海岸警备设施。这种统一的联邦海洋执法，极大地促进了海洋综合管理的实施。

---

① 石莉：《美国的新海洋管理体制》，《海洋信息》2006年第3期。
② 鹿守本等：《海岸带综合管理——体制和运行机制研究》，海洋出版社，2001，第34页。

2. 韩国

（1）成立统一的中央海洋管理机构。传统上，韩国的海洋管理也是各自为政的海洋行业管理。大约有7个部、2个国家管理局涉及海岸带开发活动和资源的管理，如渔场和渔港归渔业局管理，商业港口归海事与港口管理局管理，工业港口归工业与贸易部管理，国家海洋公园归内政部管理[①]。1996年，韩国成立了海洋事务与渔业部（又称海洋水产部），统一管理海洋事务，对海洋进行综合管理。海洋事务与渔业部的成立，使韩国得以采用更加协调和综合的方式制定海洋政策。海洋事务与渔业部是一个包括所有涉海部门职能的"超级机构"，其主要职能包括港口和航运管理（原属建设与运输部的海事与航运局）、渔业管理（原属农业、林业与渔业部的渔业局）、海洋环境管理（原属环境部海洋环境保护处）、海洋科学技术发展（原属科学技术部的韩国海洋研究与开发院）、海上安全和溢油应急反应（原属内政部的海上警察局）和水文事务局及其他涉海机构。海洋事务与渔业部管理权限的统一和提升，大大促进了韩国海洋综合管理的实施。

（2）出台海洋综合管理法律。早在1987年，韩国就发布了《韩国海洋开发基本法》。这一法律是韩国政府重视海洋、进行海洋综合能力建设的重要举措。该法的目的在于规定海洋和海洋资源的合理开发、利用与保护的基本政策和发展方向，促进国民经济的发展和人民生活水平的提高。1998年7月，韩国又出台了《海岸带管理法》，并根据该法于2000年2月公布了《国家海岸带综合管理计划》，从而使韩国的海洋综合管理跨入了一个新的纪元。

（3）进行海洋综合管理的规划。为了更好地实施海洋综合管理，韩国除了成立统一的海洋事务与渔业部、出台《海岸带管理法》外，还积极进行海洋综合管理的规划[②]。韩国以1996年到1998年进行的全国海岸带调查为基础，于1999年2月制定了海岸带综合管理规划草案。为提高海岸带综合管理的综合性，保证实效，2000年2月召开了11个广域市、道及78个沿岸市、郡、区的海岸带管理者及有关公务员参加的10次政策说明会。

---

① 〔韩〕李吉薰、林熏洙：《韩国的海岸带综合管理》，《海洋开发与管理》2002年第1期。

② 刘洪滨：《韩国海岸带综合管理概况》，《太平洋学报》2006年第9期。

通过听证、协商制定的海岸带综合管理规划草案，于 2000 年 6 月经中央海岸带管理审议会审议、批准；同年 8 月得到环境保护委员会审议和批准，出台了海岸带综合管理国家规划。该规划的制定，意味着韩国海岸带可持续利用、开发及保护的基本框架已经形成，实施海洋综合管理的迈入世界前列。

3. 中国

我国政府于 1996 年颁布了《中国海洋 21 世纪议程》，表明了中国政府坚持海洋可持续发展、实施海洋综合管理的态度。我国在 20 世纪 80 年代国务院的两次机构调整中注意了海洋综合管理部门的建设工作，将原国家海洋局调整为管理全国海洋事务的职能部门，综合管理我国管辖的海域，实施海洋监测监视，维护我国的海洋权益，协调海洋资源的合理开发利用，保护海洋环境，并组织海洋公共事业、基础设施建设和管理。这一变革标志着海洋管理中统一与分散、统一管理与分级分部门相结合体制的确立，意味着我国海洋管理新秩序的出现和海洋事业发展新时期的到来。《中国海洋 21 世纪议程》第七章专门论述了沿海、管辖海域的综合管理，提出了六个方案，是我国实施海洋综合管理的指导性文件。为履行国际义务，采取积极措施建立海洋和海岸带综合管理制度，中国签署了联合国要求沿海国家建立海洋综合管理制度的各种公约和文件，并在世界银行、亚洲开发银行及有关国际组织的帮助下，在福建、海南、广东、广西、渤海等区域建立海洋综合管理制度试点，开展了一系列合作项目，取得了积极的成效，极大地促进了中国海洋综合管理制度的实施和推广。

中国沿海地区建立了海洋综合管理制度的试点，厦门是东亚海域综合管理试点地区之一，海南、广东、广西是亚洲开发银行等机构支持的海岸带综合管理试点区。

（1）厦门海岸带综合管理模式。

为了解决东亚海域地区各国面临的海洋环境问题，促进海洋经济的可持续发展，1994 年，全球环境基金、联合国开发计划署以及国际海事组织共同发起了《防止东亚海域环境污染计划》。中国厦门、菲律宾的八打雁和马六甲海峡三个地区成为该项目的示范区，国家海洋局为"东亚海域海洋污染预防和管理厦门示范区计划”的国家执行机构。

厦门示范区自 1994 年正式启动，1998 年结束。经过五年的组织和实施，厦门市引进了国际先进的海洋综合管理理念，并成功地将海岸带综合管理的方法运用到海洋污染的预防和治理以及海岸带资源开发与管理中。五年间，厦门市结合国内的海洋管理工作实际，制定了海岸带综合管理的法规和规章制度；形成了科学合理的海洋功能区划；建立起海洋综合管理的高层协调机制，组建了海洋综合管理执法队伍；积极动员广大群众参与海洋环境保护，并对污染海域和海岸带进行了成功的整治，恢复了生态平衡。在实践中，厦门市探索出了一条“立法先行、集中协调、科学支撑、综合执法、公众参与”的海洋综合管理路子，创造了“厦门海洋综合管理模式”。“厦门经验”为发展中国家提供了可资借鉴的经济和环境相协调的发展模式，有助于推动《防止东亚海域环境污染计划》在东亚更多地区的实施，同时对我国的海岸带和海洋管理具有典型的指导意义。在第一轮厦门海岸带综合管理示范项目的基础上，2001 年 7 月厦门市政府与国际海事组织签署第二轮厦门海岸带综合管理示范项目合作协议，其中，制定并实施第二轮海岸带综合管理战略行动计划是本项目的核心内容。第二轮海岸带综合管理战略行动计划的一个重要内容是：强化海岸带综合管理的综合协调机制，推动区域协调机制的建立。2006 年在海口召开的东亚海大会上，厦门市的海洋综合管理模式获得国际社会的高度肯定，与英国泰晤士河、美国波士顿港一道被联合国等国际组织列为海洋综合管理成功模式加以推广，产生了广泛的影响。

（2）南中国海北部海岸带综合管理能力建设模式。

在 20 世纪 90 年代，中国华南的经济增长速度始终保持在 10% 以上，各经济部门之间尤其是在海岸带区域的冲突日益增加。在沿海经济建设中，缺乏规划的围海造地破坏着成千上万公顷的鱼类繁育场所，尤其是在河口区更为严重。红树林迅速消失，取而代之的是鱼塘虾池，或者围垦成港口和工业开发区。工农业废水和城市污水的迅速增加导致海水水质的下降和沿海自然生态系统的损害。为了解决这些问题，1995 年，中国政府向联合国开发计划署（UNDP）提出援助申请，加强综合管理能力建设，在广西壮族自治区、广东省和海南省各选择一个示范区，规划和实施海岸带综合管理战略，进而在全国推广应用。三个示范区具有各自的特点：广西的防城港是快速发展的港口城市，是中国的西南大通道，西部大开发（广西壮族自治区是西部省区）将依赖于防城港，通过与西部相连的铁路网络与世界联系起来；海南省清澜湾位于琼东海域，是一个相对平静的小湾，有旅游业、海水养殖业和捕捞业等多个产业；广东省的海陵湾示范区是一个渔业开发区，海水养殖业和捕捞业是当地的支柱产业。

1997年，由联合国开发计划署资助、中国国际经济技术交流中心承担、中国国家海洋局组织实施的"南中国海北部海岸带综合管理能力建设"项目在三个示范区正式启动。项目的主要内容包括四项任务，即建立项目管理机制、开展培训和公众宣传、制定各种持续发展的计划、加强综合管理框架和总结推广本项目；项目的目标是建立合理的管理机制，促进项目活动的实施；提高当地政府和公众实施海岸带综合管理的能力；制定并实施具体的海岸带综合管理战略；加强管理机构能力建设，使示范成果推广到中国的其他海域。经过项目的实施和推进，这三个示范区基本构建起海岸带综合管理的框架和进一步发展的基础能力。各示范区初步建立起具有自身特色的海岸带综合管理示范模式。这三大示范区的建成，对其他沿海地区的海湾综合管理将起到一定的辐射与示范作用，并为我国海洋开发探索一条可持续发展的新路子。

（3）渤海综合管理伙伴关系模式。

2000年7月，国家海洋局与GEF/IMO东亚海项目管理办公室，在大连签订了东亚海环境管理伙伴关系项目（PEMSEA，或简称东亚海项目）——渤海环境管理示范项目协议，作为东亚海项目的组成部分。东亚海项目由全球环境基金资助、国际海事组织承担，有14个国家参与；项目的目的是建立管理部门之间和政府之间的伙伴关系，以实现东亚海的可持续发展。

我国的渤海作为项目的示范区之一，实施了渤海环境管理示范的一系列管理项目和活动。渤海是我国北部的重要海区，也是我国的四大沿海经济区之一。近些年，随着环渤海地区经济的持续高速发展，渤海的环境状况呈现恶化趋势。海洋污染日趋严重，赤潮频发，底栖动物减少，渤海已成为我国污染最严重的海域之一。因此，作为渤海环境管理示范项目，其目的是通过在政府间和部门间建立伙伴关系，共同保护和管理沿海地区的环境和资源，重点是探索跨行政管理边界海洋区域环境的综合管理方法。主要目标是：建立跨行政边界的工作机制和模式，形成联合控制和减少污染排放的示范模式，促进地方政府采取海岸带综合管理技术方法，形成渤海环境管理战略行动计划和渤海海洋事务决策、协调、管理机制。

在项目实施伊始，该项目的国家执行机构——国家海洋局与辽宁、河北、山东和天津共同签署了《渤海环境保护宣言》，展示了保护渤海海洋环境、确保渤海可持续发展的决心。国家海洋局组织环渤海各沿海省市开展了渤海可持续发展战略研究，推出了环渤海区海洋管理法律报告，建立了渤海综合海洋信息系统，编制了渤海功能区划和固体废弃物管理计划，在对渤海的环境容量进行研究的基础上，编制出了多部门的环境监测计划，并形成了《渤海可持续发展战略》。同时，作为主管国家海洋管理工作的国家海洋局，根据有关法律法规，从渤海的严峻形势和实际问题出发，编写了《渤海综合整治规划》，作为渤海综合整治的指导性规划文件。为了进一步推动渤海地区伙伴关系的建立，形成有效的海洋环境管理机制，国家海洋局还在环渤海地区设立了五个示范点，并根据各自的情况分别制定了海洋管理计划，这些计划的实施为有效减缓渤海海洋环境的持续下降趋势，改进渤海这一跨边界海洋环境管理工作积累了经验。

在"东亚海环境管理伙伴关系项目"进行的同时，2001年，国家环保总局、国家海洋局、交通部、农业部、海军及天津、河北、辽宁、山东四省市政府联合制定实施跨越15年、三个阶段的《渤海碧海行动计划》。无论是《渤海环境保护宣言》《渤海综合整治规划》，还是《渤海碧海行动计划》都强调了渤海治理的综合管理协调机制建设的重要性。

"我们认识到建立简洁高效的渤海管理机制是实现渤海环境治理的优先解决的问题之一。建议由中央、地方政府组成跨行政区的渤海综合管理协调机构，共同开展渤海海洋资源保护、海洋环境监测和海洋监察执法工作。"[1]

"为加强渤海综合整治行动的协调和指导，建议由国家计委牵头，国务院有关部门和环渤海地方政府组成'国家渤海综合整治管理委员会'，下设负责日常事务的渤海综合整治办公室，挂靠国家海洋局。""渤海综合整治

---

[1] 《渤海环境保护宣言》。

涉及许多中央部门和环渤海地区各级政府部门，需要建立完善的综合管理机制和跨省市、跨部门的协调机制，以保证规划落到实处。"①

"为加强渤海碧海行动的组织协调和指导、检查监督，建议在国务院的授权和批准下，以现有的渤海碧海行动计划联席会议为基础，由国家环境保护总局牵头，会同国家海洋局等国务院有关部门以及三省一市政府共同组成跨区域跨部门的渤海碧海行动协调领导机构。下设渤海碧海行动办公室，具体承办日常管理和信息沟通与协调联络等事务。"②

2008年9月20日，环渤海经济联合市长联席会第十三次会议正式通过了成立环渤海区域环保合作组织的提议。相关负责人表示，该组织的成立，对共同解决区域性环境问题，共建环渤海区域生态城市有非常积极的意义。

2008年11月，由国家发改委牵头制定的《渤海环境保护总体规划（2008～2020年）》获得国务院批准。《渤海环境保护总体规划（2008～2020年）》编制单位由9个扩大为20个：国家发改委、环渤海"三省一市"（辽宁省、河北省、山东省和天津市）以及财政部、科技部、建设部、交通部、水利部、农业部、环境保护部、国家林业局、国家海洋局、全军环办、中咨公司、中石油、中海油、中石化和神华集团。可以看出规划的合作治理级别更高、合作范围更广。

可以说，目前海洋综合管理对于沿海国家已经不是理论探讨的问题，而是如何结合国情更好地付诸实践的问题。从目前发达沿海国家和我国的实践来看，海洋综合管理的合理性已经在海洋管理实践中显现出来，并将进一步得到发挥和体现。

三 海洋综合管理能力建设

亚洲及太平洋经济社会委员会自2001年以来一直致力于增强各国的战略规划和管理能力建设，以确保在制定并实施部门政策过程中注意解决环境

---

① 《渤海综合整治规划》。

② 《渤海碧海行动计划》。

问题，如能源与水的问题①。沿海各国协同联合国环境署、亚洲及太平洋经济社会委员会及联合国开发计划署等国际机构以及次区域政府间机构，制订了一些区域海洋方案。这些方案都强调能力建设的重要性，以及政府的积极主动协调和行动。

从图2-3可以看出，在海洋综合管理过程中，准备、启动、发展、采纳、实施以及改进和巩固的各个阶段，都离不开制度机制的建设、科学技术的支撑、人才的培养以及公众参与机制的建设，以下就从这几个方面展开论述。

图2-3 海岸带和海洋综合管理过程的基本内容

（一）制度机制的建设

1. 建立海洋综合管理和协调的组织机构

建立一个高层次的区域海洋管理协调机构，成立由当地政府领导负责、

---

① Tenth Meeting of the Subsidiary Body on Scientific, Technical and Technological Advice, 7 – 11 February 2005 – Bangkok, Thailand, UNEP/CBD/SBSTTA/10/INF/6.

相关涉海部门负责人参加的协调委员会，具体办事机构设在海洋管理部门，提升海洋行政管理部门的地位。

设立首席科学家负责制和专家组。首席科学家作为示范区的技术总负责人，与项目负责人共同把握示范区项目建设的整体方向和效果，审核项目建设实施计划和经费安排，协调解决项目实施过程中的重大科学与技术问题。另外，示范区设专家组，聘请一批有关部门、科研机构和高校的专家和高级技术人员为专家组成员，专家组为项目的实施提供技术指导和咨询，论证项目实施方案和工程建设方案，协助解决项目实施过程中出现的技术问题。

2. 确立并制定共同的海洋综合管理运行框架和技术标准

利用国内外相对成熟的海洋动力环境监测技术，将重点放在提高远程海洋动力环境（包括潮位、波浪和流场）实时监测能力、近岸污染水域生态环境实时监测能力和应急监测能力上，推动海洋监测数据共享和海洋信息产品服务平台建设。借助中央和地方、部门与部门以及科学与工程的力量，完成示范区建设所需的人才、信息、物力资源配置，改变现行的海洋监察管理体制，以适应海洋综合管理的需要。

3. 不断完善海洋法律体系，解决法律之间及地方性法规与法律之间的矛盾与冲突

根据我国的实际需要并参照国际先进经验，适时出台有关法律法规和规章，如"海洋警备法""国际海底资源开发法"等。对于已经出台的法律法规，如《海岛法保护》《领海及毗连区法》《专属经济区和大陆架法》《海域使用管理法》《涉外海洋科学研究管理规定》，应尽快制定配套规章。完善相关制度，特别是紧追权、登临检查、无害通过制度等，专属经济区中的海洋科研调查和海洋测量以及自动观测设施的管理制度、专属经济区和大陆架生物资源养护与管理、人工构造（建）物的建造与管理制度等。制定"海域使用权招标拍卖办法""海域使用权转让管理办法""海域评估管理办法""海洋功能区划管理规定"等配套法规。修订和完善现行海洋法律规范，使法律法规和规章制度协调统一，避免重复交叉并提高其可操作性，使之既符合我国法律体系的内在要求，又与国际公约接轨。

4. 建立和完善海域使用许可制度和海域有偿使用制度

这是海洋综合管理在宏观和微观的结合部，是化解地方海洋工作矛盾、解决地方政府之间以及地方与国家之间的利益冲突、促进海洋资源可持续利用和海洋经济持续协调发展的有效途径，也是地方海洋综合管理的主要内容。对海域使用者实行海域审批，发放海域使用权证，征收海域使用金，有效贯彻实施海洋功能区划、海域使用规划、海洋开发规划，规范海洋开发，使海洋资源得到科学、合理、有序、有偿的开发利用；有效维护国家作为海域所有者的权益，同时保护海域使用者的合法权益；同时能筹集资金用于海洋资源的保护、整治和开发，用于引导新兴海洋产业的发展，调整海洋产业结构。

目前，《国家海域使用管理暂行规定》《浙江省海域使用管理办法》《舟山市海域有偿使用管理暂行规定》已颁布实施，这是建立完善两项制度的基本依据。海洋行政部门要确立依法行政、文明管理、良好服务的形象①。国家级示范区的海域使用管理工作要适度超前，按照国家确定的像管理土地一样管理海域的思路，积极探索海域使用权的价值评估、出让、转让、租赁、抵押，积累海域使用管理经验。

（二）科学技术的支撑

1. 建设立体监测系统

在现有的监测台站观测网、预报服务网、环境监测网基础上，参照国际上通行的海洋监测向近岸转移、加强重点海域布设密度和监测频率，建设覆盖全国的海域监测网，集成国家防灾减灾体系计划，配套增建监测站点的硬件、软件及其辅助设施，组成包括海岸/平台基监测网、地波雷达监测网、潜标浮标监测网、卫星遥感监测网、船基监测网的全方位监测网②。

2. 数据信息系统建设

海洋数据是海洋环境信息的重要载体，它的可靠性、完整性和及时

---

① 白俊丰：《构建海洋综合管理体制的新思路》，《水运管理》2006 年第 2 期。
② 林千红、洪华生：《区域海洋管理的能力建设及其效益分析》，《厦门大学学报》（哲学社会科学版）2005 年第 4 期。

性是评价海洋观测系统性能好坏的唯一标准。因此，对海洋监测的过程和数据进行统一的规范化管理，并形成可与国际接轨的数据源和数据网，不仅可以消除不同来源数据的标准、规范不同的混乱局面，提高数据提供者的业务水平和整个监测系统的集成化水平，而且还可以提高海洋监测获取的资料的价值，提升我国海洋监测系统在国际海洋监测系统中的地位。目前现有海洋监测数据主要供海洋预报业务分析和媒体实施海洋基础信息（潮位、海浪、水温）及海洋环境质量信息的发布和预报服务，因隶属不同的系统，监测站点数据没有实施共享机制。此外，由于缺乏高速网的数据共享平台以迅速提供海洋动力和海洋基础信息的实时实报产品、统计分析产品、网络化数值分析产品、预报产品等海洋信息服务，满足不了海洋产业发展、生态环境保护和海洋灾害预警的需求[1]。因此，区域海洋信息服务网由一级数据中心、二级数据中心、海洋预报台、数据通讯网组成，提供海洋动力环境参数和部分海洋环境评价参数的实时实报、统计分析、网络化和数值化产品、预报产品等不同级别产品，直接为海洋管理和防灾减灾提供信息服务，并且经过专门的信息系统和灾害预警预报系统的深加工，提供更广泛、更精确的辅助决策和公众服务的信息。

3. 环境和灾害预警系统的建立

长期连续的海洋观测资料是研究海洋环境变化和预测其未来发展状况的基础，实时资料的及时获取是海洋预报和防灾减灾必不可少的基本条件。建立立体监测系统对海洋环境进行长期连续监测，及时获取实况资料，集成一个面向区域性海洋防灾、减灾信息服务的系统。这就要求实现海洋立体监测系统长期运行，从设站布局、数量到观测项目种类和质量等各个方面都尽量与国际接轨。

（三）海洋人力资源的建设

1. 海洋人力资源开发存在的问题

我国以往对海洋的开发和管理都是由陆向海延伸，并一直维持着产业管

---

[1] 林千红：《区域海洋立体监测系统潜在经济效益》，《台湾海峡》2006 年第 2 期。

理的模式，因此谈不上人力资源开发，有的只是涉海各行业的从业人员。20 世纪 60 年代为加强海洋工作，成立了国家海洋局，负责海洋环境调查、资料收集整编和海洋公益服务，这样从国家到地方才逐渐有了一支以科研为主体的海洋人才队伍。直到 1983 年，国务院明确了国家海洋局作为管理全国海洋工作的职能部门，负责组织、协调全国海洋工作，海洋管理部门才拥有行政管理职责。

近年来我国海洋人才断层现象严重，人才结构性矛盾突出。因为海洋从业人员更多分布在各个行业中，缺乏基础性、综合性和新兴产业的海洋人才，人才资源配置的整体效益不高。大量的海洋人才集中分布在高校、科研院所，而基层生产和综合管理部门人才缺乏。形成一边是人才闲置，一边是人才紧缺的现象，人力资源的分布不合理、配置不科学。

2. 构筑可持续发展的人力资源体系

树立全面、协调、可持续的科学发展观，其本质和核心是以人为本。只有解决了人本身的问题，才能从根本上解决环境资源的问题，从而实施可持续发展战略①。构筑可持续发展的人力资源体系要突出人才培养重点，加快高层次人才的培养。培养的方向主要包括海洋资源与环境管理、信息网络技术和行政管理及决策分析等方面，委托高校、科研机构培养硕、博研究生，鼓励现有人才与高校、科研机构实行多种形式的合作，所需人才的培养纳入技术支撑单位的在职研究生培养计划，以项目实践带动一批急需的高层次骨干人才培养。

根据参与项目的现有人员的职称、年龄和专业特点，以区域项目为依托，实施有组织、有计划、分批次的技术培训和业务强化，通过在岗培训，逐步提升人员素质，最终为区域综合管理提供人力资源保障。例如，福建示范区 2003 ~ 2006 年分别举办 6 期以沿海监测、海岸带综合管理信息系统、地波雷达使用与管理和潜标浮标技术与应用为主要内容、以项目系统人员为主要培训对象的轮训班，由厦门大学、国家海洋三所和福建省海洋监测中心等单位的专家讲学，为示范区项目的建设和长期运行提供人员

① 林千红：《可持续发展要以人为本》，《引进与咨询》2003 年第 11 期。

保障。

加强人才的引进与交流。利用吸引人才的政策，采取积极措施，加大引进工作力度，有重点有目的地吸纳国际人才参与区域项目建设和合作。通过人员的引进和交流提高区域专业人员和管理人员的素质，进而拓展参与国际、区外交流的空间，通过借鉴国内外先进管理经验，逐步与国际接轨。

3. 建立优化配置人力资源的机制

加大人才资源的开发投入。树立"人才资本的追赶是经济追赶的先导"① 的观念，加大人力资本的积累，逐步形成以政府适当投入为引导，相关部门投入为主体，社会各方出资为补充的多元化投入机制。例如，福建示范区需要筹措资金 6135 万元，其中在人力资源方面共投入 350 万元，并且在岸基监测、船基监测、地波雷达监测、潜标浮标监测、卫星遥感监测、风暴潮预警、海流应用和信息系统集成等 8 个子系统建设中留出专项经费用于人才培养。在预算中安排专门的资金用于各类急需人才的引进等。目前，项目总工程师即以外聘形式进入示范区开展工作②。应鼓励相关部门加大对人才的投入，用于人才引进、培养和奖励等方面的经费可设立单独的科目，计入经营成本或运营成本；拓展现有的人才投资政策，鼓励和吸引国内外组织和个人自筹资金，通过各种形式投资人力资源开发。通过市场运作消除人才市场发展的体制性障碍，促使相关部门通过市场自主择人，消除海洋人才"滞留与紧缺"并存的矛盾，推进区域人才开发一体化，形成人才交流、合作与共享的格局。

（四）完善公众参与机制

1. 完善有关公众参与的制度

提高有关区域海洋管理的公众参与程度，广泛听取专家、社会团体及公众的意见，建立并完善反馈程序，实现多元主体共同参与模式，这是区域海

---

① 胡鞍钢等：《大国兴衰与人力资源开发》，《新华文摘》2003 年第 8 期。
② 林千红、洪华生：《区域海洋管理的能力建设及其效益分析》，《厦门大学学报》（哲学社会科学版）2005 年第 4 期。

洋管理的有效机制。在示范区设立建设专家组和咨询专家组，聘请一批有关部门和科研院校的专家和高级技术人员为专家组成员，专家组为项目的实施提供技术指导和咨询，保障项目实施的科学性。

各级政府决策层要达成共识，把公众的参与程度作为改进海洋综合管理的现实力量和社会进步的重要尺度。逐步建立公众民主参与海洋综合管理制度，把公众参与意识的高低作为一个区域文明素质的标志。例如，采取定期发布简报以及通过政务网实行政务公开，及时向公众公开和预报海洋信息，公布有关项目建设和示范区进展情况，并纳入信息平台，项目建成后实行业务化运行制度，引导社会各利益相关者参与投资和共同管理。

2. 依法支持公众参与的知情权

海洋环境和海洋灾害信息通过相关的政务网和新闻媒介向外发布，鼓励公众依法行使相关的知情权，激发公众的参与度，这不仅是海洋综合管理能力建设的重要组成部分，而且能够增加政府决策的透明度，起到减少决策风险、促进决策民主化的作用[1]。通过公众参与进一步改进海洋综合管理的机制、政策和行动，最终形成综合管理方法，而不是简单地增加一个新的管理层次，这对克服管理体制建设和政策组织实施的困难具有现实的推动作用。

四　海岸带综合管理理论与实践

海岸带是海洋系统和陆地系统交接的地带，是地球最为活跃的自然区域，自然资源极为丰富，是连接人类与海洋的枢纽，体现了人类与海洋生生不息的依存关系，研究海岸带有极其重要的意义。随着人类的高强度高密度开发，海岸带资源开发利用的矛盾加剧，生态环境恶化，大大限制了海岸带经济社会的可持续发展，因此我们需要加强海岸带综合管理。近些年来，关于海岸带、海岸带综合管理的理论研究层出不穷，海岸带综合管理

---

① 王琪、于忠海：《我国海洋综合管理中公众参与的现状分析及其对策》，《海洋管理》2005
年第4期。

的实践也取得了长足进步，尤其是以厦门的海岸带综合管理实践最为典型和成功。

笔者查阅了大量资料，以海岸带、海岸带综合管理为关键词，搜索了中国期刊全文数据库，从1980年到2011年，有关介绍海岸带的论文记录1336篇，介绍海岸带综合管理的论文记录73篇。表2-1和表2-2是根据关键词在中国期刊全文数据库和中国优秀硕士学位全文数据库以及中国博士学位全文数据库的检索结果进行统计的。

表 2-1 中国期刊全文数据库检索结果（1980~2011）

检索项	检索词	检索记录	匹配
篇名	海岸带	1336 篇	精确
篇名	海岸带综合管理	73 篇	精确
篇名	海岸带综合管理实践	1 篇	精确

表 2-2 中国优秀硕士/博士学位论文全文数据库检索结果

（2000~2011）

检索项	检索词	优秀硕士论文	博士论文
主题	海岸带	404 篇	128 篇
主题	海岸带综合管理	31 篇	14 篇
主题	海岸带综合管理实践	0 篇	0 篇

从我国学者研究海岸带综合管理的领域和范围来看，主要集中在以下几个方面：一是对海岸带综合管理基本概念和原则的研究；二是对海岸带综合管理框架、模式和管理规划的研究；三是对海岸带环境综合管理的研究；四是对区域海岸带综合管理的研究，侧重于海岸带综合管理的实践，以某个区域为例研究海岸带综合管理的实施效果，厦门、江苏、上海、胶州湾、莱州湾等地区都已被学者们作为研究对象进行过研究；五是以某种理念或者技术为依托，将海岸带综合管理放入这个视角下进行研究，如学者们基于3S技术、基于管治理念、基于生态系统等方法研究海岸带综合管理，颇有学术和实践价值，体现了一定的创新性，也是该领域研究的新趋势。一些颇有学术

价值的文献，推动了我国海岸带和海岸带综合管理研究朝着更深入的方向发展。

（一）海岸带的概念阐释

在引入海岸带综合管理的内涵之前，有必要阐述海岸带这个基本概念。因为海岸带综合管理是基于海岸带在开发和利用过程中出现的问题，造成了对海岸带空间、资源、环境等的破坏，引入海岸带综合管理的目的是实现对海岸带资源的可持续利用。

从海岸带生态系统含义考虑，它涉及河口、海湾、海峡、三角洲、淡水森林沼泽、海滨盐沼、海滩、潮滩、岛屿、珊瑚礁、海滨沙丘及各类海岸的近岸和远岸水域，为盐水和半咸水影响所及的地区，海域的狭义部分为近岸浅水地区，广义部分可扩展至整个大陆架[①]（见图2-4）。

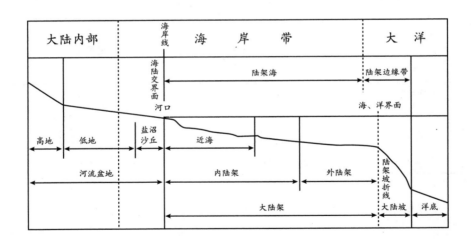

图2-4 海岸带及近海分区图

《地理学词典》（1982）中的定义为：海岸带是海洋与陆地相互作用的地带，它由海岸、潮间带以及水下岸坡等3个基本单元组成[②]。

---

① 恽才兴、蒋兴伟：《海岸带可持续发展与综合管理》，海洋出版社，2002。
② 《地理学词典》，上海辞书出版社，1982，第616页。

国际地圈—生物圈计划（IGBP）1991 年的定义为：海岸带是由海岸潮间带和水下岸坡组成的。其向海是大陆架的边坡，差不多是 200 米的等深线，其上限向陆地是 200 米等高线。海陆界线包括沿海岸的海岸线以及垂直于海岸线的轴线①。

陈述彭给海岸带下了一个一般的定义：海岸带是以海岸为基线向两侧扩散并辐射，认为海岸带向陆部分还应包括古海岸即海相与陆相交互沉积所达到的范围，以及现代三角洲河流的潮汐顶托点；向海应包括海洋岛屿、人工岛屿以及辐射沙洲②。

联合国 2001 年 6 月启动的"千年生态系统评估"项目中把海岸带定义为"海洋与陆地的界面，向海洋延伸至大陆架的中间，在大陆方向包括所有受海洋因素影响的区域；具体边界为位于平均海深 50 米与潮流线以上 50 米之间的区域，或者自海岸向大陆延伸 100 公里范围内的低地，包括珊瑚礁、高潮线与低潮线之间的区域、河口、滨海水产作业区，以及水草群落"。

从众多定义中我们可以看到，目前学术界大多是从生态角度、地理学的范畴来界定海岸带。随着对海岸带认识的不断加深，人们越来越认识到海岸带作为地球系统的一个重要组成部分，不仅在自然生态、生物、地理方面起重要作用，在政治、经济、社会等方面的作用也日益凸显。无论何种定义，海岸带对地球，对我们人类的重要性都是不言而喻的。

（二）海岸带综合管理的理论研究

海岸带资源丰富，区位优势明显，但同时海岸带也是生态脆弱、自然灾害较多的地带。各个利益主体都希望从这个巨大的资源宝库中分得一部分，获得更多的经济利益，造成了海岸带的过度开发和利用，海岸带资源过度消耗，环境和生态系统遭到破坏。为解决海岸带的资源和环境问题，缓解其承载压力，海岸带综合管理应运而生。

1. 海岸带综合管理的概念

"海岸带管理"这个概念被正式提出是在 1992 年联合国环境与发展大

---

① 陈述彭：《海岸带及其可持续发展》，《遥感信息》1996 年第 3 期。
② 陈述彭：《海岸带及其可持续发展》，《遥感信息》1996 年第 3 期。

会上，会议制定的《21世纪议程》中正式提出了"综合海岸带管理"（Integrated Coastal Zone Management，ICZM）概念，这对海岸带综合管理的研究具有跨时代的意义。《21世纪议程》第17章特别强调保护海岸带地区，保护、合理利用和开发生物资源，并把海岸带地区（包括专属经济区）的综合管理作为第一个行动方案①。

1993年世界海岸大会把海岸带综合管理定义为一种政府行为，是协调各有关部门的海洋开发活动，应确保制定目标、规划及实施过程尽可能广泛地吸引各利益集团参与，在不同的利益中寻求最佳方案，并在国家的海岸带总体利用中，实现一种平衡②。大会宣言同时指出："海岸带综合管理是实现沿海国家可持续发展的一项重要手段。采取积极措施建立海洋和海岸带综合管理制度，是保证海洋可持续利用、海洋事业可持续发展的关键措施。"世界海岸大会的召开，标志着世界海岸带管理研究和发展迈入新的阶段③。

约翰·克拉克在其专著《海岸带管理手册》中提出：海岸带综合管理是通过规划和项目开发，面向未来的资源分析，应用可持续概念等检验每一个发展阶段，试图避免对沿海区域资源的破坏④。

杰拉尔德·曼贡认为，海岸带综合管理就是根据各种不同的用途，以战略眼光，站在国家高度进行规划，由中央政府来制定规划并监督地方政府通过足够的资金来实施⑤。

索伦森在《海岸管理》一文中对海岸带综合管理的定义为：以基于动态海岸系统之中和之间自然的、社会的、政治的相互联系的方式，对海洋资源和环境进行完全规划和管理，并用综合方法对严重影响海岸资源和环境数量和质量的利害关系集团进行横向（跨部门）和纵向（各级政府和非政府

---

① 地球问题首脑大会：《21世纪议程——联合国1992年里约热内卢环境与发展大会文件》[EB/OL]，联合国新闻部信息技术科，http://www.un.org/Chinese/events/wssd/agerrda21.htm，1992。

② 周洁：《海岸带综合管理实践的新进展》，《海洋信息》2003年第8期。

③ 杨金森：《海洋事务面临的重大问题》[EB/OL]，国家海洋局网，http://www.soa.gov.cn/zhanlue/hh/6.htm，1997。

④ 约翰·R.克拉克：《海岸带管理手册》，吴克勤等译，海洋出版社，2000，第1~20页。

⑤ 鹿守本：《海岸带管理模式研究》，《海洋管理》2001年第1期。

组织）协调①。

从众多的概念可以总结出以下几点：首先，海岸带综合管理是一个系统的动态化的概念，是各个学科、各个行业、各个管理机构的综合，也是时间和空间的综合；其次，海岸带综合管理的理论，能够在某种程度上化解各个利益主体在"争夺利用"海岸带资源问题上的纷争和矛盾；最后，海岸带综合管理能够协调各管理对象之间、管理机构之间、管理对象与管理机构之间的多重矛盾关系，协调各部门之间的关系。

2. 海岸带综合管理的特征

学者黄康宁等归纳了海岸带综合管理的四大特征。第一，动态性。根据海岸带自身的动态特征，适时调整海岸带管理的政策、计划和规划，使海岸带开发利用、管理和保护处于一种动态、连续的过程②。第二，综合性。赵明利等认为综合性主要体现在海陆间的综合、海岸带政府部门间的综合和各学科间的综合③。第三，协调性。石谦等认为协调性体现在海岸带科研与政府行政管理之间的协调，各学科之间的协调，各教育机构、团体之间的协调以及各政府部门之间的协调等④。第四，可持续发展性。海岸带开发与管理中要处理好海岸带自然资源与社会经济发展的关系，要处理好局部利益与长远利益、近期利益与长远利益的关系，实现海岸带的可持续发展。

3. 海岸带综合管理的原则

学者卢惠泉对海岸带综合管理的原则进行了探讨，很有学术价值。第一，可持续发展原则。第二，多目标开发利用原则。海岸带应作为一个整体发挥其综合价值，摒弃原有的单一经济目的，转向统筹兼顾、综合平衡，以达到最大的经济和社会效益。第三，管理范围的因地制宜原则。各个国家和地区应根据当地的自然资源、环境状况、经济社会发展需要和规划确定的海岸带管理范围，

① 周洁：《海岸带综合管理实践的新进展》，《海洋信息》2003 年第 8 期。
② 黄康宁、黄硕琳：《我国海岸带综合管理的探索性研究》，《上海海洋大学学报》2010 年第 2 期。
③ 赵明利、施平、伍业锋：《基于管治理念的区域海岸带综合管理模式探究》，《海洋通报》2006 年第 3 期。
④ 石谦、郭卫东、杨逸萍：《科学研究为厦门海岸带综合管理服务的协调机制》，《台湾海峡》2002 年第 8 期。

达到最好的实施效果。第四，特殊规划原则。由于海岸带的"特殊性"，包括自身特殊的生态脆弱性和人类活动对海岸带造成的社会脆弱性，各沿海国家必须将其作为一个独特的区域，制定有别于其他国土组成部分的政策和法规进行规划，合理开发和保护。第五，综合协调管理原则。包括各部门综合协调管理、政府综合协调管理、陆地和海洋的综合协调管理、管理与科学的综合。第六，公众参与原则。各产业企业、民间组织、专家团和社会公众人员广泛参与，建立起以政府为主导的多元管理模式，实现政府和公众对海岸带的共同管理和维护，避免管理的盲目性。第七，战略环境影响评价原则。把对环境的考虑纳入决策，寻求环境保护与经济发展直接的最佳结合点，提高决策质量，建立环境与发展的综合决策机制①。

（三）海岸带综合管理的研究内容

目前各国学者研究的主要领域集中在海岸带的可持续发展、海岸带综合管理模式的探讨、海岸带管理的绩效测评制度、海岸带资源开发与环境保护、海岸带生态环境与经济协调发展及海陆一体化发展、海岸带综合管理的边界划分、我国各典型地区海岸带综合管理研究、我国与国外海岸带综合管理的对比研究、现代信息技术在海岸带研究中的应用，等等，都取得了一系列的研究成果。

第一，海岸带综合管理规划研究。海岸带有其自身的特殊性，它没有明确的行政边界，且海岸带各个部分的生产能力都不尽相同。所以基于综合管理的理念，多目标的海岸带规划是保证海岸带可持续发展的有效途径。海岸带规划必须具有前瞻性和计划性，结合历史和现状分析，形成针对不同目标的近远期规划方案。张灵杰根据海岸带综合管理规划的目的和任务，将海岸带综合管理规划研究内容分为如下几个方面：一是管理区域与管理现状分析——划定边界是规划的首要任务；二是现状分析，是对区域范围内的现有规划和计划的评价，是对海岸带系统的评价；三是海岸带利用预测，是人们对海岸带资源利用量的需要和模式的推测；四是海岸带综合管理战略研究；五是海岸带利用分区；六是重点利用项目环境影响与

---

① 卢惠泉：《海岸带综合管理原则的若干探讨》，《海洋开发与管理》2007 年第 4 期。

管理；七是海岸带综合管理的宏观运行体系，包括综合方法、协调类型、管理能力、法律保障、财政支持、教育培训、公共参与、监测与评价和经费预算等内容①。

第二，海岸带综合管理体系的探讨。学者们一致认为要加强海岸带管理立法，目前我国有关海岸带的法律大多是行业法规，如《海洋环境保护法》《渔业法》《矿产资源法》《土地管理法》《海上交通安全法》《海域使用管理法》等，而综合性和协调性的海岸带法律由于种种原因没有出台，颁布专项性的海岸带管理法是必要的。关于海岸带综合管理框架体系，学者左平等从三个要素维度分析海岸带一体化管理，这三个维度分别是海岸带社会地理要素、生态经济要素、环境经济要素，对海岸带进行了现状分析、资源利用和海岸带价值分析，从社会、经济、环境、文化和生态角度进行海岸带综合评价，从而为海岸带综合管理提供有力的决策支持②。关于海岸带综合管理的协调机制，学者们普遍认为，海岸带的多用途性导致各利益主体对资源和空间的竞争性利用，使冲突加剧、矛盾升级。范学忠等学者认为，海岸带地区的冲突表现为四大方面：部门内部或部门之间的冲突；政府机构直接的冲突，表现为国家、省级、地区级三级政府的冲突；地域之间的冲突，表现为内陆流域、沿海陆地、沿海海域和近海海域的冲突；各个学科直接的冲突和交叉③。因此要建立有效的利益冲突解决机制和协调机制，如建立一个高级别的国家委员会，将各主管部门、参与部门、利益相关者、民间团体、项目投资方、公民都吸纳进来，在共同的协议框架内明确各自的职责，通过不断化解利益冲突和协调矛盾关系实现可持续的管理和协调。

第三，运用新技术、新方法、新理念开展海岸带综合管理研究。近年来，将科学与海岸带综合管理相联系是新的研究趋势。"数字海岸"技术就是其中很重要的一种，将现代通信技术、计算机技术、多媒体技术、虚

---

① 张灵杰：《试论海岸带综合管理规划》，《海洋通报》2001年第2期。
② 左平、邹欣庆、朱大奎：《海岸带综合管理框架体系研究》，《海洋通报》2000年第10期。
③ 范学忠、袁琳、戴晓燕、张利权：《海岸带综合管理及其研究进展》，《生态学报》2010年第10期。

拟仿真技术和由遥感（RS）、全球定位系统（GPS）、地理信息系统（GIS）集成的 3S 技术应用于海岸带综合管理的基础性技术，将会给海岸带综合管理带来更加直观准确的评价结果，为决策者制定决策提供了科学依据。以生态系统为工具来研究海岸带综合管理也是一个新趋势，是将生态学应用到海岸带综合管理中，生态系统的管理方法强调生态系统结构和功能的重要性，强调人是生态系统的重要组成部分，以生态系统方法为基础的决策制定、实施及评估体系，强调自然生态系统的结构、功能和过程与社会、经济可持续目标的融合，实现海岸带地区社会、经济、自然的和谐统一。

第四，海岸带综合管理效果评价。效果评价是海岸带管理中很重要的环节，通过效果评价可以确定海岸带管理的实施是否达到了预期目标，所以制定一个科学的评价体系对于客观衡量实施海岸带管理对海岸带社会环境变化的影响至关重要。目前国际上有几种评价方法：科尔特（Colt）提出了单一指标评价法；伯布里奇（Burbridge）提出，基于经济、环境和社会公平性三者平衡的评价方法；赫什曼（Hershman）提出，将重要的指标、为达到目标所建立的程序及由此取得的成果三者结合起来，并将指标与环境状况报告结合起来，在达到海岸带管理目标的同时，还要看是否对海岸带资源的健康状况造成了破坏；蔡程瑛提出了指标分值代数和的评价方法；2002 年渥太华"海岸带综合管理指标运用"研讨会上提出，基于压力—状态—响应（PSR）模型建立的评价方法，"压力"表示造成不可持续发展的一些因素，"状态"表示可持续发展过程中资源的状态，"响应"表示人类为促进可持续发展采取的对策[①]。我国学者范学忠等归纳了四个评价领域的 16 个类型[②]（见表 2 - 3）。评价体系的多样性反映了海岸带综合管理的复杂性，说明海岸带综合管理应该因时因地，根据当时当地的情况选择相应的评价体系。

[①] 薛雄志、张丽玉、方秦华：《海岸带综合管理效果评价方法的研究进展》，《海洋开发与管理》2004 年第 1 期。

[②] 范学忠、袁琳、戴晓燕、张利权：《海岸带综合管理及其研究进展》，《生态学报》2010 年第 10 期。

表 2 - 3 海岸带管理评价的类型

评价领域	评价类型
环境及要素	生物多样性评价
	生态系统健康评价
	生境脆弱性评价
	生境敏感性评价
	环境压力评价
	环境污染评价
	生态系统承载力评价
项目开发	环境影响评价
规划与政策	规划系统评价
	规划方案评价
	区域发展不确定性评价
	战略环境评价
	不同行业政策评价
	政策的成本效益评价
综合管理	ICZM 成本效益评价
	ICZM 实施过程评价

资料来源：范学忠、袁琳、戴晓燕、张利权：《海岸带综合管理及其研究进展》，《生态学报》2010 年第 10 期。

此外，学者们还研究了各个国家的海岸带综合管理，与中国的海岸带综合管理进行了对比研究；研究了中国各个地区的区域海岸带综合管理，如厦门、江苏、上海、山东等地，也有了成功的典型和示范经验，笔者将在下文海岸带综合管理实践中综述。

以上一些有代表性的研究内容是学者们比较侧重的海岸带综合管理领域，也取得了一定进展。以前我国学者对管理机构、管理法规和关系协调方面作了大量的分析，后期对管理体制和运行机制等也作了深入的研究，最近的研究主要基于新技术新理念，有一定的创新性，也有一定的学术价值，共同构建了我国海岸带综合管理的理论体系，推动了海岸带综合管理的实践发展。

（四）海岸带综合管理的实践发展

1. 国外海岸带综合管理的实践

（1）美国海岸带综合管理的实践。

20 世纪 60 年代美国已经意识到海岸带的过度利用造成了资源和环境压力，因此从 70 年代开始通过立法、执法和公众参与等加强海岸带区域的管理和保护。从法律制度方面来看，通过了《海岸带管理法》和《海岸带管理条例》，相关的职能部门有：国家海洋和大气局、农业部、国防部、能源部、内政部、国务院、海岸警备队以及总统环境质量委员会、科学技术政策办公室、环境保护局、联邦海事委员会、联邦紧急情况处理局、国际开发署等，这些联邦主要涉海部门负责人组成"国际海洋领导小组"协调部门间的海洋工作，自上而下形成了比较健全的海洋、海岸带管理体系，是一种集中管理型模式。

第一，扩大联邦海洋管理部门的权限，提升其在国家权力体系中的地位。成立高规格的海洋政策委员会，2004 年成立新的内阁级海洋政策委员会，以协调美国各部门的海洋活动，全面负责美国海洋政策的实施①。其职能是负责向总统和政府部门首脑提供制定和执行海洋事务相关政策的建议，制定国家解决海洋问题的战略原则，协调联邦各涉海部门的海洋活动。提升国家海洋和大气局（NOAA）的权限，提升了有效履行海洋可持续利用的管理职责。

第二，建立海岸带管理法律体系。1972 年，美国颁布了《海岸带管理法》，根据该法美国建立了以州为基础的分散型海岸带管理体制，由各州编制并执行与联邦一致的各级海岸带管理计划，相继修订了《大陆架土地法》《海洋保护、研究和自然保护区法》，制定了《国家环境政策法》《国家海洋污染规划法》《深水港法》《渔业保护和管理法》等法律，形成了比较完备的海岸带综合管理法律体系，对有效控制海岸带的过度开发和环境持续恶化起到了明显的积极作用。

第三，规范执法程序。美国重视经济和行政管理手段的运用，并将经济

---

① 石莉：《美国的新海洋管理体制》，《海洋信息》2006 年第 3 期。

管理手段体现在海岸带开发利用的规划、引导、审批与监督等各个环节，美国强调对海岸带开发活动和经济建设的科学规划，在规划过程中都要运用科学的方法和模型进行严格的论证、评估和预测，而且在规划批准实施后，所有的开发活动都必须严格按规划执行，这对海岸带的有序开发起到了重要作用。美国在海岸带资源开发和利用上实施许可证和有偿使用制度，同时美国重视对海岸带区域环境和资源开发状况的有效监督和评估。

第四，强调公众参与。鼓励公众、州和当地政府、州间政府、其他区域机构和联邦政府参与和合作，目的不仅在于"通过公众广泛的参与，推动海岸带管理计划的进程"①，而且为谈判解决和协调开发利用中的矛盾提供了条件，这是美国海岸带计划的特色。

（2）韩国海岸带综合管理实践。

第一，成立统一的中央海洋管理机构。1996年韩国成立了海洋事务与渔业部（又称海洋水产部），统一管理海洋事务，对海洋进行综合管理，用更加协调和综合的方式制定海洋政策。这个"超级机构"的职能包括港口和航运管理、渔业管理、海洋环境管理、海洋科学技术发展、海上安全和溢油应急反应等。海洋事务与渔业部管理权限的综合和提升大大促进了韩国海洋综合管理的实践。

第二，出台海洋综合管理法律。早在1987年韩国就发布了《韩国海洋开发基本法》，这是韩国政府重视海洋、重视海洋综合能力建设的重要举措。1998年7月韩国出台了《海岸带管理法》，并根据该法于2000年2月公布了"国家海岸带综合管理计划"，从此韩国的海岸带综合管理跨入了新纪元。

第三，进行海洋综合管理的规划。韩国以1996年到1998年进行的全国海岸带调查为基础，于1999年2月制定了海岸带综合管理规划草案。为提高海岸带管理的综合性，2000年2月通过听证、协商制定的海岸带综合管理规划草案，2000年8月通过环境保护委员会审计和批准，出台了海岸带

---

① 恽才兴、蒋兴伟：《海岸带可持续发展与综合管理》，海洋出版社，2002，第13～17页。

综合管理国家规划。该规划的制定，意味着韩国海岸带可持续利用、开发及保护的基本框架形成。

其他国家如英国、日本、澳大利亚、加拿大、欧盟等也都开始实施海岸带综合管理项目和规划，并出台了相关的法律法规。从各个国家实施海岸带综合管理的情况来看，各国都很重视建立一个高级别的统一的海洋管理机构，发挥统一协调作用；出台法律法规，从制度上对海岸带管理的具体要求进行保障；进行海岸带综合管理规划；强调公众参与，群策群力。这些都对我国实施海岸带综合管理实践提供了参考和研究价值。

2. 我国的海岸带综合管理实践

我国社会经济的高速发展以及人口的急剧膨胀，带来了海岸带的高强度开发，使海岸带资源与环境状况发生了明显的变化，进一步恶化的趋势明显。为切实有效扭转这一局面，中国在世界各国推行海洋综合管理10年之后开始了综合管理的探索与实践。

第一，我国积极推进海岸带管理制度建设。我国从20世纪80年代相继制定了与海岸带管理和利用相关的一系列法律法规，如《领海及毗连区法》《专属经济区和大陆架法》《海域使用管理法》《渔业法》《海上交通安全法》《开采海洋石油管理条例》《矿产资源法》《旅游管理条例》《盐业管理条例》《海洋环境保护法》等。为彻底解决海域使用及资源开发中长期存在的"无序、无度、无偿"状态，2002年起实施《海域使用管理法》，建立了海域使用监督管理体制、海域所有权和使用权制度、海洋功能区划制度、海域有偿使用制度等。

第二，区域性海岸带综合管理逐步推开。我国从20世纪80年代末开始实施海岸带综合管理活动，开展了"全国海岸带和海洋资源综合调查"，为开展海岸带综合管理积累了经验；90年代国家有关部门和沿海地区编制了海洋功能区划，划出了3663个海洋功能区，包括开发利用区、治理保护区、自然保护区、特殊功能区、保留区等不同类型。1994年中国政府与联合国开发计划署合作，在厦门建立海岸带综合管理示范区，1997年中国又与联合国开发计划署合作，在广西的防城市、广东的阳江市、海南的文昌市进行海岸带综合管理试验，积累了大量的宝贵经验。

虽然我国海岸带综合管理实践取得了很大的进步和丰硕的成果，但是问题依然很多。我国的海岸带管理实践尚处在起步阶段，与国外相比，还存在很多深层次的问题：管理体制分散，各利益主体之间由于利益关系各自为政，冲突加剧，难以整合和协调；缺乏海岸带综合管理法，目前已经出台的大多是行业法律，专项性明显，呈现分散化特征；海上执法多部门参与，职责不明确，缺乏有效的协调机制；科技支撑能力弱，不能给海岸带资源和环境提供科学评估和合理保护；公民参与海岸带综合管理的意识不强；等等。这些方面都需要进一步发展和完善。

（五）海岸带综合管理研究展望

海岸带综合管理研究中各个学科应加大融合力度。海岸带综合管理研究是一项系统的研究，仅靠单一学科无法实现科学的海岸带综合管理。融合人文学科和自然学科才能更好地推进研究，管理学、社会学、经济学、法学、生态学、地理学、化学、水文学、环境学、海洋学、信息科学等多学科相互融合，从不同视角，定性研究和定量研究相结合，推动海岸带综合管理。

进一步推进以生态系统为工具的海岸带综合管理。随着海洋生态系统研究的不断深入，基于生态系统管理的理念和方法在海岸带综合管理中的地位越来越重要。以生态系统为基础的综合区划管理是海岸带管理的新趋势。我国在区域生态系统管理方面仍很薄弱，需要将其纳入国家海洋发展战略，大力推进生态学视角下的海岸带综合管理研究。

加强海岸带综合管理中各利益主体关系的协调。尤其是部门间、区域间的有效综合协调，改变海岸带综合管理中政出多门、混乱无序的状态。建立跨部门、跨行业、跨区域的各利益主体统筹协调机制，加强利益主体间权利义务的界定和协调控制的政策措施。而这都要求有相关法律和政策法规的配套，因此要加强这方面的研究和二者的衔接①。

新技术和新方法在海岸带综合管理中的应用将继续成为主流。目前基于

---

① 张效莉：《利益主体参与综合海岸带管理的国内外研究现状》，《生态经济》2009 年第 10 期。

生态系统的方法和各种"数字海岸"技术应用于海岸带综合管理的研究成为主要趋势，但各种新技术和新方法仍处在研究和发展过程中。如何使这些技术和方法在海岸带管理中发挥更大的作用，实现科学的海岸带综合管理仍是研究的热点①。

---

① 范学忠、袁琳、戴晓燕、张利权：《海岸带综合管理及其研究进展》，《生态学报》2010 年第 10 期。

第三章　区域海洋管理

一　基于生态系统的区域海洋管理概念阐释

20 世纪以来，世界各国想方设法寻求新的发展路子，沿海国家纷纷把目光投向了海洋，加紧制定海洋发展规划，大力发展海洋高新科技，强化海军建设和海洋管理，争夺海域，扩大海疆，加快海洋资源开发步伐，海洋竞争日趋激烈。与此同时，接踵而来的是海洋环境急剧恶化带来的种种难题。由于对海洋无节制的索取，人类活动对海洋生态系统的累积效应开始显现。渔业资源枯竭、近岸海域环境退化、海洋生物多样性的丧失等问题日益严重，成为临海国家面临的共同问题。面对日益严峻的挑战，传统的以部门管理为主的海洋与海岸带管理模式已经不能解决海洋与海岸带地区的各种问题。因此，国际社会和各国政府不断寻求解决海洋资源与环境问题的有效途径和海洋管理的新模式。

1980 年的《南极海洋生物资源保护公约》首次采纳了基于生态系统的管理方法；随后马丁·别尔斯基（Martin Belsky）于 1984 年提出，将基于生态系统的管理方法应用于海洋管理[①]；在 20 世纪 90 年代后期和 21 世纪初，学术界和管理界正式提出了基于生态系统的管理（Ecosystem-Based

---

① Martin H. Belsky. Environmental Policy Law in the 1980's: Shifting Back the Burden of Proof. *Ecology Law Quarterly*, 1984, 12 (1): 1 – 88.

Management，EBM）概念；2002 年的世界可持续发展峰会（WSSD）呼吁各国采取基于生态系统的海洋管理；21 世纪初美国海洋政策委员会（USCOP）和美国皮尤海洋委员会（PEW）提出了区域海洋管理（regional ocean governance）的概念[①]。

基于生态系统的管理理念和区域海洋管理的概念提出后，很多国家包括我国都进行了一系列基于生态系统的区域海洋管理实践活动，如跨国大海洋生态系统项目、美国的 Chaspeak Bay 区域海洋管理项目和缅因州海洋环境管理项目、我国的渤海碧海行动计划等等[②]。学术界和管理界大都认为这一新的海洋管理模式是将来海洋政策的最佳选择。因此，探讨基于生态系统的区域海洋管理对解决我国乃至全球的海洋资源与环境问题、发展海洋经济以及实施科学的海洋管理都有重要的现实意义。

笔者认为，要弄清楚基于生态系统的区域海洋管理概念，首先应该剖析基于生态系统的管理和区域海洋管理这两个概念的内涵。

（一）基于生态系统的管理（EBM）的内涵及特征

1. EBM 的概念界定

基于生态系统的管理（EBM）是合理利用和保护资源、实现可持续发展的有效途径，起源于传统的自然资源管理和利用领域，形成于 20 世纪 90 年代。它具有丰富的科学内涵，越来越受到管理者、科学家以及各国政府和国际组织的高度重视。

目前海洋界对 EBM 内涵的认识不完全一致，虽然已有 200 多个相关定义，但是迄今为止尚无一个被公认的学科定义，比较有代表性的观点如下。

北太平洋渔业管理协会：为维持生态系统的可持续性而规范人类行为的策略[③]。

---

① U. S. Commission on Ocean Policy. An Ocean Blueprint for the 21 Century: Final Report. Washington，DC，USCOP，2004.

② 王丹妮：《基于生态系统的区域海洋管理体制和运行机制的探讨》，厦门大学硕士学位论文，2008。

③ WITHERELLD，PAUTZKE C，FLUHARTY D. An Ecosystem-Based Approach for a Laska Ground Fish Fisheries. *Journal of Marine Science*，2000，57：771 – 777.

　　2002 年欧盟保护海洋环境战略会议：基于对生态系统及其动态最可靠的科学知识，对人类活动的一体化综合管理。通过识别和管理影响海洋生态系统健康的人类活动，实现维持生态系统完整性并可持续利用生态系统产品和服务功能[①]。

　　北太平洋海洋科学组织：EBM 是管理人类活动的战略性方法，这种方法整合了生态、经济、社会、制度和技术等各方面因素，通过协同的管理工作，寻求生态系统健康和维持人类社会的可持续发展[②]。

　　尽管这些定义的表述不尽相同，但核心内容是基本一致的，即通过综合管理人类活动，实现生态系统持续健康和可持续利用。从以上定义中，可以看出 EBM 的内涵至少包含了三个方面的基本要素：①EBM 的管理对象是对生态系统造成影响的人类活动，而不是生态系统本身；②管理的目标是维持生态系统的健康和可持续利用；③EBM 是综合管理，管理行动中综合考虑了生态、经济、社会和体制等各方面因素。

　　可见，EBM 是考虑包括人类在内的整个生态系统的综合管理，其目标是通过维持生态系统的健康和持续性来保持生态系统提供人类需要的产品和服务的能力。EBM 全面考虑生物和非生物资源的所有联系，而不是孤立考虑单个因素，不仅关系到自然科学，而且更关系到文化和社会科学。另外，它不是强调生态系统过程本身，而是强调人类的行为，要求把可持续发展观念与经济、社会和政治体制与生物多样性和自然环境结合起来，通过协调人类的行为来恢复生态系统并获得可持续发展。

　　因此，笔者认为，基于生态系统的管理是指综合考虑生态、经济、社会、体制、人类行为等各方面因素，将人类价值和社会经济发展整合到生态系统发展中，以恢复或维持生态系统的整体性和可持续性。

2. EBM 的特征

　　EBM 从传统的生态系统管理的基础上发展而来，继承了部分传统管理

---

① Danish EU Presidency. Presidency Conclusions of the Meeting "Towards a Strategy to Protect and Conserve the Marine Environment" [EB/OL]. http：//www. eu2002. dk/news/news_ read. asp? iInformationID = 25706，2005 – 12 – 22.

② JAMIESON G. The New PICES Working Group on Ecosystem-Based Management [EB/OL]. http：//www. pices. int/publica-tions/pices_ press/Volume13 /Jan_ 2005 /pp_ 28 _ 29 _ EBM. pdf 2005 – 11 – 17.

的属性，两者有相似之处。但是，两者存在根本差别（见表 3-1），这些差别也正是 EBM 的基本特征所在。

表 3-1　传统管理方式和 EBM 比较[①]

	传统的资源和环境管理	EBM
管理理念	将管理作为自然系统和社会系统交叉的部分，而将处于重叠区域的自然系统和社会系统的大部分看作是相互独立的	整个自然系统都受到人类活动的影响，因此自然系统包含于社会系统之中，自然系统和社会系统共同构成复合生态系统
	把生态系统看作人类生产的资源仓库，从中不断获取而无回报，双方为不平等关系	将生态系统看作人类生产的合作者，并本着公平的原则，使双方都能得到发展
	基于这样的理念：除非什么人反对或证明他们的利益受到负面影响，否则资源的利用就不应该受到限制	对资源利用和开发遵循"预警预防原则"：在项目开始前必须证明该项目不会对环境造成影响，若无法证明，则活动就该禁止
管理目的	注重短期的效益和经济上的利益	目的是生态系统的可持续发展
	保护区中限制或禁止各种人类活动，非保护区中则追求最大的商业生产量	维持生态系统的完整性，人被认为是生态系统的重要组成部分，允许可持续的商业生产量
	以保护濒危的个别物种为目标	保护生态系统的完整性和多样性
管理尺度	限于地方—区域层次，一般尺度较小	区域—国家—全球范围，尺度较大
	局限于行政管辖范围或资源所有者的所有权范围内	生态系统和景观尺度
	具有局部性，将环境问题转嫁到其他地区	着眼于整体，力求从根源上解决问题
管理方法	依靠行政手段、法律法规、政策实施进行管理，对人们的素质要求较低	依靠利益相关者的参与及合作进行管理，对人们的素质要求较高
	将生态系统分割成保护区和非保护区，保护区中奉行单纯的生态学原理，而非保护区内则甚少运用生态学原理	综合应用各种科学理论，包括生态学、生物学、管理学、经济学、社会学等，对自然系统和社会系统进行管理
	将管理作为一门应用科学	将科学和社会因素结合起来进行管理
	基于传统的生物学、地学、经济学以及资源利用的技术科学（如农学、森林学、土壤学、矿物学等），通常过分简化信息收集，依靠有限的分类和信息基础进行分析	使用诸如模型和 GIS 等现代工具，有利于增强整体特征，并可能在一个更加广泛的空间框架中使用，以多重因素在多重尺度上使用多重边界去采集、组织信息资源

注：①赵云龙、唐海萍、陈海等：《生态系统管理的内涵与应用》，《地理与地理信息科学》2004 年第 6 期。

从表 3-1 可以清楚地看到基于生态系统管理的特点，归纳起来，主要表现在以下几点。

（1）以生态系统特征定义管理范围。

基于生态系统的海洋管理的空间范围不是随意划定的，而是遵循以下原则：①打破传统的由行政边界分割形成的管理范围，根据生态系统分布的空间范围来划定管理边界，从而保证每一个管理单元的生态系统的完整性；②划分管理范围时强调海洋与陆地之间的关联性、物种之间的关联性以及物种与生存环境之间的关联性等等，是以生态系统的特征定义管理范围；③管理范围具有多层次性，包含了国家的、区域的和地方的等不同空间层次。

（2）管理目标的长远性和全面性。

首先，EBM 的管理目标具有长远性，符合可持续发展的原则；其次，目标具备全面性，能考虑到所有相关因素的影响，包括支撑经济发展、满足社会需求、维持生态系统健康等，是基于全面整合各方面因素，从而维持其平衡发展。

（3）适应性管理。

生态系统和社会系统不是静止的，而是在时间和空间上不断发展并通过二者的相互影响实现交互作用，因此适应性管理强调自然系统和社会系统的相互作用和利益共存，强调人类对于生态系统变化的认识和适应。由于人类对海洋的了解很有限，社会、经济和生态环境又处在发展变化过程中，有可能导致管理措施实施的结果偏离预期目标的情况。因此，必须通过经常性的监测评价检验管理措施的有效性，及时发现并纠正偏离目标的情况；在管理实施过程中为可能产生的不确定性做好充分预案①。

（二）区域海洋管理的概念

1. 区域海洋管理概念的提出

区域海洋管理在某种程度上与"大海洋生态系（LME）"相联系。1984年，美国生物海洋学家谢尔曼（Sherman）和海洋地理学家亚历山大

---

① 丘君、赵景柱、邓红兵：《基于生态系统的海洋管理：原则、实践和建议》，《海洋环境科学》2008 年第 1 期。

（Alexander）博士正式提出 LME 的概念，主要强调从大生态系统的角度保护海洋生物资源。LME 是指从河流盆地的沿岸区域和海湾到陆架边缘或到近海环流系统边缘的相对较大的海洋空间，具有独特的地形水文、生产力和营养依赖的种群等特征[1]。LME 概念的提出使海洋综合管理从行政区划管理走向生态系统管理。但是，经过 20 余年的实践，LME 也面临着一些问题，一是 20 万平方公里大海洋生态系的面积太大，涉及不同的行政管理区，不利于管理；二是 LME 主要管理海洋生物资源，管理目标比较单一，难以解决综合管理问题。因此，海洋管理又逐渐转向区域海岸带综合管理或较小面积的区域海洋管理。

从全球层面上，尽管海洋问题本质上是全球性的，但具体表现却是区域性的，需要在国家层面上从较广的区域环境与发展战略高度着手去解决这些问题。从国家的层面上，由于沿海地区存在着地理条件、生物资源、使用习惯、文化背景、机构设置等方面的巨大差异，要在国家层面上采取完全统一的海洋管理方式有一定的困难。因此，需要运用考虑区域地理环境、各方利益和政策需求的管理方式，这种方法既要能够结合地方、区域、部门和国家的特点，又能保证所有参与者同心协力，既能以不同的海洋利用和行政管辖区为重点，又能减少职能交叉重叠和权益冲突。至此，区域海洋管理应运而生。

目前，基于生态系统的区域海洋管理实践已在各国展开。1998 年，澳大利亚颁布了《澳大利亚海洋政策》，使其成为世界上第一个专门针对海洋环境保护和管理制定国家级综合规划的国家。该政策的核心内容是倡导通过制定区域海洋规划并实施基于生态系统的海洋管理。2004 年，澳大利亚的第一部《区域海洋规划》正式颁布实施。

2002 年，世界高峰会议呼吁开展以生态系统为基础的海岸带综合管理。在 2002 年 APEC 海洋相关部长级会议上，各国部长就 EBM 在海洋管理中的积极作用达成共识，在会议达成的《首尔宣言》中呼吁用基于生态系统的方法管理国家和地区的相关海洋事务。

---

① 王淼、段志霞：《浅谈建立区域海洋管理体系》，《中国海洋大学学报》（社会科学版）2007 年第 6 期。

2002 年 5 月，欧盟通过了关于在欧洲实施海岸带综合管理的建议，其中提出：用基于生态系统的方法保护海洋环境，保护其整体性和功能，可持续地管理海岸带地区的海洋和陆地资源。

2002 年 7 月问世的《加拿大海洋战略》明确提出基于生态系统的海洋管理和保护措施，对于保持海洋生物多样性和生产力具有十分重要的意义。

2003 年，世界自然保护联盟第五届世界公园大会呼吁在海洋保护区建设中采取以生态系统为基础的管理方式。

2003 年 3 月，美国国家海洋与大气局颁布了 2003～2008 年战略计划，确定了从海洋和海洋资源管理到环境预报等诸多领域在 21 世纪的工作重点及保障措施。该战略确定的第一个任务是：用以生态系统为基础的管理方式，保护、恢复和管理好海洋和海洋资源。2004 年 9 月，美国海洋政策委员会提交给总统和国会的国家海洋政策报告《21 世纪海洋蓝图》以及美国政府随后公布的《美国海洋行动计划》都高度重视 EBM，基于生态系统的方法被定为 21 世纪美国海洋管理的基本方法。2005 年 3 月，美国 204 位著名学术和政策方面的专家又共同发表了题为 "Scientific Consensus Statement Marine Ecosystem-Based Management" 的声明，指出解决目前美国海洋和海岸带生态系统遇到的各种危机的办法就是用基于生态系统的方法管理海洋[①]。

通过上述列举内容可以看出，在国际范围内，基于生态系统的管理正在不断被更多国家政府采纳，制定出适合各国国情的海洋管理战略。我国应该认真学习借鉴各国现有的生态系统管理方法的实践和经验，制定出符合我国实际、以保护海洋生态为根本的基于生态系统的动态区域海洋管理模式。

2. 区域海洋管理的概念界定

所谓"区域"是指由经济、政治、文化和行政力量和实践相互作用形成的一个地理区域[②]。这个区域有着共同的利益（如经济增长、提供公共产品、改善环境条件），通过跨行政边界的区域合作，所有区域的组成部分都

---

① 王丹妮：《基于生态系统的区域海洋管理体制和运行机制的探讨》，厦门大学硕士学位论文，2008。

② 刘宣：《区域海洋管理的理论与实践研究进展》，《浙江万里学院学报》2009 年第 5 期。

可以共享规模经济的好处并减少环境的外部性。

瓦莱加（Vallega）研究指出，区域海洋管理不是要突破海洋行政管理的界限，而是强调通过区域管理机制实现海洋资源的有效使用和海洋环境的保护[①]。

王志远等将区域海洋管理定义为：从区域发展的整体利益出发，对一定海洋地理空间范围内具有重要意义的区域系统进行的自觉干预和内外协调活动[②]。

林千红认为，区域海洋管理是涉及面广、综合性强的实践活动，它是可持续发展理论、区域理论、生态学理论和公共管理理论在海洋管理中的具体运用；也就是在可持续发展理论的指导下，应用区域管理、现代公共管理等理念对以生态系统为基础的区域海洋这一复杂的"生态—经济—社会"复合体进行研究，探索实现经济高效、社会和谐、环境安全的良性发展途径，促进区域海洋资源、环境和权益的协调，促进区域海洋经济的可持续发展[③]。

可见，区域海洋管理是海洋管理和区域管理两种手段的综合，是对特定海区内的资源、环境、人类活动采取综合性干预协调。区域海洋管理是适应海洋区域特点而产生的二级管理，是研究一定海洋区域内各种海洋活动相互依存关系的综合管理，而不是部门管理或行业管理。

根据专家学者的分析，笔者认为，区域海洋管理包括两层含义：一是打破传统的行政区域管理界限，以生态系统作为管理单元，即将基于生态系统的管理（EBM）方式用于海洋管理；二是采用区域合作方式进行海洋管理，在实施海洋管理时必须考虑整个区域各方的利益需求。区域海洋管理中的"海洋"已经不是传统意义上的海洋，而是由相互作用的海洋、河口、流域组成的整个系统。

---

① Vallega A. The Regional Scale of Ocean Management. A Geographical Approach to the Postmodern Ocean Conditions. Regional Conference of the International Geographica Union Geographical Renaissance at the Millennium Durban. South Africa，SymposiumC – 17 Marine Geography，Aug. 4 – 7 2002.

② 王志远、蒋铁民：《渤黄海区域海洋管理》，海洋出版社，2003。

③ 林千红：《试论海洋综合管理中的区域管理》，《福建论坛》（人文社会科学版）2005 年第 7 期。

3. 区域海洋管理的类型

纵观国外实施的各项区域海洋管理计划，因划分区域的标准不同及各海区内的特点差异，区域海洋管理大致可划分为四大类型：①综合开发和保护规划性管理，如 1988 年开始实施的美国联邦政府与州政府以及民间组织共同合作的墨西哥湾计划；②海洋资源的规划管理，如北美五大湖委员会的水资源管理计划、北大西洋渔业组织海洋渔业资源规划管理；③环境保护性规划管理，如南太平洋地区环境规划署的核心计划——管理南太平洋地区自然资源行动计划；④以防灾减灾为主的管理，如 1995 年太平洋区域通过的关于禁止危险和放射性废弃物运输的《瓦伊加尼公约》，禁止各成员国进口放射性危险废弃物，并且对跨边界非放射性危险废弃物的运转也要求建立强制性申报程序。此外，有些海区实行反应式的管理，即出现什么问题解决什么问题。

4. 区域海洋管理的边界

传统的海洋管理模式是以行政区域作为管理单元，但是海洋与生态系统范围与由政治决定的行政管理边界在地理范围上存在很大的不同。在陆地上，特别是涉及水文和水污染问题时，流域一般被认为是一个合适的基于生态系统的管理单元，但是由于基于陆地的活动与海洋环境之间的联系密切，基于生态系统的海洋管理区域的适宜地理边界必须结合海洋生态系统以及汇入这一系统的流域。管理范围应该从原来的海洋、近岸系统一直延伸到整个流域，包括流域—河口—近岸—海洋整个系统。

同样，在一个行政区域之内的很多海洋活动可能会影响到行政边界之外的很多区域。因此，必须建立跨行政区域的管理边界，也就是以生态系统作为管理单元，来保护海洋环境，减少经济发展、人口增长和城市化对海洋生态系统的影响。

因此，基于生态系统的区域海洋管理的边界应该从原来以行政界线为边界转变为以生态系统的界线为边界。

（三）　基于生态系统的区域海洋管理的内涵和原则

1. 基于生态系统的区域海洋管理的概念界定

到目前为止，仍没有一个统一的基于生态系统的区域海洋管理定义，各国专家和学者只是用不同的方式描述着基于生态系统管理内涵。

通过以上对 EBM 和区域海洋管理的概念、特征以及管理边界的论述，我们大致可以了解基于生态系统的区域海洋管理的内涵，它是整合了 EBM 和区域海洋管理的特征的一种新型海洋管理模式。

因此，笔者认为，基于生态系统的区域海洋管理是指以生态系统的界限为管理边界，通过合作与协调，成立综合性的区域管理部门，对人类影响海洋的一系列活动进行管理。在管理过程中综合考虑生态、社会、经济、法律和政策等多方面因素，协调各方利益，以实现经济、社会、环境和海洋的全面、协调和可持续发展。

2. 基于生态系统的区域海洋管理原则

进行基于生态系统的区域海洋管理是一项复杂的社会系统工程，需要遵循一些管理原则，从而逐步实现海洋生态系统可持续发展的目标。本部分归纳了基于生态系统的区域海洋管理的原则，主要包括以下方面。

以实现海洋生态系统的可持续发展为最终目标。可持续发展是指既满足现代人的需求又不损害后代人满足需求的能力。换句话说，就是要使经济、社会、资源和环境保护协调发展，既达到发展经济的目的，又保护好人类赖以生存的自然资源和环境，使子孙后代能够永续发展和安居乐业。对基于生态系统的区域海洋管理而言，可持续性是前提，也是贯穿始终的目标。

以管理人类影响海洋生态系统的活动为重要内容。基于生态系统的管理对象是对生态系统造成影响的人类活动，而不是生态系统本身。基于生态系统的管理并不旨在通过禁止所有人类活动来保护生态系统的纯"自然性"，而允许和鼓励区域承载能力范围内的合理开发和利用，从而提高社会经济发展水平。因此，对人类影响海洋生态系统的活动进行管理是基于生态系统的区域海洋管理的重要内容，其将人类开发海洋的活动与海洋的自然保护有机地结合起来。

3. 以合作与协调为基础

海洋管理关系到方方面面的事务，仅靠单一的涉海机构是没有办法实现的，需要多部门的合作，而多部门合作管理过程中势必产生许多问题和摩擦，所以，基于合作机制产生的综合性海洋协调机构内部在水平层面（处于同一级的参与部门）和垂直层面（机构内的上下级部门）都需要运用协调机制。同时，综合性的海洋协调机构在各涉海部门之间及省与省、省与市、市与市之间也要发挥协调作用，采用行政、法律、道德手段理顺、整合所有关系，尽量协调好所有参与部门的利益。

4. 以多学科综合为支撑

基于生态系统的区域海洋管理是一个多学科综合的领域，是自然科学、人文科学和技术科学的新型交叉学科，包括生物学、生态学、海洋学、经济学、社会学等等。因此，基于生态系统的区域海洋管理需要综合运用现代自然科学技术和人文社会科学的基本理论和科学方法，综合考虑生态、社会、经济、法律和政策多方面因素，采用多种协调机制，寻求经济、社会和环境效益相统一的最佳综合效益，从而促进经济、社会和环境的全面、协调和可持续发展。

5. 成立综合性的区域管理部门

基于生态系统的区域海洋管理所实施的是海洋综合管理，要将各自为政的部门分散管理向综合管理转变，建立自觉干预和内外协调的管理机制，从而构建一个完整的综合性管理体系。

成立综合性的区域管理部门，需要国家海洋主管部门、区域内各涉海部门及利益相关者相互合作。可以选择解散原有的各管理部门，重新组建一个综合性的协调机构；或者在原有部门基础上，由各部门高层领导组成一个独立于政府之外的管理机构，定期举行会议，分工合作，采取一致通过的表决方式达成协议。

6. 引导公众积极参与

基于生态系统的区域海洋管理需要引导公众的积极参与。随着对海洋及其相关区域认识的逐步深入，公众在观念上的变化越来越明显，而公众的意愿在政策中若得不到及时反映，政策执行可能会受到很大的阻力。因此，我们必须提高区域海洋管理的公众参与程度，广泛听取专家、社会团体及公众的意见。

同时，还应该拓宽并完善反馈渠道，使公众及广大利益相关者的意见能够及时、全面地反馈到决策层，各级决策层也应把公众的参与程度作为改进区域海洋管理的现实力量和社会进步的重要尺度。通过媒体发布相关海洋信息，鼓励公众依法行使相关知情权，激发公众参与的积极性，这既是区域海洋管理的重要组成部分，又能够增加政府的决策透明度。

二 基于生态系统的区域海洋管理运行机制

（一）基于生态系统的区域海洋管理的特点

基于生态系统的区域海洋管理是综合性的资源环境管理方法，与传统的海洋管理相比，其在管理对象、空间尺度和管理目标等方面都有鲜明的特点。

1. 以生态系统为基础

基于生态系统的区域海洋管理强调海洋和陆地之间、物种之间以及物种与生存环境之间的关联性，而不是孤立地考虑单个问题。这种管理系统考虑人类活动及其利益与对广大范围内生物和物理环境的潜在影响。相互联系的海洋区域各构成部分无论哪一部分受损都必然会影响到其他部分，只有基于生态系统的海洋管理，才有可能保证海洋管理的科学化和规范化。

2. 按生态系统特征确定海洋管理边界

区域海洋管理的管理空间范围的划定，强调要改变由行政边界分割形成的管理范围，根据生态系统分布的空间范围划定管理边界，保证每一个管理单元所包含的都是相对完整的生态系统；管理范围本身具有多层次多尺度性，包括国家、区域和地方等不同的空间尺度[1]。

3. 长远目标驱动下的灵活管理模式

基于生态系统的区域海洋管理是目标驱动的管理，具有明确的可操作的目标。区域海洋管理不但具有海洋管理根本目标，即从自然保护和海洋与海岸带的自然资源利用中为公众获取最大的短期和长远利益，同时还根据特定区域内的海洋问题具有阶段性的具体目标，如防止海洋污染、维持海滩稳定或发展滨海旅游等。在资源和能力有限的条件下，从集中解决某个具体的优

---

[1] 王淼、段志霞：《浅谈建立区域海洋管理体系》，《中国海洋大学学报》（社会科学版）2007年第6期。

先紧迫问题开始推动区域海洋管理活动，为未来进行更复杂、具有多种目的的管理活动奠定基础。

4. 强调参与合作与协调发展

区域海洋管理是一种"自下而上"的管理模式，其基本思想在于承认参与区域海洋管理的主体具有多元化的特点，公众、企业与政府一起作为平等的主体参与管理过程，彼此只有相互合作才能实现利益共享①。同时，区域海洋管理还强调促进区域内中央政府部门之间、中央政府部门和地方政府部门之间、各级地方政府之间以及区域内各管理实体与利益相关者之间在海岸带和海洋资源管理方面的协调。

（二）基于生态系统的区域海洋管理的运行机制探析

基于生态系统的区域海洋管理是一项复杂的社会系统工程，既需要明确的指导思想，又需要各方面的协同合作，更需要一套完善合理的运行机制，通过长期努力实现资源利用的可持续性。

区域海洋管理面对的是一个复杂的矛盾体系，区域海洋管理主体的多元性、主体关系的复杂性以及自然客体的多变性，使得区域海洋管理面对的矛盾非常突出，解决起来比较困难。因此，建立一套完善合理有效的基于生态系统的区域海洋管理运行机制是十分必要和迫切的。

海洋管理的运行机制主要是指海洋管理制度的实施机制，即指海洋管理制度运行的方式、方法及各相关因素的相互影响、相互作用的内在机理，是海洋管理制度的具体运作体系和实际操作过程。这个过程是通过涉海的人、财、物等各种资源之间相互影响、相互制约的运作机制来完成的，目的在于对涉海的人、财、物等进行合理安排，使其在发挥各自功效的同时，实现系统的整体功效最大化。因此，基于生态系统的区域海洋管理如果要成为一个综合性的管理系统，就应该有一个综合的运行机制。

1. 基于生态系统的区域海洋管理的运行过程

基于生态系统的区域海洋管理是由管理过程、管理内容和管理行动在三维方向上相互支撑的系统（见图 3 - 1），组成区域海洋管理的空间结构，表

---

① 　王琪、陈贞：《基于生态系统的区域海洋管理》，《海洋开发与管理》2009 年第 8 期。

现为区域海洋管理的一个循环单位，区域海洋管理的运行机制以此为基础，遵循区域海洋管理体制的系统性方式发展。

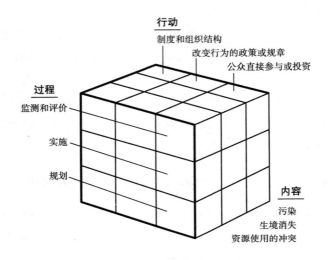

图 3 − 1　区域海洋管理系统图

资料来源：张灵杰：《区域海岸带综合管理体制与运行机制》，《海洋通报》1999 年第 3 期。

2. 基于生态系统的区域海洋管理的运行机制体系

综合国内外学者的观点，基于生态系统的区域海洋管理运行机制体系可表述为：资源供给是条件，组织管理是基础，法制建设是保障，政策支持是动力，管理规划是手段，过程控制是关键。

资源供给是条件：自然资源持续利用是持续发展的重要组成部分，也是持续发展的核心问题之一。事实上，自然资源是持续发展的物质基础，没有自然的持续利用持续发展就无从谈起，管理也就失去了意义[1]。

组织管理是基础：组织管理是保障管理过程有效运转的基础。如果管理机构不健全或不能很好开展工作，政策和制度再好也无济于事[2]。

法制建设是保障：由于综合管理牵涉内容极为广泛，有关主体之间又存在错综复杂的利益关系，因而必须用法律加以具体规范。与此同时，实现可

---

① 赵景柱：《自然资源持续利用的理论分析》，《生态学杂志》1995 年第 3 期。
② 徐质斌、潘树红：《地方海洋综合管理体制探讨》，《海洋开发与管理》1995 年第 1 期。

持续发展，还需要变革现行的一些政策和做法，有可能触动一些人的既得利益，为了推行新的政策也依赖法制的权威性[①]。

政策支持是动力：区域海洋管理在促进可持续发展的过程中存在不少障碍，重要的一点是缺乏优惠政策与之衔接和补充，如环境防治，严格执行国家强制性政策，有时会发生不同程度的经济效益损失。为了鼓励经营者履行强制性义务，必须采取财政补贴、税收减免等优惠政策来鼓励和刺激经营者，实现环境资源的优化配置[②]。

管理规划是手段：规划是管理行动的总体部署，是过程控制的重要准则，它对行业规划和有关专项规划起指导作用并提供依据。同时，规划经过法定程序审议，具有一定的约束力。

过程控制是关键：控制体现了区域海洋管理以持续发展为核心的全过程要求。在管理过程中，随着社会经济发展，环境和资源的变化，必须坚持管理一体化思想，并进行相应的调整和改善（甚至是暂停开发），避免管理失效。

区域海洋管理的运行机制，通过管理过程的有效运行，提高管理效率。处理好运行机制中各要素的关系，同时在区域海洋管理制度和政策的引导下，实现管理的最终目标。

3. 基于生态系统的区域海洋管理运行机制

基于生态系统的区域海洋管理是一种综合性的海洋管理，由于海岸带生态系统的复杂性，管理涉及面广，因此，综合是实现区域海洋管理的要义：激励是基础，协调是纽带，监督是保障，公众参与是补充。根据以上区域海洋管理的运行过程和机制体系，要实现良好的基于生态系统的区域海洋管理效果，其运行机制应包括以下几部分。

（1）激励机制。

在管理规划的指导下，制定明确的管理责任目标，通过利益分配调整参与者的关系，采取物质与精神激励手段，最大限度地把参与者的积极性激发

---

① 孙佑海：《法制建设：可持续发展的重要保障》，海洋出版社，1994，第34～37页。
② 朱德明：《完善环境保护强制性政策的探讨》，《上海环境科学》1997年第12期。

出来，成为为实现既定目标而努力的动力①。具体手段包括：流域上下游生态补偿机制，鼓励上游地区积极参与到区域海洋管理的行动之中；财政机制，鼓励企业、个人参与区域环境保护；实行资源有偿使用制度，将海岸带资源、环境核算纳入新的国民经济核算体系，并与税收、财政、金融和产业政策相协调。

（2）协调机制。

区域海洋管理涉及中央政府与地方政府、不同行政区域的地方政府、不同层级的地方政府、企业、个人、非政府组织等多种利益相关者，他们各自都有自己的利益需求，其中存在诸多冲突。因此，必须通过良好的协调机制来协调他们的行动。没有协调管理就不可能有区域海洋资源的持续性开发利用，可以说协调机制在区域海洋管理中起着核心和纽带作用。

（3）监督机制。

除了协调机制之外，在面对不同利益相关者的不同利益和目标需求时，还必须有强有力的监督机制加以约束。

行政监督：即政府监督，指政府部门依法对贯彻执行海洋和海岸带开发管理的政策和法规情况进行监督，是监督的主要形式。在区域海洋管理中，政府可以根据不同的目的、不同的对象和不同的条件，运用多种形式，如指示、规定、决议、决定、通知、通告等行政方式直接对管理对象施加影响，是管理活动中最基本的方法。

法制监督：即立法监督，区域海洋管理作为一种政府行为，要接受人大监督。由政府制定法律规范，并由政府组织强制实施，调整海岸带开发管理的行为。

社会监督：通过社会力量进行监督，分为群众监督和舆论监督，如通过人大代表、政协委员、其他社会人士和新闻报道等具体形式进行监督、提出批评、意见和建议。

4. 公众参与机制

无论在何种情况下，一个更为合理的运行机制都应该包括作为社会主体的公众。公众参与将有利于增强从事区域海洋开发利用活动的各个主体对区

---

① 张灵杰：《区域海岸带综合管理体制与运行机制》，《海洋通报》1999 年第 18 期。

域海洋特性和价值的认同，还能提供一个有益的协商和协调机制，并最终把政府不同部门的工作集合起来，促使区域海洋可持续开发。

（三）区域海洋管理的机制构建

厦门大学的周鲁闽博士提出了两个基本模式，一个是"中央领导，地方参加，国际协作，公众参与"的区域管理模式，并认为该模式较适合跨省区域，其管理边界包括河流的流域、近岸海域和专属经济区，相当于大海洋生态系。一个是"地方为主，中央指导，公众参与"的区域管理模式，其管理边界包括河流的流域、河流入海口、海湾等近岸海域，认为该模式较适合那些海洋污染和多种利用冲突问题突出并且存在跨界问题的区域。周鲁闽博士构建的这两种基本模式较为科学，但是还过于宏观，区域海洋管理的模式还需进一步细化，以便于实际操作。笔者认为，区域海洋管理机制的构建，需要回答四个基本问题：一是区域海洋管理是否适合所有的海洋区域，二是海洋区域的界定应该遵循何种原则，三是海洋区域应该如何划分，四是海洋区域的划定范围以多大为宜。

1. 在初始阶段，并非所有的海洋区域都适合区域海洋管理

关于第一个问题，坚持区域海洋管理的学者普遍持肯定态度。他们试图构建出一种能够把所有的海洋区域囊括在内的管理模式，或者说把自己构建的模式推广到所有的海洋区域。而实际上，区域海洋管理如果真要在实践中推广，需要两个因素支持：一是存在于社会的内在参与冲动，不管这种参与是出于经济的还是政治的或者其他的动机；二是海洋区域的界定和划分非常清楚明了，在实际中不会产生任何争议和模糊之处。而实际上，并不是所有的海洋区域都能够具备区域海洋管理的这两个支持因素。因此，实行区域海洋管理，采取过渡方式更为可行，即实行区域划分、典型实验、典型成功经验逐步推广的方式，区域海洋管理更能够获得成功。或者更为简洁地说，就是坚持渐进式的区域海洋管理原则。这就需要首先选取能够吸引社会资源和社会关注的海洋区域，在此区域内，坚持"政府主导、社会参与"的管理模式，逐渐探索出一条适合我国国情的区域海洋管理路径。

2. 海洋区域界定的原则

（1）具有一体化生态系统的区域。区域海洋管理是基于生态的管理，因此，海洋区域界定的首要原则必须是生态区域。具有一体化的生态系统的海洋区域，可以划分为一个区域，统一进行区域海洋管理。需要强调的是，作为首要的界定原则，当其他原则和它相冲突时，这一原则是要首先坚持的。

（2）具有可持续开发潜力的区域。显而易见，如果划定的海洋区域不具备可持续开发的潜力，它很难吸引社会资源和社会目光。甚至政府本身对其进行区域海洋管理的动力也会不足。

（3）能够吸引社会参与的区域。这一条原则是至关重要的。在确立渐进式推进区域海洋管理的理念后，需要吸引社会资源和智慧进行探索。

（4）与现有区域划分的接洽。进行海洋区域的生态化划分，需要考虑现已划分区域的现实情况。所谓现有区域，更多的是指按照行政管理划分的海洋区域。地方政府在以往长期的海洋管理中，形成了一套现有的管理方式。区域海洋管理需要地方政府的有效介入，需要兼容并引导地方政府的海洋管理方式。

3. 海洋区域的划分

（1）水产业与海洋工业的区域管理。将业已形成海洋水产或海洋工业优势的区域，或者适合发展水产或海洋工业的区域划定为同一区域进行区域海洋管理。这有两方面的便利条件：一是形成的海洋水产或海洋工业蕴涵着巨大的经济价值和潜能，便于吸引社会资源及地方政府积极参与区域海洋管理；二是有利于统一规划生态保护，并易于获得生态保护和海洋环境改善的资金支持。

（2）海洋休闲业的区域管理。海洋休闲产业应该成为区域海洋管理的未来发展方向。海洋休闲业本身需要保护海洋生态和改善海洋环境，这种保护是以经济利益为驱动力的。2004 年，美国海岸带休闲业和旅游业支撑了170 万个工作岗位，总共获得了 315 亿美元的工资收入。除了具备市场价值外，海洋休闲业还提供休闲娱乐、开阔的空间、海岸线保护以及野生动物的栖息地等价值[①]。

---

① Linwood Pendletona, Perla Atiyahb, Aravind Moorthyc. Is the Non-Market Literature Adequate to Support Coastal and Marine Management? *Ocean & Coastal Management*, Volume 50, Issues 5–6, 2007.

（3）海洋保护物种的区域管理。基于某一种或者几种珍稀海洋物种的保护，也可以划定一个区域进行区域海洋管理。

（4）海洋航运的区域管理。将临近的几个具备辐射能力的海洋港口及海洋航运统一规划为一个海洋区域进行管理，也便于实行区域海洋管理。

4. 海洋区域的划定范围

实际上，海洋区域的划定范围不可能是一个非常具体的数字，不同的海洋区域对面积范围的要求是不一样的。从两端而言，小的海洋区域可以小至一两个城市的海洋区域，如海洋休闲业的区域管理。青岛市和日照市相互濒临，而且具有发展海洋休闲和海洋旅游的共生性，可以规划为统一的海洋区域进行区域海洋管理。大的海洋区域可以上万平方公里，如我国的渤海为7.7万平方公里，可以规划为统一的生态海洋区域。实际上，拥有7.7万平方公里的渤海之所以可以划分为一个海洋区域，主要是由于其独特的地理构造。因此，渤海应该是我国海洋区域划定面积最大的极端。

在回答了上述四个问题之后，我国区域海洋管理的构建机制也就呼之欲出了。图3-2是我国区域海洋管理机制模式图。区域海洋管理委员会作为区域海洋管理的政府组织，在区域海洋管理中起着核心作用。区域省市联谊会议将区域周边的地方政府也纳入区域管理。相关的利益产业、海洋区域内的公众以及非营利组织都参与区域海洋管理。除此之外，他们也影响社会舆论，动用社会资源，吸引相关专家学者介入区域海洋管理。

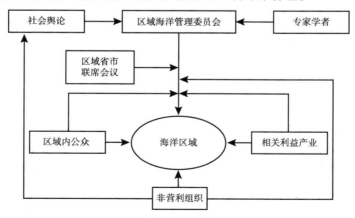

图3-2　我国区域海洋管理机制模式图

三 区域海洋管理协调机制的制度保障

新的管理模式是否能够维持下去，被人们所接受，并不取决于它所遇到的困难和障碍有多少，而是看它是否能够有效克服旧的管理模式所产生的问题，提供有效的解决问题、克服障碍的途径。上述问题和障碍从本质上说都是由于旧的管理体制弊端造成的，主要在于管辖权的分裂、缺乏协调，没有按照海洋生态健康发展的要求管理海洋。要保证海洋区域网络治理的有效运行，就需要构建良好的运行环境和相应的保障机制。

（一）区域海洋管理协调机制构建的政策法规保障

1. 注重区域海洋管理政策法规的统一性

统一的海洋政策从整体来讲是指，"覆盖国家海洋权益、资源、环境的开发利用、保护、维护和管理的高层次的、综合性的总体政策。它是指导、制约国家海洋事业全面发展的基本思想、基本原则、基本对策和措施"[①]。统一的海洋政策的一个最重要特征是其综合性，主要体现在统筹协调海洋资源、环境、权益以及公益服务等各个方面的具体政策内容，在高层次上有指导全局的地位和作用。目前我们讲统一的海洋政策主要指综合性国家海洋政策。综合性国家海洋政策是指导海洋事业综合协调发展的国家政策，与只涉及某一行业的海洋管理政策不同，综合性国家海洋政策从维护海洋整体利益出发，是综合考虑各种海洋利用活动的政策，是对涉海各行业、各部门的统一协调。综合性国家海洋政策的表现形式是多种多样的，包括由政府发布的战略性和政策性文件，如《中国海洋事业的发展》白皮书、《中国海洋21世纪议程》，也包括符合综合性海洋政策精神的法律，如《海域使用管理法》。统一的综合性海洋政策是海洋事业发展的指导思想，对于国家海洋事业的全面健康发展起积极作用。

不论是从我国还是国外海洋实践的发展历程来看，海洋政策的发展基本上都经历了由单一的行业性政策向统一的综合性政策发展的过程。早期的海

---

① 鹿守本：《海洋管理通论》，海洋出版社，1997，第341页。

洋活动，内容少、规模小、投资不大，且以海洋渔业和海洋航运为主，因此，当时不可能出现统一的海洋政策，只能是海洋行业政策。20世纪50、60年代，海洋科技迅猛发展，海洋科研调查开始普及，与之相应，海洋科技政策基本上代表着国家统一的海洋政策。从60年代中期到70年代，海洋问题的存在已不仅仅是单一的、孤立的，变成了联系日益密切的"问题群"。海洋问题往往涉及海洋环境污染、海洋资源破坏、沿海地区人口膨胀等一系列问题，任一问题仅靠一个部门甚至一个国家都难以完全解决，需要相关部门、相关国家以真诚合作的态度，共同协商，制定一致的政策才有解决的可能。一个问题的解决直接影响到其他问题，政策的制定不单是为解决某一问题，而是为解决"问题群"，单一的海洋行业政策或海洋科技政策显然无法解决复杂的海洋问题。因此，海洋政策的重心逐渐由科学技术转移到海洋资源开发和海洋环境与资源保护等更为全面的综合性政策上，即由单一型向综合型转化。

国家海洋政策可有效地协调国内涉海部门和沿海各地之间的关系，维护本国海洋权益，组织和管理本国海上活动，促进海洋经济与海洋生态环境协调发展，促进国际合作，因而是沿海国家建设海洋强国的根本途径。例如，《美国总统关于海洋政策委员会的行政命令》（2004年12月）规定了美国国家海洋政策的2项基本使命："（a）以综合而有效的方式，协调政府各部和部门有关涉海事务，维护美国现代人和后代的环境、经济和安全利益；（b）酌情促进、协调和协商联邦、州、部族和地方政府、私营部门、外国政府和国际组织之间的相关涉海事务。"美国制定海洋政策的根本目的是："改变软弱无力的海洋管理体制和科技支撑体系，加强从联邦政府到各州直至地方各级、各产业和利益集团的一致性协调，为海洋经济的发展创造一个清洁、安全和可持续的良性海洋环境"。《澳大利亚海洋政策》制定并实施的目的是："协调澳大利亚的海洋活动，建立高效而成效显著的海洋管理制度。"

统一的海洋区域政策对于协调涉海各方关系，维护区域的海洋整体利益发挥着不可替代的作用。但是，由于海洋自身的特点以及海洋实践活动的特殊性，又要求海洋区域政策的制定必须符合区域海洋发展的客观规律，体现出海洋区域应有的特色。为此，在制定海洋区域政策时，首先要从生态的视角，针对海洋的流动性、整体性等自然特征和海洋开发利用的多行业性、关联性等社会特征，确立统筹兼顾、综合平衡的观念，要对海洋生态系统所具有的各种功能进行优势分析，统筹规划，最终作出最优选择或者作出对海洋环境、海洋资源冲击最小的选择；其次，海洋区域政策作用的对象复杂多变，其需求的内容、形式存在着诸多不同，这就要求海洋区域政策在供给方式、手段安排上要形式多样，使各管理主体有选择的余地。海洋政策的适时性、多样性是海洋管理制度有效性的保障；最后，海洋区域政策的统一是多样性的统一。统一的海洋区域政策是统领区域内各类海洋开发利用和权益维护的行为准则和指导思想，包括区域内诸多涉海行业和部门的政策，主要有：区域海洋资源政策、区域海洋环境政策、区域海洋渔业政策、区域海洋油气开发政策、区域海洋运输政策、区域海洋工程建设政策、区域海洋旅游政策、区域海洋科研政策以及其他一些规范引导海洋实践活动的政策。各类具体的海洋区域政策作为统一的海洋区域政策分支系统，在与统一的海洋区域政策保持一致性的同时，又以其特殊性在本行业中发挥着重要的指导作用。强调海洋区域政策的统一性不是为了取消多样性，而恰恰是为了使整个海洋区域政策系统中的各子系统充分发挥作用，从而保证整个海洋区域政策体系整体功能的最有效发挥。因此，统一性和多样性共存于海洋区域政策这个统一体中。

2. 制定并完善海洋区域立法及配套制度

海洋区域立法是区域海洋管理的保障措施，它通过规定可操作的区域海洋管理目标和标准来规范各涉海主体的活动，并建立机制确保区域政策在各管辖区内的实现。从我国渤海综合整治中可以看出区域立法的重要性。渤海环境综合整治中缺少统一的政策法律体系，是渤海环境管理力量分散、关系难以理顺的重要原因。尽管相关的渤海环境整治规划、计划都强调要建立和完善区域性海洋环境保护法规体系，但从目前的情况看，这一工作进展情况并不尽如人意。我国1982年制定了《海洋环境保护法》，1999年修订后从2000年4月1日起正式施行，但相关的配套法规并没有随之修订完善。《海洋环境保护法》实施6年以来，没有一部相关的实施细则及法规出台，一些重要的海洋环境标准仍是空白。可以说，渤海碧海行动计划的执行，目前还不能真正做到"有法可依"。在这种情况下，进一步加强渤海立法，不断完善海洋环境法律体系，使各种法规、标准配套，严密、具体，切实可行，就成为我们面临的一项重要任务。近些年，一直有专家呼吁要解决渤海环境整治中的问题，必须有针对性地制定渤海区域性环境保护特别法。只有在法律规范的框架下，才能建立协调、统一的渤海综合管理机制和联合执法机制，制定区域海陆一体化综合开发规划和环境保护计划，以法律的形式规范渤海地区的环保行为，保护和修复渤海的海洋环境和生态。"渤海是一个跨行政区域的、具有独特社会经济和自然地理特征的区域性海洋单元。渤海生态环境的整治与修复工作应遵从国家关于海洋环境政策、法律法规的一般原则和规范要求。同时，考虑到渤海的特殊性，应该制定并实施《渤海管理法》，使渤海的开发、管理、保护和修复等各种活动能有针对性较强的法律基础和依据。"① 尽管从目前看，渤海立法有一定的难度，但从长远发展看，渤海立法对于解决渤海环境问题必然能够起到积极的促进作用。

在这方面，日本濑户内海治理的成功经验可以给我们提供有效的启示。日本政府为了保护濑户内海的海洋环境，除已经制定的国家法律以外，还根据濑户内海的实际情况，专门制定了区域性的法律。《濑户内海环境保护临时措施法》是由环濑户内海各府、县、市推选出来的国会议员起草的，然后直接递交国会审议。该法于 1973 年 10 月 2 日制定，并由国会第 110 号法律通过。原定有效期 3 年，后又延期 2 年。该法实施 5 年后，发现该法对恢复该海域的良好环境起到很大的作用。尽管 5 年期满，但是濑户内海的环保问题尚未完全解决。要彻底解决一个海区的环境保护问题，往往需要几代人的持续努力，稍有疏忽就可能导致前功尽弃。因此，日本国会通过决议将《濑户内海环境保护临时措施法》改为永久性的法律，更名为《濑户内海环境保护特别措施法》。该法的条文具体，责任明确，规定中央到地方、政府到民间都必须依法行事。这部法律的制定对日本成功治理濑户内海起到非常重要的作用。

3. 制定并实施区域海洋计划以实现对海洋区域的综合管理

区域海洋管理的目的是坚持在保护中开发，要在保护生态环境的同时，实现经济效益、社会效益和环境效益相统一，科学规划区域可持续发展的蓝

---

① 《渤海环境宣言》。

图。从国际上看，当前海洋区域政策实施的一个重要内容是区域海洋计划。区域海洋管理是从区域海洋计划发展而来的，区域海洋计划发起于1974年，其宗旨是通过一系列的区域性行动计划，辅之以法律手段和技术支持，试图解决普遍存在的海洋环境问题。例如，生态系统和生物多样性的退化和萎缩、海洋生物资源的过度开发、陆源污染、海运和海底污染、海岸带开发、小岛屿的脆弱性和海洋哺乳类的保护等区域海洋计划。区域海洋计划原来的重点集中于两方面：海洋污染控制和协调平衡区域与国家海洋环境政策。不过，随着时间的延续，行动计划的范围已扩展到许多交叉领域，以便进一步协调解决环境和发展的问题。

我国尽管没有明确提出制定海洋区域计划，但在实践中已进行了尝试，并取得了积极的成效。其中以渤海综合整治最为突出。作为主管国家海洋管理工作的国家海洋局，根据有关法律法规，从渤海面临的严峻形势和存在的问题出发，编写了《渤海综合整治规划》。该规划的核心思想和重点在于综合考虑渤海的资源、环境、生态等问题，通过管理、控制、预防、治理和基础能力建设，恢复渤海可持续利用能力；从渤海客观现实和国民经济与社会发展需求出发，依据海洋整治的基本规律和特点，并与陆域和流域污染治理规划相衔接，形成比较完整的综合整治规划。尽管渤海环境综合整治中强调政府的核心主体作用及政府间协调机制的建立，但在《渤海综合整治规划》等行动方案中，仍然可以看到对公众参与、对多方共治形式的肯定。而且从渤海环境管理实践看，已经有政府、企业、公众三方合作从事海洋环境保护的项目开展。2001年，联合国开发规划署、全球环境基金组织和国际海事组织共同建立了东亚海环境保护及管理的伙伴关系——渤海示范区项目，目的在于通过建立政府间及部门间的伙伴关系，共同保护和管理跨区域面临的沿海及海洋环境问题。项目启动不久，国家海洋局、环渤海三省一市政府共同签署了《渤海环境保护宣言》，提出国家与地方政府、各地方政府之间应建立伙伴关系。如果说在渤海环境综合整治行动之初主要还是强调政府间合作伙伴关系的建立，那么，随着渤海环境综合整治的深入，仅有政府间的合作显然已无法承担并解决越来越多的渤海环境及相关问题。基于渤海环境治理的现实需要及国内外先进管理理念和管理工具的影响，我国海洋环境管理部门也开始认识到在不同的利益相关者之间（包括政府、企业、公众）建立新型伙伴关系的意义。国家海洋局在其所承担的《渤海环境管理战略计划》项目中，首先在方法论上进行了变革，指出："在方法上，采用了生态系统管理方法，强调多层次、多部门的综合方法，强调政府间、管理部门间和其他利益相关者的合作伙伴关系，建立系统的、综合的、全新的环境管理工作模式。"① 为此，确定的基本支持要素之一就是伙伴关系，认为"渤海战略必须由所有的利益相关者，包括国家、省、市、县区政府及相关管理部门、企业、科研团体、社区居民以及国际组织和援助机构，彼此间合作，才能保障其实施效果"。"渤海战略有效实施要求相关政策的连续和长期有效，要求利益相关者的长期承诺、自我调节、协调一致，并积极参与行动计划的执行。因此，促进区域利益相关者管理海洋/海岸带环境的自我更新能力建设是渤海战略的重点之一。""渤海战略的有效实施需要多个利益相关者共同努力协作，产生有利于设想目标实现的协同效应。"②

（二）区域海洋管理协调机制构建的组织机构保障

协调机制的运行首先要依靠具有协调功能的机构，机构的设置是机制有效发挥作用的前提和基础。在治理网络中，政府作为规则的制定者，有责任和义务为协调运作提供组织环境。在我国这样一个公民社会极不发达的环境中也只能采取政府主导的方式建立相应的协调组织。

1. 区域海洋管理协调机制的组织机构形式

由于不同的海洋区域具有不同的社会环境和自然环境，面临的共同区域问题也不尽相同，因此并没有现成的固定不变的公式或套路来进行组织建设，其协调组织建设和变迁的过程必然根据现实需要而不断调整和改进。国际上，政府主导的协调机构建设的普遍做法有两种：其一，由一个统一的部门来管理；其二，由一个多部门组成的机构来管理。在我国海洋区域内建设海洋合作协调机制的组织机构，需要从两个方面入手，一方面要加强海洋管理系统内部的协调机构建设；另一方面是由政府牵头建立多主体协调的合作机构。

---

① 王曙光等：《海洋开发战略研究》，海洋出版社，2004，第269页。
② 王曙光等：《海洋开发战略研究》，海洋出版社，2004，第269页。

（1）单一海洋管理机构建设。主要是提升海洋综合管理部门的管理层次，增强其管理的权威性。

海洋管理系统内部，要在现有的机构基础上进行适当调整，以加强区域内海洋综合管理机构的综合协调职能。目前，我国海洋管理实行的是统一管理与部门管理相结合的分散管理方式，海洋管理工作由多部门承担。国家海洋局代表国家对全国海域实施管理，下设三个海洋管理分局和海监总队，沿海省、市、县设立了地方海洋管理机构，基本形成了中央与地方相结合、自上而下的海洋管理体系。国家海洋局是代表国家综合管理海洋事务的职能部门，是国务院特设的海洋管理专门职能机构，其主要职责是监督管理海域使用和海洋环境保护、依法维护海洋权益和组织海洋科技研究等。但由于国家海洋管理部门行政级别偏低，又没有海洋综合性的基本法律制度支撑，其协调管理的职能行使无法开展。这种现状造成了区域海洋管理的许多问题，需要通过提升海洋综合管理的管理层次来解决。

提高海洋管理机构的行政级别，建立区域海洋管理的综合管理机构。我国实行的是中央集权的行政管理体系，在行政管理体系内部，下级必须执行上级的行政决定和行政命令，行政级别决定了行政权威。目前，主管全国海洋事务的国家海洋局隶属于国土资源部，在行政级别上，国家海洋局属于部属局。进行海洋综合管理的国家海洋局，其行政级别甚至低于某些海洋行业开发和管理部门。这种行政级别上的现状，使海洋局在综合协调中缺少行政权威，海洋综合管理无法获得足够的地位认同，从而降低了海洋管理之间的沟通协调效果。另外，由于国家海洋管理部门行政级别偏低，又没有海洋综合性的基本法律制度支撑，其综合行政执法的能力大大降低。要从国家海洋局的改造开始，提升海洋综合管理部门的级别，把国家海洋局从现在隶属于国土资源部的一个局，提升为隶属于国务院的一个部，在各个海洋区域内设立其垂直领导的局。另外，要建立统一的海上执法队伍，使海洋综合管理部门能履行好国家赋予的海域协调管理职责，可以避免由于多头管理、各自为政而引起的行业管理部门之间的矛盾。在海洋区域内，明确划分中央与地方行政管理机构、各地方行政管理机构的职责权限，在此基础上加强各海洋局的综合协调职能，有效协调海洋管理系统内部的各种关系，保证海洋管理系统的协调性和管理的有效性，避免因职责权限不清、协调不利所造成的管理失效。

（2）建立政府主导的多主体合作机构。本书主要探索委员会式的组织协调模式。

区域海洋管理所产生的问题，很大程度上是来自于横向信息的不对称，各涉海行业和部门各自掌握着对自己有利的信息，追求自己利益的最大化，从而造成了利益的不协调乃至利益冲突。海洋区域的复杂性，要求建立有效的协调组织应对各种不确定的区域问题，而委员会式的协调组织为海洋区域协调组织的建设提供了一种有效的组织模式。

委员会在区域内地方政府的横向管理与上级部门的纵向管理的基础上，通过对纵向管理与横向管理人员及职能的重组，形成一个具有一定法定职能、能够实现区域内各方信息充分、利益均衡的新的组织架构和管理模式，它在客观上为区域不同利益主体间实现利益均衡创造了一个讨价还价的空间，并使达成的协议在法律的规范下执行性大大增强。委员会是探索区域组织管理的重要模式之一，这种模式对于我国海洋区域协调组织的建设具有很强的借鉴意义。

首先，委员会式的协调组织形式是海洋区域内地方政府对纵向管理和横向管理人员及职能的重组过程，其目的在于能够实现海洋区域中各管理主体的信息充分共享，以达到整个海洋区域内的利益协调和均衡。它通过海洋区域内地方政府与上级政府共同组建相应的组织，并赋予必要的职权来对整个海洋区域的某一项或多项事务进行管理，协调和处理跨行政区域的事务，如海洋环境污染、海洋资源有序利用等。

其次，委员会式的协调组织是一种制度变迁成本较低的组织形式。从制度变迁的方式来看，委员会式协调组织的形成是诱致性制度变迁与强制性变迁的结合。委员会式协调组织模式的建设既有上级海洋主管部门的参与，也有地方政府通过参与制定海洋管理的相关法律法规等方式的参与，它为中央和地方实现自身的利益最大化创造了条件，减少了制度变迁的阻力。

海洋区域协调委员会是海洋区域协调机制建设的重点和难点。《联合国21世纪议程》中提出："每个沿海国家都应考虑建立，或在必要时加强适当的协调机制（例如，高级别规划机构），在地方一级和国家一级上从事沿海和海洋区域及其资源的综合管理及可持续发展。这种机制应在适当情况下包括与学术部门和私人部门、非政府组织、当地社区、资源用户团体和土著人民参加。"建立具有地域管辖权力的地区性海洋管理委员会，其管辖地理范围尽可能与大海洋生态系统的范围相一致。委员会的建设可以借鉴国际上的相关经验，如美国的北美五大湖委员会、大西洋诸州海洋渔业管理理事会等区域协调机构的建设经验。为了避免权力集中、利益冲突及观念狭隘等问题出现，区域综合协调机构的组建必须由多方参与，包括国家海洋主管部门、地方政府、相关企业、科研单位、民间组织、普通民众等利益相关者。1992年，美国政府创立了以保护、维护和恢复海岸带生态系统为目的的"海岸带美国"，参与其中的有农业部、空军、陆军、商业部、国防部、能源部、住房和城市发展部、内务部、海军、国务院、交通部、环保署和总统执行办公室（环境质量委员会）。"海岸带美国"由各参与部门的副部长组成领导小组，各参与机构的高级管理人员组成国家执行小组，至今已完成了600多个保护、维护和恢复海岸资源的项目。

根据我国的实际，我国的委员会模式应包括如下内容。

委员会组成：参照相关经验，依照我国海洋管理的实践，我国的海洋区域协调合作委员会（以下简称委员会）应由国家海洋局所在区域内的海洋局牵头，其他成员包括：地方海洋管理机构的代表、涉海行业部门的代表、海洋科研人员、海洋涉海企业代表和公众代表等。海洋区域大小不同，委员会的大小也不同。例如，跨越各省、面积较大的海洋区域，其委员会组成则复杂一些，相反，面积比较小的海洋区域，则需要相对简单的委员会组织，委员会组成如下：决策分委会、管理分委会、监督分委会、冲突仲裁分委会、科技咨询分委会、公民咨询分委会、财政计划分委会等。

委员会的职责：委员会的主要职责包括协调各主体间的关系，达成一致的海洋开发和利用意见，制定一致的海洋区域规划和行动计划；研究和制定有关区域利益问题的政策；促成委员会成员间及与其他海洋区域委员会之间的信息共享。

委员会的运行原则：委员会共同遵守的原则影响到工作的各个方面，这些原则应包括：海洋区域可持续发展原则，各成员意见一致、共同行动原则，与全国的海洋政策相一致原则，海洋生态系统完整性原则。

在遵守这些原则的前提下，委员会在运行过程中需要注意的问题有：委员会的政策制定必须是一个公开、协调的过程，该过程要保证与该海洋区域有利益关系的上到政府、下到居民团体的意见能够得到充分吸收；区域海洋规划要全面综合地认识和处置海洋区域资源；要遵循可持续发展原则并协调环境保护、资源管理和经济发展；海洋区域政策的内容必须足够详细，不应仅仅是指导原则，而应包括具体的可操作的评估标准和执行过程，形成富有意义的"蓝图"；委员会应该积极大胆地进行改革，提高当前海洋管理的效率和效力。

2. 海洋区域协调组织模式

根据我国各地的区域环境条件、发展需求、存在问题和管辖权的特点，本书拟将海洋区域协调组织模式分为两大类：中央政府主导的协调组织模式和地方政府主导的协调组织模式，前者适用于跨省的区域，相当于大海洋生态系，后者适用于海洋污染和多种利用问题突出的省内跨界问题区域。

（1）中央政府主导的协调组织模式。

根据我国各海区的自然特点和管理需求，我国的领海可以分为若干个管理区域，这些大的海洋区域跨越省级行政区域，适于采取中央政府主导的协调组织模式。例如：渤海区域由国家海洋局（北海分局）领导，辽宁省、山东省、河北省、天津市四个省市参加；黄海北部区域，由国家海洋局（北海分局）领导，辽宁省、山东省两个省份参加；东海区域，由国家海洋局（东海分局）领导，浙江省、上海市、福建省三个省市参加。

中央政府主导的协调组织，可以分为如图 3-3 所示的三个层次。

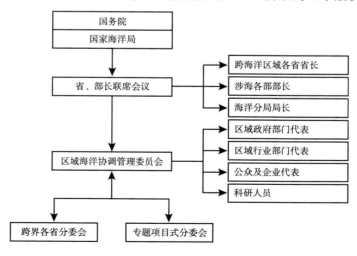

图 3-3　中央政府主导的协调组织模式

第一层协调组织机构——国务院下属的国家海洋局。如上文所述，要提高海洋综合管理部门——国家海洋局的行政地位，使其直接隶属于国务院，作为核心的协调组织，拥有权威的协调领导权，其职责主要是对全国的各海洋区域建设和可持续发展作出协调性规划建议，为各海洋区域内各种利用冲突的协调和解决提供一定的权威依据。国家海洋局拥有绝对的行政权威，在协调管理中的主要任务是把握总体发展方向，为各海域的协调建设提供设计蓝图。

第二层协调组织机构——省、部长联席会议。具有跨界职能的"省、部长联席会议"，是实质性的协调决策机构，该机构的委员会主任由国家海洋局从部委中委派，副主任由跨界省级政府的主要领导担任，涉海各省、各部以及各个分局的其他领导代表担任委员，定期召开会议。该机构的主要职责是根据国家海洋局的授权，协商海洋区域内各种跨界性质的重大问题的解决方案，并作出最终的协调决策，如区域性海洋污染问题、区域性海洋资源利用问题、区域性海洋重复建设问题、区域性海上交通问题等等。该机构必须掌握具体的、可操作的手段以保证该权力机构的权威性，否则这个组织将沦为"傀儡机构"，办不了实实在在的事情，起不到应有的作用。同时需要强调的是，该协调机构的设立和发展，应采取对各省成员积极倡导的措施，应该尊重自愿原则，绝不能利用行政命令强迫要求所有成员同时马上参加。因为，该协调机构的定位是既要有利于整个海洋区域的发展也要有利于各省区发展的协调组织，协商合作是其发挥作用的根本途径，它的成立和运作都要始终贯穿这一原则，要充分考虑各省各部门的实际情况和利益，这样更有利于该协调组织的建立、发展和运作。

第三层协调组织——区域海洋协调管理委员会及其分委会。该机构为区域性服务机构，由各界代表组成，包括跨政府部门代表、行业部门代表、科研人员、公众及企业代表，它为区域内各个涉海主体提供利益表达和协商的平台。从这一点上来说，该组织是重要的信息收集和意见表达的渠道，在上级及协调组织间起重要的桥梁纽带作用。该机构的主要职能是负责区域内的日常协调工作，在上级协调组织的决策框架下，对具体实施事宜进行协商和协调，达成共同行动细则，通过各种具体的运行机制进行具体的管理活动，关于这些具体的运行机制将在下文进行具体介绍。该机构下设各种分委会，如各省的分委会和专题项目式分委会，主要负责各种协调工作的实施，如专题项目式分委会主要是具体针对区域内的某一个公共问题进行协调的基层协调组织，具有较强的变动性和流动性，往往依据某一具体需要协调解决的公共问题而建立，当问题解决时就解散，具有高效和避免机构臃肿的优点。

（2）地方政府主导的协调组织模式。

根据新制度经济学的解释，交易双方如果试图通过第三方的介入来协调彼此的关系，必然会增加交易成本。因此，我们认为，在协调非跨省的海洋区域中的各方关系时，就应该充分发挥省政府作为上层协调组织的功能，尽量避免再加入新的权力组织机构，目的是尽量减少交易成本，低成本最大化地实现海洋区域的协调发展。

在政府主导的协调组织模式中，只有两层协调组织（见图3－4），这就使得减少交易成本和管理成本成为可能。

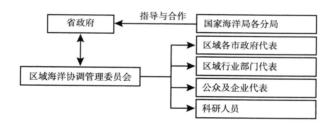

图 3－4 地方政府主导的协调组织模式

第一层协调组织——省政府及国家海洋分局。省政府作为核心权力机构在海洋区域协调中发挥重要的指导作用，负责在国家海洋局的政策指导下确定省内海洋区域的发展规划，确定本区域发展的具体方向，为海洋区域内各种涉海关系的协调提供依据。另外，省级海洋管理部门要配合相关海洋管理分局的工作，在区域海洋管理上要接受海洋管理分局的指导，两者相互协作，密切配合，共同构成海洋区域内的上层协调组织。

第二层协调组织是省政府下设的区域海洋协调管理委员会。委员会的主任由省政府主要领导担任，副主任由各市、各涉海部门的主要领导担任，同时吸收各海洋行业、科研人员、公众及企业代表参加，共同协调解决区域内的用海冲突和矛盾。该委员会不但是具体的服务性部门，而且也要定期召开联席会议，主要由主任和副主任以及重要的委员参加，在收集信息和各利益主体需求的基础上协调解决存在的问题，作出协商决策。与中央政府主导模式下的委员会相比，该委员会的协调工作更加具体，问题更加集中。各个海洋区域由其不同的自然条件和管理需求，因此可以针对区域内长期存在的公共问题成立固定的专门协调委员会，如针对污染情况突出的区域成立海洋环境协调管理委员会，及时协调在该领域出现的问题。

3. 区域海洋管理协调机制的运行规则

在完成了组织的设置和职能分配以后，协调机制就具备了运行的平台，在这一平台下要实现各主体的有效协调，形成协调一致的行动，还需要有一定的运行规则。

区域海洋管理协调机制运行中的决策。针对某一海洋区域问题在各主体间开展协调合作，必然涉及决策。正如西蒙所主张的，任何管理都是决策，因此，协调机制的建设必然包括相应的决策系统的构建。由于决策主体的多元化和主体间的相对平等化，必然要求改变传统的政府作为单一主体的决策模式，建立科学民主的决策体系。

（1）要改变传统的决策范围，打破原有的行政边界，在海洋区域生态系统边界内进行决策。

现行的按照行政边界划定海域管辖边界的做法使得影响生态系统组成部分的许多复杂问题难以解决。海洋区域的经济发展和自然资源管理可能有若干个地方政府管辖，由若干个中央机构监督，还涉及众多的企业和公民团体的参与和监督，因此，决策的主体范围已经大大超出了行政边界的范围，要求建立以区域生态系统为基础的协调决策体系。在海洋区域生态系统范围内的决策活动，可以在具体区域内实行协调，避免了重复劳动，使有限的海洋资源得到最大程度的利用，同时也可以为按照不同的法规实施海洋管理的管理机构提供机会解决冲突。同时，它能够实现企业和公众的有效参与，使不同行政地区的政府、企业和公众的意见和建议都在决策过程中得到充分表达，有效协调利益的冲突。

（2）要改进决策程序和手段，提高决策的科学性。

在海洋区域生态系统内的多主体决策，为政府管理部门增加了新的责任，需要收集信息和改进认识。海洋依然是地球上人们探索最少、了解最少的领域，知识的缺乏给协调决策带来了巨大的困难，一个协调充分的科学决策是以充分掌握知识和信息为基础的，因此，在海洋区域内的多主体协调决策过程中，作为主要的管理者和决策者的政府应当掌握更多的知识，并创造机会让各主体也增加知识储备，这才能为作出科学的协调决策提供基础。现有的研究和监测项目计划普遍以部门和问题为中心，应该调整方向，转变为以海洋区域生态系统为基础的研究和检测。这有助于获得更多的海洋区域生态系统信息，有助于在信息充分的基础上作出科学的协调决策，从而解决海洋区域内共同面临的问题。除了要增加知识外，目前还缺乏把科学信息纳入决策过程的有效机制。知识的积累必须通过适应性过程及时纳入决策过程，因此，要保持区域内交流信息和重点问题的渠道畅通。另外，要获得充足的信息，需要在海洋科学、工程、探索、观测、基础设施和数据管理方面增加投资，这有助于提高协调的科学性和有效性。

（3）要改变政府的决策思维，由功利决策转变为全面决策。

要保证协调决策的有效性，政府就要高度重视运用正确的决策思维方式，即使建立了多元化的决策主体结构，也并不意味着决策就必然是科学有效的。政府决策的思维方式正确，就从起点上决定了最终决策的正确方向和科学性，由政策所协调的主体间关系更为和谐，反之，一开始就注定了决策最终失误或者无效的命运。就现实的区域海洋管理中的决策而言，构建政府协调决策的科学机制，还要致力于实现由功利主义决策思维转变为全面决策思维。

在很长的一段时间里，我国的海洋管理都停留在各自为政的状态，各地方政府和各涉海行业部门在决策过程中，都把实现自己部门利益的最大化作为决策的目标，而忽视了海洋的可持续开发和利用。这种错误的决策方式是许多错误决策的根源，在实践中造成了对海洋环境的污染，对海洋资源的无序、过度利用，对海洋生物多样性的破坏等，严重影响海洋生态系统的健康，同时，还加剧了用海主体间的矛盾冲突，形成了恶性循环。因此要实现科学的协调决策必须从根本上改变决策者的决策思维，改变功利主义思想，改变以部门利益为最高目标的片面决策思维，建立立足海洋区域整个生态系统的全面的决策思维，这样才能从根本上保证决策的科学性，为各部门利益的协调提供根本基础和保证，从而解决矛盾冲突，从整体上保证海洋区域的健康可持续发展。为了实现这一点，政府部门要开展广泛的宣传教育，提高人们的科学用海意识，加强各部门的全局观念，为决策的执行创造良好的环境。

4. 区域海洋管理协调机制运行中的主体间协商

区域海洋管理的协商主要通过建立某种形式的协商机构来实现，即联合主要涉海管理的不同部门、相关组织，建立一个跨部门的组织机构。该机构可定期不定期地为解决某个问题而进行信息沟通、意见交流。协商机制主要是为涉海各方提供一个相互沟通交流的平台，使之能够有机会表达自己一方的意见和建议。通过建立这样一种协商机制，在对话、谈判中化解冲突，逐步取得共识，达成协议，最终求得利益分享，实现"双赢"的目的。与区域海洋管理体制中政府行政管理运作机制不同，区域海洋管理协调机制的参与者，除了各级政府及政府内的各有关部门之外，还包括区域海洋管理的研究者、涉海企业和民众团体等。由这些各方利益代表所组成的协调机构，其运作模式不尽相同，既可以通过正式的沟通渠道以官方名义来组织实行，也可以通过非正式沟通渠道以一种松散的非官方行为形式运作。从世界各国的区域海洋管理实践看，目前区域海洋管理协调机制主要有三种模式：承担一定行政职能的海洋管理委员会形式，负责拟订法规、政策、规划，协调重大开发利用活动、执法检查活动等；由政府的综合部门牵头的规划协调委员会，负责协调海洋、环保、交通、渔业、土地、城市建设等部门的规划，统筹规划海洋环保的开发和保护工作；定期或不定期召开的各种层次的联席会议，联席会议可以交流信息，协调解决一些具体工作中的矛盾，还可以研究发现重大问题，呈报政府或立法机关通过行政和法律程序解决。对于不同形式的区域海洋管理协调机制，应根据我国的区域海洋管理特点，有针对性地引进和借鉴。

5. 区域海洋管理协调机制运行中的利益协调

在区域海洋管理中利益关系是最根本、最实质的关系，利益协调机制必须本着差别原则和互惠性原则，才能达到利益兼容。在利益关系调节中涉海权益分配问题是海洋区域协调发展的核心问题，也是用海冲突和地方保护主义的根源所在。利益协调既可以成为海洋区域发展的动力，也可能成为海洋区域发展的阻力，而其中最关键的问题是互惠互利的利益调节机制能否建立并得以健全。目前海洋区域中的种种问题都与以行政区域为边界的利益格局有着直接的关系，因此，为了保证海洋区域一体化的整合和发展，必须从统计、税收、金融等各个方面着手建立利益协调机制。并通过建立利益协调机制，对部分涉海主体的利益损失给予补偿，使这些主体能够同样享受到区域整合后增加的利益，从而减少海洋区域一体化发展中可能遇到的阻力。因而，需要着重解决两个方面的问题：一是通过事前协调的利益分享，实现海洋区域内统一的公平的竞争环境、同等的发展机会和分享海洋权益；二是通过事后协调的利益补偿，实现对分工与合作的受损方或长期落后地区，给予资金、技术、人才和政策上的支持和补偿。

6. 区域海洋管理协调机制运行中社会冲突的解决

社会冲突的协调机制是指依靠社会成员、社会组织，通过他们之间的相互协调，在不借助或者尽量少地借助公共权力的情况下解决社会冲突。社会冲突解决机制的理论基础是治理理论，治理理论的核心观点是主张通过合作、协商、伙伴关系，确定共同的目标，实现对公共事务的管理。治理理论认识到了社会理性的存在，认为依靠社会自身的力量能够有效地解决好社会问题，满足人们对公共物品的需求。在公民意识日益提高的社会背景下，这一点对于区域海洋管理也越来越具有借鉴意义。区域内的涉海主体比较繁杂，仅仅依靠政府的正式制度安排难以满足各个主体的多样化需求，因此，引入社会冲突解决机制作为正式制度的有益补充，采取公开协商、民主谈判、公民参与的方法，立足于上述社会主导组织，广泛协调各方利益，促进各个主体涉海权益冲突的解决，实现合作共赢。

（三）　区域海洋管理协调机制运行的保障制度

有了组织机构和运行规则，要保障各主体活动的规范性，还要加快进行制度化建设。首先，针对总体的海洋立法不足，要促进制定统一的海洋综合管理法，为海洋管理活动提供法律保障和行动纲领；其次，要健全各项具体制度，保障协调活动的规范性和有效性。在此本书着重介绍与协调机制运行有关的几项具体制度：会议协调制度、临时组织协调机构设立制度、信息协调制度和协调检查制度。

1. 会议协调制度

会议协调已经成为海洋管理中经常使用的协调手段，为了保证其规范运行，避免效率低下，应合理规定会议召开的条件、时限，会议讨论内容、范围等等，明确规定与会代表的比例，尤其是保证公众、科研人员、企业代表的比例，压缩不必要的会议，尽量缩短会议时间，减少会议消耗的人力物力，制定会议决策章程，提高会议效率。

2. 临时组织协调机构设立制度

临时组织协调机构，容易出现设立容易撤销难，使很多临时机构固定化，造成机构臃肿。因此，也需对此协调方式加以制度化，明确规定设立临时协调机构所需的条件、设立的形式、机构的职责和权限、机构的解除条件和人员去向，既保证机构的有效运作，又避免产生不良后果，使其能够善始善终地完成协调职责。

3. 信息协调制度

海洋管理所涉及的部门往往具有较强的技术性和专业性，各部门都有各自的知识优势，并容易在实践中形成一定的知识保护壁垒，不同的部门间很难完全沟通和了解，这就为协调部门职能设置了困难。因此，应该建立海洋信息协调制度，规定各涉海部门、行业、企业所应公开的信息，以及涉及具体海洋管理事务时，各部门应提供的协助信息，以便于协调机构的协调工作更加科学合理，避免协调结果的不公，出现协调中的新矛盾。

4. 协调检查制度

为了保证协调的有效性，应该设立相应的协调检查制度，定期检查各个协调部门一段时间内的主要协调事项，总结协调的效果，对存在的问题进行分析，形成协调考核办法，制定考核条例和细则，使协调工作不致流于形式。

总之，区域海洋管理协调机制的构建是一个系统工程，需要从理念到制度的全方位设计。区域海洋管理的实践表明了协调机制构建的紧迫性，也将推动区域海洋管理理论的发展和完善。

四　美国区域海洋管理及对我国的启示

近些年来，随着管理理论的不断丰富以及管理实践的经验积累，各国区域海洋管理的框架模式越来越丰富多样，呈现出丰富的新特点，通过联合国及主要海洋国家的努力，区域海洋管理取得了积极成果，其中美国的成就尤其引人瞩目①。梳理和把握美国区域海洋管理实践活动及其特点，可以为我国的区域海洋管理提供有价值的借鉴。

（一）美国区域海洋管理的实践

美国拥有 22680 公里以上的海岸线和长约 17500 公里的湖岸线。领海海域面积 880.6 万平方公里。美国全国共有 39 个州属沿海州，沿海地区面积占全国面积的 10%。1983 年美国建立了 200 海里专属经济区，其资源蕴藏量比陆地资源还要多 70%，不仅美国东西海岸 200 海里范围内属于其专属经济区，墨西哥湾大部分、阿拉斯加州周围一大片海域、太平洋内中途岛到夏威夷直到马里亚纳岛共计 8 个岛屿范围均属美国管辖。因此，海洋已成为对美国国家安全、经济发展和社会兴旺极为重要的组成部分。美国历届政府都相当重视海洋业的发展，将海洋作为繁荣国家经济、促进国家强盛的重要领域。随着近些年美国海洋综合管理特别是区域海洋管理的发展，美国若干区域在海洋问题的区域合作方面已经做出重大努力并取得了显著的成效，特别是在东北沿海，墨西哥湾地区和太平洋岛屿区域。下面将就美国政府对这 3 大海洋区域的管理作具体的介绍。

1. 东北沿海区

美国东北部海域传统上拥有丰富的渔业资源，同时在海洋油气开发方面具有重大的潜力，历史上渔业和海洋石油存在重大冲突，现在关于海洋石油开发问题已经签署了备忘录。该区域的重大问题是渔业资源衰退，给依赖渔业资源谋生的沿海居民造成了重大的影响。滨海旅游业和娱乐业是该区域发展的重大因素。该区域的主要问题包括：恢复鱼类生活环境和资源，海洋哺乳类（如鲸类）的保护和海上运输之间的冲突；浪费性的土地开发计划（包括危险地区的选建计划）；港口疏浚引起的沉积物污染；划定倾废区的困难，现有倾废区基本关闭；面源污染和低

---

① 周鲁闽：《区域海洋管理框架模式研究》，厦门大学博士学位论文，2006。

于关键群体水平的生物沿海重要生态环境的变化。在这个区域，政府官员也正考虑专属经济区的新型利用和发展，如深水水产养殖（有多个实验场在开展）和风力发电。区域合作方面，1989 年，美国的缅因州、新罕布什尔州和马萨诸塞州，与加拿大的新斯科舍省和新不伦瑞克省，共同成立了海洋环境缅因湾委员会，其宗旨在于讨论共同关心的环境问题并采取行动，同时还包括缅因生态系统生态平衡的保护和恢复、海上固体垃圾和药物废物的问题、土地利用和海洋环境之间的关系、缅因湾资源的可持续利用以及加强保护、保全缅因湾自然资源的合作计划①。

如前所述，东北沿海区域明显代表着一个自然地理区域，是一个大海洋生态系的亚区。其中有些地方存在相似的文化因素，这在海洋文化取向上尤其明显。主要表现在区域问题上，包括污染、区域内重要的生态环境和整个区域的公众教育投入。该区域问题的性质显然属于自下而上的。本区域内的美国各州和加拿大各省在区域组织中处于领导地位，这个合作的利益方在州与省的层次上就完成了国家间的合作，而国家层次基本没有介入。一个新的区域机构（缅因湾委员会）成立运行并已经发挥了显著的作用。

2. 墨西哥湾

本区域拥有丰富的海洋油气资源（德克萨斯州和路易斯安那州的海洋油气开发量占全美海洋油气开发量的 90%）、丰富的渔业资源（尤其是虾类资源）以及丰富的滨海旅游娱乐资源。本区域为美国东南部区域，特别容易遭受暴风雨和洪水等海洋灾害的威胁。新科技的发展使得目前可以在前所未有的深度水域开采石油。新型海上浮动储油和加工设施显示了专属经济区的重要新型利用②。该区域各州也开展海上养殖，海上养殖有时也与海上油气设施存在关系。本区域的主要海岸带和海洋问题也包括面源污染。进入墨西哥湾的污染物主要来自于密西西比河。这个问题曾经导致路易斯安那州和德克萨斯州的大陆架海域出现一个缺氧区，

---

① 张灵杰：《美国海岸海洋管理的法律体系与实践》，《海洋地质动态》2002 年第 3 期。
② 石莉：《美国的新海洋管理体制》，《海洋信息》2006 年第 3 期。

在夏季最严重时，其面积几乎有新泽西州那么大，对海洋生物、生态系统的健康和墨西哥湾的渔业可持续发展造成了严重的威胁。路易斯安那三角洲陆地沉降日益严重，给新奥尔良及其邻近的人口和经济中心造成严重危机。从 20 世纪 30 年代起，该州大约流失了 100 万英亩的沿海土地，在其后的 40 年里，如果不采取措施，可能还要再流失 100 万英亩土地。湿地的流失则引起虾类、鱼类和其他在生物学和经济学上具有重要意义的物种栖息地的丧失。油气开采以及运河的建设已经破坏了咸淡水流量的自然平衡，导致海水入侵本区域的沿海湿地。加强港口安全措施已经与快速有效的船只和集装箱进出港口的商业需求造成冲突。这个冲突在休斯敦港尤为严重，该港是全国最大的外贸港口。区域合作方面，在墨西哥湾地区（佛罗里达州、亚拉巴马州、密西西比州、路易斯安那州和德克萨斯州），近年来的区域努力主要集中于环境保护署（EPA）的墨西哥湾计划，该计划由联邦政府领导，但州政府、地方政府和各种委员会的利益相关者也在很大程度上参与了该计划。区域基础方面，在自然地理上，墨西哥湾可以算是一个大海洋生态系，虽然它和大加勒比海区域之间存在明显的联系[1]。问题类型主要是共有的问题，如污染、淡水的流入、海上石油开发的影响。

可以看出，墨西哥湾计划的主要注意力显然不在于全海湾问题上，而在于亚区问题和近海问题上。最近一次的努力在于解决缺氧区问题，该行动显然反映出较大的区域愿景。解决方法：虽然它与州及地方的实体和利益集团较广泛参与有关，但主要是一次自上而下的行动，是联邦政府领导下的努力。本区域内各州的海岸带和区域海洋管理计划并没有集中于解决全海湾问题，这与缅因湾区域形成很大的反差。

3. 太平洋岛屿区域

由于岛屿与周围的海域有着密切的关系，对于美国海外太平洋岛屿领土（AFPI，指夏威夷群岛、关岛、美属萨摩亚群岛、马里亚纳群岛）来说，区域海洋管理至关重要。这些州和领土的经济和社会福利很大程度上依靠海洋和海岸带，特别是旅游业、海洋运输业和渔业。该区域拥有丰富的海洋生物

---

[1]　于保华：《美国利用地理信息系统促进区域海洋综合管理》，《海洋信息》2004 年第 4 期。

资源，其中一些是濒危物种，如海洋哺乳类和珊瑚。传统的岛屿文化极其重视以合适的方式综合管理海洋和海岸带并赋予其重大的价值，从岛屿的山顶一直管理到海洋。这样的综合管理方法在海岸带和海洋综合管理成为国际社会接受的观念之前就已经存在了。

在 AFPI 中，坚持州和领土对相邻的海域拥有完整的控制权已成为一个重要的主题。在这些州和领土中，夏威夷对区域海洋管理非常积极，制定了州海洋资源管理计划。美属萨摩亚群岛正在制定海洋计划①。

太平洋岛屿的海洋问题：游客和当地居民对海岸带和海洋资源使用的竞争、海洋污染对珊瑚礁和海洋生态环境的威胁以及海洋固体废物和船舶的点源污染等。区域合作：海洋事务的洲际地域合作是美国太平洋海外领土区域海洋管理的最大特点。1987～1989 年，这些州和领土开展了专属经济区资源管理研究，其中包括收集相关法律和与海洋、海岸带资源有关的法律规章。1987 年 7 月在夏威夷召开了专属经济区的研讨会，同时组织了一个政策顾问组访问了所有的海外太平洋岛屿领土；1988 年12 月，在夏威夷又召开了一个研讨会。上述努力的结果，促成了由海外太平洋岛屿领土的管理者，即美属萨摩亚群岛、北马里安纳共同体、关岛的总督和夏威夷州长参与，正式制定区域性海洋、海岸带综合管理和专属经济区管理计划（ROCEMP）。ROCEMP 的重点包括形成地区溢油管理能力、研究区域金枪鱼政策、确定海洋矿物蕴藏量、制定综合的海洋政策和海岸带资源管理规划，同时建立相关机制，解决海外领土与联邦政府争端②。

综上所述，太平洋岛屿区域的问题既是共有的区域问题（如区域石油溢出计划），也是区域的共同问题（如建立一种机制与联邦政府面对面地讨论区域海洋管理问题）。这些州共同关注的问题对于促进区域合作起到特别重要的催化作用。其所代表的并不是一个地理上离散的区域，强调的是文化和政治要素，从而形成了区域行动的重要基础。该区域已经形成一个区域机

---

① Virginia K. Tippie, James M. Colby. Improving Regional Governance in the United States: Learning from the Coastal America Experience. *Improving Regional Ocean Governance in the United States* (*2002*), pp. 150 – 155.

② 李文凯：《美国的国家海洋政策》，《全球科技经济瞭望》2005 年第 1 期。

构，即太平洋海盆发展委员会，该委员会已经在启动和维持区域海洋管理方面起到关键作用。

（二）　美国区域海洋管理的经验及对我国的启示

1. 高效的区域海洋管理必须抓住关键变量

所谓变量，即事物变化发展中的一些不确定因素。关键变量，则是主导事物性质变化发展的核心因素，在区域海洋管理中，关键变量即海洋管理者从众多的事务中解脱出来，只需关注核心事件的核心环节，也可以理解为执行任务成功与否的关键。因而，把握了关键变量，在管理中遇到的一些障碍便迎刃而解。《生物多样性公约》[①]缔约方大会界定的区域海洋管理执行障碍中，政治、社会障碍包括：缺乏对区域海洋管理的远景规划，缺乏有效执行有关沿海区域海洋管理法律的政治意愿，等等。与机构、技术和能力有关的障碍包括：区域海洋管理机构的权力不足，难以发挥作用；区域海洋管理的管理成分模糊不清；没有机制可允许或确保横向融合；存在利益冲突或重叠的不协调的众多机构。与经济、政策和财政资源有关的障碍包括：未认识到自然资源的价值和区域海洋管理可带来的收益；资金与需要不相称，导致供资水平不当。协作、合作障碍包括：没有允许或确保横向融合的机制，缺乏用以协调任务相似或重叠的机构或机制等。法律、司法障碍包括：对现有的有关区域海洋管理的法规缺乏综合分析，法律和规章用语模糊或相互矛盾，法律和规章的协调程度和预算拨款执行条款不足，未使用争端解决机制妥善解决问题等。美国区域海洋管理变革中的一系列措施具有很强的针对性，从根本上抓住了影响管理质量、管理实施体制、管理规则的联合行动和政策执行资源等关键变量，有助于从根本上改善区域海洋管理的实施条件，提高区域海洋管理的效率。

2. 科学的区域海洋管理必须采取综合配套措施

美国区域海洋管理中树立新的海洋管理观、确立新的海洋管理模式、采

[①]　《生物多样性公约》缔约方大会第八届会议文件，《加强执行综合海洋和沿海地区管理——执行秘书的说明》。

取新的战略途径等一系列措施环环相扣。从美国海洋管理的指导理念看，整体的海洋观体现了海洋公共事务的本质属性，同时也体现了人类在管理海洋的实践中获得的经验教训①。从《21世纪议程》到《联合国海洋法公约》都对科学的整体海洋观进行了不遗余力的倡导，更为重要的是，这一理念也成为世界各主要沿海国进行区域海洋管理的重要指导思想。从美国区域海洋管理目标模式看，作为一种全新的区域管理模式，新型区域海洋管理不同于传统的区域海洋管理，它追求的是一种统一协调的管理方式——综合管理视角下的区域管理，要求所有涉海部门能够在政策执行过程中打破部门壁垒、采取联合行动。要达到这样的目标，就必须克服基于行业分散管理的部门分割、政出多门的传统区域海洋管理体制。从美国海洋管理的战略途径看，它采取了全面的整合战略，并且整合的力度很大。在政策整合方面，最为重要的是坚持以整体海洋观为指导，以构建区域海洋管理模式为目标，通过加快制定新的海洋政策，试图建立区域海洋管理的新秩序，并抓紧解决存在于区域海洋管理领域的冲突与矛盾。在机构整合方面，采取了强化区域海洋管理机构建设的做法，把分散的区域海洋管理职能整合到负责海洋综合管理的行政机构中。在管理整合方面，以加大执行区域海洋管理的法律制度为主线，把海洋资源开发行为严格纳入区域海洋管理的框架。

3. 系统的区域海洋管理必须注重海洋协同管理机制建设②

《生物多样性公约》缔约方大会第八届会议认为，协作障碍表现为缺乏纵向融合和横向融合的机制，在各个机构缺乏协调的条件下，需要加强更为传统的基于部门的资源管理方式。缺乏协调还会不时加剧各个机构之间的权力冲突，还会导致对区域海洋管理的不同目标缺乏了解，进而往往导致无法达成一致意见。许多情况下，建立新结构来应对区域海洋管理的挑战比强化旧结构更合适。其所倡议的新结构是指建立旨在有效执行区域海洋管理的协商进程与协调机制。具体包括，通过召开国家、区域和地方各级相关管理机

---

① Kenneth Sherman. Application of the Large Marine Ecosystem Approach to U. S. Regional Ocean Governance. Biliana Cicin-Sain, Charles "Bud" Ehler. Workshop on Improving Regional Ocean Governance in the United States (2002), pp. 59 - 70.

② 林千红：《试论海洋综合管理中的区域管理》,《福建论坛》2005年第7期。

构会议，分析其各自的任务和活动，以解决纵向融合问题；通过召开强制性定期部门间会议，确保协调不同任务，以解决横向融合问题。事实上，建立协同管理机制是有效管理区域海洋公共事务的客观要求，从世界范围来看，海洋行政领域正处于一个"国家活动不断增加的时期"。同其他公共行政领域相比，海洋公共行政的复杂性更为突出，管理任务也更为繁重。任何一个机构都很难单独应对海洋公共事务的复杂性，因而需要建立协同行政机制，从而促进区域海洋管理不断向前发展。

综合前文所述，美国区域海洋管理工作的成就显而易见，其原因就是有政府、产业部门和广大公众对海洋的关注和重视，有长远的海洋战略规划，有最高层次的国家海洋政策和州及地方政策，有相对完善的海洋管理体制和政府各涉海部门、各涉海行业间的职责分工合作，以及公众的积极参与；同时重视法律体系建设和执法队伍建设，严格执行法律程序，注意加大对海洋的投入，在发展经济的同时注重保护海洋环境和资源①。美国的区域海洋管理并非照搬一个固定的模式，而是根据不同海洋区域自身的特点制定相对应的管理方法和模式，美国政府在对海洋区域进行管理的实践中始终不忘解决以下四个问题。①区域基础，如自然地理、人文、行政问题等。②问题类型，重点表现在共有的或共同的区域问题。"共有的"问题指两个或两个以上的沿海州在地理、经济或其他方面的相关问题；"共同的问题"指不同州在同一区域面临的同样的问题。③解决方法，是"自下而上"还是由联邦政府领导解决。④区域机构，是否已经成立。尽管美国在区域海洋管理方面取得了一定的成就，但是其并不满足于已经取得的成绩。包括美国国会在内的各级机构，均经常审议国家在海洋领域存在的问题，修改制定新的区域海洋管理政策。美国新海洋政策确定了一系列必要的变革，包括：创立改善决策的新的国家海洋政策体制；增强科技实力，生产者向决策者发布高质量的信息；加强海洋教育，向未来的领导者和公民灌输管理经营理念。由此可见，美国的区域海洋管理工作将不断强化。

我国的区域海洋管理刚刚起步，无论是理论研究还是具体实践，与世

---

① 鹿守本：《区域海洋管理通论》，海洋出版社，1997。

界发达国家还有较大的差距。要想缩短差距乃至赶超这些国家，一方面需要通过自身的不懈努力，另一方面也需要吸收它们在区域海洋管理方面的科学成果，而美国强化区域海洋管理的实践经验就非常值得借鉴参考。同时，如何根据我国国情制定和完善管理机制，加强依法行政、依法管海，加强公众的海洋意识教育，提高国家海域管理工作效率，是一个需要认真思考的问题。

第四章　海洋行政管理

一　海洋行政管理概念阐释与体系解读

（一）海洋行政管理与相关概念关系

1. 海洋管理与海洋行政管理

关于海洋管理与海洋行政管理的关系，部分学者已经作了一定的阐述。鹿守本把海洋管理的对象分为自然系统对象、海洋使用者和海上活动者两部分，将海洋管理定义为"在海洋事业（含开发、利用、保护、权益、研究等）活动中发生的指挥、协调、控制和执行实施总体过程中所产生的行政与非行政的一般职能，即是海洋管理"[1]。鹿守本对海洋管理的定义着眼于一般管理的角度，未体现出海洋行政管理与其他管理的区别。郑敬高对其作了进一步的阐述，把人类以海洋为对象的实践活动和以这种实践活动为对象的管理活动区别开来，前者称为海洋管理，后者标为海洋行政管理[2]，或者更为具体一些，前者称为海洋经营管理，后者称为海洋行政管理。笔者也认同这种划分，只是认为海洋行政管理还应该包括政府对自身介入海洋活动的管理，因此，海洋行政管理的定义可以表述如下：海洋行政管理指海洋行政机关及其工作人员依法对自身及社会组织介入海洋活动的管理行为。

---

[1]　鹿守本：《海洋管理通论》，海洋出版社，1997，第 49 页。

[2]　郑敬高：《海洋管理与海洋行政管理》，《中国海洋大学学报》2001 年第 4 期。

它至少应该包括两个层面的含义：一是政府在介入海洋活动过程中对自身的管理，二是海洋行政机关对社会其他主体在海洋活动中的管理、协调和监控。

此外，笔者更倾向于将海洋行政管理作为海洋管理论的主体来研究。完善海洋行政管理，由此带动海洋经营管理的发展。海洋行政管理学科的发展脉络与陆域管理理论有所不同，甚至截然相反。如果说陆域管理理论是沿着"企业管理理论——一般管理理论—行政管理理论（包括公共管理理论）"的脉络发展，后者的发展更多是建立在对前者理论的借鉴上，海洋领域的管理理论则应该相反，其脉络是"海洋行政管理——一般海洋管理理论—私人海洋管理理论"。主要原因如下。

（1）海洋实践活动更具公共性，需要政府行为的有效介入。人类诞生于陆地，发展于陆地，在陆地上的活动成本较海洋低，个人和私人组织有能力支撑自己活动的成本，且收益的周期较短，个人和私人组织也愿意为其活动进行投资。因此，在陆域，私人管理的理论占据主要地位，行政管理理论的发展有赖于借鉴私人管理理论。而海洋活动和陆域活动不同，其不可预测性较陆地要大得多。个人和私人组织在面对海洋活动时，由于力量和承受能力有限，或是不愿过多介入，或是开发利用多带有短视倾向，其成本—收益比例远远低于陆地，影响对海洋的进一步开发。换言之，人类探索海洋规律的活动，其"公共性"更加明显，由政府来进行更为合适。政府在介入海洋活动时，必然需要建立对自身活动有效管理的理论体系，海洋行政管理的价值正体现于此。

（2）海洋活动具有更强的外部性。所谓外部性（externalities），即不属于买卖或交易双方的预期，但却是组织运作过程中可能产生的结果①。它表现为：一种活动不仅产生活动者所希望的或只影响他自己的结果，而且对他人和环境也造成影响。通常而言，活动的外部性倾向于特指其负外部性。绝大多数海洋活动会产生影响公共利益的负外部性，尤其是海洋环境的破坏成为具有负外部性的公共问题。海洋行政管理的主要任务之一，就是对这些外

---

① 〔美〕戴维·H.罗森布鲁姆：《公共行政学：管理、政治和法律的途径》，中国人民大学出版社，2002，第9页。

部性很强、影响公共利益的海洋活动进行管理，而且也只有海洋行政管理能更好地消除海洋活动的外部性①。

（3）海洋活动涉及更多重要的利益主体，需要政府参与和主持协调管理。尤其是在当今社会，世界各国都加强了对海洋的管理。美国在 1998 年全国海洋工作会议上提出了开发、保护、恢复海洋资源的建议，并从 2001 年起注重海洋环境和管理，对国家海洋管理政策重新进行全面评估，从而为 21 世纪美国海洋经济开发政策勾出基本框架，在此基础上于 2004 年 4 月发布了一份长达 514 页的研究报告。1997 年日本在《海洋开发年度推进计划》中，已经把"探求新的海洋开发的可能性，立足于国际角度推进海洋的开发"作为国家经济发展的重要条件②。各国对海洋资源的争夺，不可避免会发生利益摩擦，我国要在海洋开发和利用方面取得成效，不仅要完善国内开发管理，而且要探求国际开发协作。这两方面都属于海洋行政管理的研究范畴。

如果将海洋行政管理作为海洋管理理论的发展主体，即将探索政府管理行为作为重点，那么，首先需要解决的一个问题就是如何界定海洋行政管理与行政管理、公共管理之间的关系，明确三者关系是海洋行政管理进一步发展的前提。

2. 海洋行政管理、行政管理与公共管理

20 世纪末，国务院学位委员会对学科结构进行调整，其重大举措之一是设立公共管理一级学科，下设行政管理、教育经济与管理、社会保障、公共卫生管理、土地资源管理等五个二级学科。作为一级学科的公共管理学，其研究对象和范畴可以划分为三个层次：政府自身的运作和管理；政府对社会不同领域的管理（部门公共政策和管制）；非政府公共部门的内部运作和管理，如学校和医院的内部管理③。但实际上，公共管理学科的五个二级学科在这三个层次的划分并不明显，或者说，很难界定五个二级学科到底应该归属哪一个层次，它们之间更多是一种重叠和交叉的关系。尤其是出现新的

---

① 郑敬高等：《海洋行政管理》，中国海洋大学出版社，2002，第 39 页。
② 李靖宇、于良臣：《关于中国陆域经济与海域经济协调发展的战略思考》，《中国海洋大学学报》2005 年第 4 期。
③ 周志忍：《论公共管理学科整合：问题、挑战与思考》，《北京大学学报》2004 年第 4 期。

领域扩充时，很难明确新领域的学科地位，至少现在的学科体系就没有凸显海洋行政管理的位置①。这说明当前的公共管理学科体系存在需要完善的地方。周志忍为公共管理学科的发展提出了两种思路：第一，公共管理应该留有向外发展的余地，随着社会需求和基础条件的成熟，增设或新添其他的二级学科，只是增设的二级学科应该着眼横向分工的专业领域，如环境保护等，而不是具有综合特征的学科；第二，将行政管理作为公共管理学的基础和平台，建立开放式的学科体系，即行政管理与其他四个二级学科不是并列关系，而是某种基干与分支的关系。在不变动现有学科体系的前提下，可以容纳增加新的研究领域。

暂且不论这两种思路哪一种更有利于公共管理学科的发展，我们所关注的是：对于海洋行政管理的发展，哪一种思路更好呢？如果选择第一种思路，作为与土地资源管理并列的二级学科，海洋行政管理称为"海洋资源管理"更为合适一些，这就面临着学科名称的再次变化②。笔者倾向于第二种思路，即海洋行政管理以行政管理为学科平台，将行政管理的理论体系作为基础，借鉴其他二级学科的成果，逐渐完善自身的学科体系。其原因主要有以下三个方面。

其一，可以厘清海洋管理的学科类别。如上所述，当前海洋管理与海洋行政管理的关系存在一定的模糊，本书赞同将海洋管理划分为海洋经营管理和海洋行政管理，而且以后者为主体。若坚持第一种思路，则面临"海洋资源管理"概念的问题，如何界定海洋管理、海洋经营管理、海洋资源管理和海洋行政管理之间的关系，又是一个新的课题。这将为整个海洋管理的发展人为增设壁垒，不利于学科的相互借鉴和发展。

其二，当前海洋行政管理的学科构建不足以成为独立的一级学科。至少到目前为止，我国关于海洋行政管理的研究还处于起步阶段。其自身的理论

---

① 我国的国土资源目前分为六种，即水、土地、矿产、森林、草原和海洋。而公共管理的二级学科中只有土地资源管理，没有凸显其他五种国土资源。如果说公共管理中的二级学科土地资源管理，是国土资源管理的代称，那么这种划分也忽视了六种国土资源需要的管理方式并不一样，统一用一种管理模式并不合适。很显然，这种划分忽视了海洋管理规律的探索。

② 郑敬高在《海洋行政管理》一书中将"海洋资源管理"作为一个章节来论述，即认为海洋资源管理是海洋行政管理的一个部门。

体系不仅不能和行政管理相提并论，也远不如其他的四个二级学科。海洋行政管理所借鉴的行政管理理论，要远多于自身的独特理论。将海洋行政管理归属于行政管理的一个研究系统，一方面可以继续沿着当前的研究脉络发展借鉴，另一方面也不会与当前的公共管理学科体系发生冲突。有利于整个公共管理学科的发展。

其三，海洋行政管理以行政管理为学科平台，可以突出海洋行政管理以完善政府行为为核心的学科特点。如上所述，与陆上管理行为和理论的发展脉络不同，海洋活动的有效开展需要政府组织强有力的介入。行政管理学作为一门探索如何有效提高政府效率、加强政府行为的学科，经过一百多年的发展，在如何管理政府和政府如何管理方面，积累了大量的理论和经验。这些理论和经验如果作为海洋行政管理学发展的基石，可以在较短的时间内有效促进海洋行政管理学的发展和学科完善。

（二）海洋行政管理概念梳理与界定

1. 海洋行政管理概念梳理

管理是具体的人的活动，管理按其主体可划分为私人管理、企业管理、行政管理。其中行政管理主要是指政府部门对公共生活的管理，管理对象具有一般性。海洋是公共区域、公共资源，如果依靠私人、企业对其进行管理，难免会因利益难以整合而出现混乱和无序，因此对海洋的管理应主要依靠公共部门。传统的公共部门比较单一，主要指政府部门，呈现一元化特征。随着民主化进程加快，各种非营利组织迅速崛起，再加上随着经济发展开办的公共企业以及全球化背景下涌现的国际组织，公共部门结构呈现多元化。然而，多元的社会治理结构仍无法改变政府充当元治理角色的现实，政府部门仍是公共领域的主导治理者，对海洋的管理也是如此。

国内外学者对海洋行政管理的理解角度各异，莫衷一是。吕建华等认为海洋行政管理指海洋行政机关及其人员依法对自身及社会组织介入海洋活动的管理行为。包括两个层面的含义：一是政府在介入海洋活动过程中对自身的管理，二是海洋行政机关对社会其他主体在海洋活动中的管理、协调和监控。这一定义对海洋行政管理的主体和客体（对象）作了明确界定，言简意赅。将海洋行政管理的主体界定为海洋行政机关及其工作人员，体现了管理活动是制度和具体的人的活动的统一。而将管理的客体界定为政府部门及其工作人员和社会组织介入海洋的活动却有失偏颇，主要是因为涉海行为主体除了政府部门和社会组织之外还有众多的企业组织以及大量的行为个体。

郑敬高认为海洋行政管理不能被认定为对海洋的管理。政府独特的管理对象是社会政治关系中的人及人的活动，海洋行政管理即是政府对人的各种海洋实践活动的管理，而不是以自然存在的海洋为对象的管理①。海洋行政管理是国家行政管理的一个组成部分，因此海洋行政管理的主体是国家，按照职权性质看，国家管理海洋的机关可以区分为海洋立法机关、海洋行政机关以及海洋执法机关，这其实是从国家海洋管理角度讲的，"行政色彩"不够浓厚。

美国学者阿姆斯特朗和蒂默在其合著的《美国海洋管理》一书中就将海洋行政管理等同于海洋管理来加以界定。他们认为海洋行政管理是"指政府能对海洋空间和海洋活动采取的一系列干预活动"。他们设定了国家对海洋活动进行管理的十项职能：组织海洋研究；从事海洋资料的收集、存储与分配；财政赞助；税收；监测；实施法律；解决冲突；制定政策；制定法律；制定规范等。从定义及设定的十项职能来看，这里的政府具有"泛政府"色彩（包括了立法部门和司法部门），实际上是国家海洋管理。

2. 海洋行政管理与海洋管理、海洋综合管理辨析

从广义方面来理解，海洋管理是一个较为笼统的概念，从国内学者对海洋管理的界定也可以得出以上结论。管华诗、王曙光认为，"海洋管理是指政府以及海洋开发主体对海洋资源、海洋环境、海洋开发活动、海洋权益等进行的调查、决策、计划、组织、协调和控制工作"②。王琪认为海洋管理属于公共管理范畴，并在此基础上给出定义："海洋管理是以政府为核心主体的涉海公共组织为保持海洋生态平衡、维护海洋权益、解决海洋开发利用中的各种矛盾冲突所依法对海洋事务进行的计划、组织、协调和控制活

---

① 郑敬高等：《海洋行政管理》，中国海洋大学出版社，2002，第40页。
② 管华诗、王曙光：《海洋管理概论》，中国海洋大学出版社，2003，第1页。

动。"上述定义是从广义角度界定海洋管理，涉海管理主体除包括以涉海行政机关为中心的公共组织外还有其他类型的管理主体，海洋行政管理可以看作海洋管理的一个组成部分。如果从狭义层面理解，海洋管理就是指海洋行政管理。

海洋综合管理是属于高层次的战略管理范畴，是指国家和地方海洋行政部门依据法律法规，综合运用行政、经济、法律、科技和教育等手段，对海洋权益、海洋资源和海洋环境等事关全局、影响海洋可持续发展的公共问题进行决策、规划、组织、协调、控制的一系列活动及行为过程[1]。与此观点类似，鹿守本等在《海岸带综合管理——体制和运行机制研究》中将海洋综合管理归纳为海洋管理范畴的高层次管理形态，它以国家海洋整体利益和海洋的可持续发展为目标，通过制定实施战略、政策、规划、区划、立法、执法、协调以及行政监督检查等行为，对国家管辖海域的空间、资源、环境、权益及其开发利用和保护，在统一管理与分部门、分级管理的体制下，实施统筹协调管理，达到提高海洋开发利用系统功效、海洋经济协调发展、保护海洋生态环境和国家海洋权益的目的。这种说法也是将海洋综合管理上升到国家战略的高度。总体而言，海洋综合管理与海洋行政管理的共性就是管理主体相同，都指的是中央或地方海洋行政机关。两者的区别在于管理对象上的不同，海洋管理对象比较宽泛，无论是涉及海洋可持续发展的全局性问题还是涉海行业中的个别问题，事无巨细都属于海洋管理的范围。海洋综合管理行为的侧重点在于各行业、各部门在海洋开发利用过程中普遍存在的问题，是共性的、关乎整个社会发展的大问题。

3. 海洋行政管理的定义

综合以上观点，给出海洋行政管理的定义：海洋行政管理是指国家尤其是政府部门依法对涉海行业及涉海事务进行的计划、组织、协调和控制活动。概念包括了四个方面的内容。

第一，海洋行政管理的实施主体是国家尤其是政府部门。海洋行政管理的主体是政府机构，这就在海洋行政管理与海洋管理之间划分了明确界限，海洋管理是一种公共管理，管理主体具有多元性，除了国家以外还有

---

① 王琪：《海洋管理——从理念到制度》，海洋出版社，2007，第90页。

社会组织、企业以及公民个人。而海洋行政管理的"行政"色彩较浓，尽管也涉及国家立法机关以及司法机关的管理行为，但政府的主导地位是毋庸置疑的。

第二，海洋行政管理的对象是指涉海行业和涉海事务。涉海行业管理涉及政府对涉海经济行为的管理，涉海事务管理则侧重海洋执法、海洋监督以及国家涉海权益维护等层面。从宏观的角度看，海洋行政管理的对象包括海洋环境管理、海洋资源管理以及海洋权益管理。

第三，海洋行政管理是指具体的管理活动，包括计划、组织、指挥、协调、控制等，这与一般管理活动存在共性。

第四，海洋行政管理行为实施的前提条件是合法性，必须遵循相关的法律法规。

（三）海洋行政管理体系建构的原则

1. 理论联系实际原则

海洋行政管理体系构建的意义在于通过它可以对海洋行政管理有一个总体性的认识。这一总体性的认识既包括感性认识，即对海洋行政管理主体、海洋行政管理组织、海洋行政管理手段、海洋行政管理对象等的直观把握，也包括深层次的理性认识，即上述范畴存在的理论基础。实际解决的是实然问题，而理论解决的是应然问题。在海洋行政管理体系构建的过程中要体现理论联系实际原则，表现在两个方面；首先海洋行政管理从学科角度构建体系结构本身就属于理论研究的范畴，理论研究应坚持的首要原则就是理论联系实际原则。仅凭严格的逻辑分析、翔实的规范分析是远远不够的。比如现代经济学重视实证分析，但如果没有现实的论证，实证分析的结果就没法被证明，很多实证分析理论及其逻辑都是正确的，但最终却被实践证伪。将海洋行政管理定位于一门学科的出发点是通过构建一整套海洋行政管理理论来更好地指导我们的海洋行政管理实践，单纯就学科论学科是没有任何实际意义的，即用理论指导实践是我们从事理论研究的出发点和归宿。在具体的体系构建上，我们应遵循这一原则，也就是说，体系在构建过程中和具体的构建环节上都必须以现实的海洋行政管理实践为基础，不能片面追求理论上的标新立异。与此同时，还要注重理论的实际应用，理论实际应用的基础在于理论必须是正确的，具有指导性。这要求我们在体系构建过程中要注意联系实际的海洋行政管理状况，善于发现现有管理中存在的问题，并在此基础上探寻改进对策，为海洋行政管理实践提供指导。

2. 突出海洋特色原则

海洋行政管理本身是就是行政管理的一个组成部分，但这并不代表海洋行政管理学科体系构建过程中必须遵循行政管理学体系构建的原则。海洋的特殊地域性，要求我们在海洋行政管理体系构建过程中要突出海洋特色。第一，海洋行政管理的出发点是维护国家海洋权益，推动国家海洋事业发展，而海洋行政管理体系构建在于寻求对海洋行政管理的一般理论认识，具体涉及人类对海洋的科学认识、海洋实践活动的客观规律。因此，本着这一目标，在构建海洋行政管理体系的过程中应体现海洋特色，要研究行政管理系统中海洋行政管理的海洋特色，要通过体系构建推动理论对我国海洋事业发展的指导。第二，海洋行政管理突出海洋特色，还表现在海洋行政管理涉及的三大领域。海洋具有特殊的地域性，对海洋进行行政管理主要包括三个领域的内容：针对海洋环境的管理，解决的是经济开发所导致的海洋环境污染问题；针对海洋资源的管理，目的在于合理开发海洋资源、促进海洋的可持续发展；针对海洋权益的管理，主要是从国家主权角度探讨维护海洋权益的制度建设。

3. 系统性原则

构建海洋行政管理体系要遵循系统性原则，是指海洋行政管理理论体系的各个组成部分要相互联系、符合逻辑性，构成一个不可分割的主体。系统性原则要求要有逻辑性。海洋行政管理体系应包括哪些具体内容？按照这个逻辑结构来分析不无道理：海洋行政管理既然是一种涉及具体区域——海洋的管理，那么其定义是什么？管理的主体是谁？管理什么？在什么样的环境下进行管理？管理中应遵循的基本理念是什么？这就涉及海洋行政管理的定义、主客体、管理环境以及所遵循的基本理论问题。以上问题可以概括为海洋行政管理基本理论，这是我们进行研究的起点。以上问题解决后，接下来探讨海洋行政管理组织，解决海洋行政管理的实施主体及组织体制问题。海洋行政管理组织解决的是管理的主体及机制问题，而海洋行政管理行为及工具则旨在解决如何管理以及采取什么方式来管理的问题。我们知道海洋是一个特殊的区域，其实从本质上说对海洋的管理实践无非包括三大项——海洋资源管理、海洋环境管理、海洋权益管理，对这三个方面的阐述集中体现了海洋行政管理的特色。海洋行政管理同样涉及伦理层面，也就是涉海行政机关及其工作人员的行为的合法性及合伦理性，如何将海洋行政伦理制度化是意识形态层面的问题。民主社会的重要特征是公民参与意识的增强、社会组织效力的充分发挥，也就是社会治理主体的多元化。同时伴随着新一轮的政府机构改革，我们有必要探讨一下海洋行政管理的发展前景。

4. 以政府为核心原则

海洋行政管理是国家行政管理的一个组成部分，因此海洋行政管理的主体是国家。这里将海洋行政管理的主体界定为国家，是因为从管理的职权性质来看，国家管理海洋的机关可以区分为海洋立法机关、海洋行政机关与海洋执法机关。但从现实来看，将海洋行政管理的主体界定得如此宽泛也是缺乏操作性的，因为在当代社会行政权扩张是一个不争的事实，最典型的表现就是行政立法与行政司法的出现，使得海洋行政管理主体更具有一元化的色彩。此外，将海洋行政管理主体界定为国家或者是立法机关、行政机关以及司法机关对海洋行政管理学科的构建也带来了问题。一方面，正如前文提到的行政权越位会涉及行政立法与行政司法，如何协调这两方面与海洋立法机关的立法行为及海洋司法机关的执法行为存在困难。另一方面，从字面意思来看，海洋行政管理侧重点在"行政"，特指政府行为，海洋立法机关的立法行为以及海洋司法机关的执法行为也属于国家管理行为，但同时也是一种与行政行为不同的管理行为。

因此，海洋行政管理的体系构建应以政府为核心原则，以政府在海洋管理活动中的作为为脉络来构建。但这也并非说海洋行政管理体系构建完全脱离国家海洋立法机关及国家海洋司法机关的层面，这在理论和实践上都是不可行的，尤其是在海洋政策的制定以及海洋执法监督两个方面都与这两类机关有关联。

（四）　海洋行政管理体系解读

根据海洋行政管理体系构建的原则，将海洋行政管理划分为以下六个部分。

1. 海洋行政管理基本理论

海洋行政管理作为行政管理的一个子系统，同样遵循行政管理的一般管理理论原则，但因其管理区域上的特殊性，海洋行政管理也有某些特定的原则。基于此，海洋行政管理的理论基础可以简单归结为两个方面：一方面是行政管理学的基本理论，海洋行政管理是国家行政管理的一个方面，必须遵从行政管理的基本规律；另一方面是适用于海洋行政管理特殊性的理论，它是根据具体的海洋实践活动得出的，也可以称作海洋行政管理原则。

（1）海洋行政管理基本概念。

海洋行政管理是指国家尤其是政府部门依法对涉海行业及涉海事务进行的计划、组织、协调和控制活动。海洋行政管理的主体主要是指涉海国家行政机关，海洋行政管理客体或对象包括海洋行业和海洋事务。根据海洋的特殊性，海洋行政管理具体包括海洋环境管理、海洋资源管理以及海洋权益管理。

（2）海洋行政管理环境。

海洋行政管理环境包括影响海洋行政管理活动实施的各种外部因素的总和。一方面海洋行政管理活动是对海洋行政管理环境的一种回应，另一方面海洋行政管理活动的成败很大程度上取决于环境因素的影响。海洋行政管理环境是一个复杂的大系统，从广义上说，既包括一个国家内部的政治环境、经济环境、文化环境、社会环境，也包括一个国家所面临的国际环境因素的总和；从狭义上说，海洋行政管理包含涉海的法律法规、政策等制度环境，也包括涉海行业的发展、涉海科学技术的进步等硬件环境。

（3）海洋行政管理原理。

海洋行政管理原理包括海洋行政管理所遵循的行政管理的一般原理，如行政职能原理、行政权力原理、行政组织原理、人事行政原理、行政领导原理、行政决策原理以及行政改革原理。

此外，海洋因其特有的地域特征，对其进行行政管理的过程中应遵循某些特定的原则。具体包括海洋主权原则、依法行政原则、环境保护与可持续发展原则、区域协调原则等。

2. 海洋行政管理组织

海洋行政管理组织具体指实施海洋行政管理职能的所有政府机构的总和。海洋行政管理组织从纵向上可划分为中央海洋行政管理组织和地方海洋行政管理组织，如国家海洋局在沿海地方下设北海分局、东海分局、南海分局作为中央职能部门的派出机构，国家其他涉海管理部门在地方设置相应的对口管理部门等。从横向上以行业对口管理为依据赋予各职能部门对口管理权限。国家海洋局负责组织海洋环境的调度、监测、监视，开展科学研究，并进行海洋石油勘探开发和海洋倾废污染损害的环境管理；环境保护部门对环境保护工作实施统一监督管理；水产部门负责海洋渔业和渔船渔港管理；轻工业部门负责海盐管理；交通部门负责海上航运和港口管理；石油部门负责海洋油气开发及管理；地质矿产部门负责矿产资源勘探工作管理；公安部门负责渔民出海和船舶治安管理等。

在我国，涉海管理部门众多是一个客观事实，如何在最大程度上降低政出多门、多头指挥造成的管理无序和部门重复配置造成的资源浪费是摆在政府部门面前的重要课题。解决这个问题需要构建一个精简高效的海洋行政管理体制，主要做法就是要加强综合协调管理，提高行政管理效能。行政管理统一化是国际通行的产业管理体制。我国要实行行政管理统一化必须对行政管理体制进行整体改革，这是我国海洋行政管理体制改革成功与否的决定因素，其重点是打破海洋产业的分割局面，改变海洋管理政出多门的现状，实现统一管理、统一市场。统一的管理模式是在新形势下提高海洋行政管理竞争力的前提条件。国家要进一步加强海洋事业发展的综合协调管理，设立权责层次较高的海洋行政管理部门，沿海各级政府、涉海各部门要积极做好配合工作。在中央建立国务院直属的国家海洋行政管理机构，统一行使海洋行政管理职权，协调海洋行政管理行为；在地方，提高对海洋行政管理的认识，建立相应的海洋统一综合管理机构，配合和协调中央与地方的海洋行政管理工作，维护国家海洋权益，开发利用海洋资源，保护海洋生态环境，发展沿海地区海洋产业。国家海洋局要大力推进海洋行政管理体制改革，建立海洋综合管理的高层次协调机制，调整和完善内部机构设置，强化涉海部门间的协调配合，理顺管理职能与权责分工，提高行政管理效能，形成促进海洋事业发展的合力①。

3. 海洋行政管理行为及工具

（1）海洋法律、海洋政策。

海洋政策是国家为实施其海洋战略、发展规划和发展涉外关系而制定的行动准则。海洋政策是一切海洋活动的出发点，并贯穿活动的全过程。海洋政策是海洋行政管理的准则和基础，是各级海洋行政管理机构实施具体管理行为的重要依据②。

海洋政策体现的是决策者的意志，需要有明确的实施对象。这就涉及海洋政策主体、政策客体两个问题。通常海洋政策主体是指直接或间接地参与海洋政策制定、执行、评估、监控的个人、团体和组织。在我国，海洋政策的主体包括执政党、立法机关、行政机关、利益集团、非政府组织以及公民等。政策客体指的是政策的作用对象及影响范围，即所要处理的社会问题和公共政策的目标群体。

海洋政策是一个纵横交织的政策网络体系。从纵向上说，海洋政策既包括中央海洋政策，也包括地方海洋政策。从横向上说，以涉及的领域为标准，海洋政策可以分为海洋环境政策、海洋产业政策、海洋资源政策、海洋开发政策、海洋保护政策、海洋科技政策、海洋渔业政策等等。

（2）海洋行政管理行为。

海洋行政管理活动是在涉海法律法规、海洋政策的指引下进行的具体海洋管理行为，主要包括海洋行政执法以及海洋行政监督。

①海洋行政执法。海洋行政执法主要包括海洋维权执法、海域使用管理执法以及海洋环境保护执法等。海洋维权执法主要是依据《领海及毗连区

---

① 崔旺来、钟丹丹、李有绪：《我国海洋行政管理的多维度审视》，《浙江海洋学院学报》2009 年第 4 期，第 9 页。

② 王琪：《海洋管理——从理念到制度》，海洋出版社，2007，第 177 页。

法》《专属经济区和大陆架法》《涉外海洋科学研究管理规定》等有关海洋法律法规进行的执法行为，具体包括：中国海监对全海域实施较大强度的维权巡航执法；依法开展对我国管辖海域的油气资源勘探开发、人工构造物安全保障、科研调查、环境保护等有关主权权利和管辖权的维权工作，实施现场执法，及时发现并依法制止、查处在我国管辖海域非法进行的海洋科研调查、军事测量、油气勘探、海底电缆铺设等活动。

海域使用管理执法主要是依据《海域使用管理法》及其相关法律法规规定，全国各级海监机构通过建立日常巡查工作制度，进一步加大执法检查力度，组织开展专项执法行动，重点对围填海和养殖用海等开发活动中的违法用海行为进行查处。

海洋环境保护执法主要是指依据《海洋环境保护法》《防治海洋工程建设项目污染损害海洋环境管理条例》《海洋石油勘探开发环境保护管理条例》《海洋倾废管理条例》等法律法规规定，全国各级海监机构以海洋工程建设项目、海洋石油勘探开发、海洋生态和海洋倾废为重点开展的海洋环境保护执法工作。

②海洋行政监督。海洋行政监督是对国家海洋行政机关及其工作人员的管理行为进行监督约束的内外部监督的总和。其中内部监督主要是指海洋行政机关内部的行政监察，外部监督主要是指立法监督、司法监督、政党监督以及舆论监督等。

（3）海洋行政管理工具。

海洋行政管理工具指用以开展海洋行政管理活动的各种方式的总称。主要有海洋行政绩效管理、海洋行政战略管理以及海洋行政管理的信息化手段。

4. 海洋行政管理具体实践

海洋行政管理的具体实践包括海洋权益管理、海洋资源管理以及海洋环境管理。

海洋权益管理包括对内海和领海的权益管理、对专属经济区的权益管理、对大陆架的权益管理以及对海洋岛屿的权益管理。海洋资源管理是海洋行政管理的一个重要方面，其管理的对象是从事海洋资源开发利用的主体及其行为。经济发展导致的海洋环境问题引起了人们的广泛关注，海洋环境日益成为海洋可持续发展的重要瓶颈制约因素。海洋环境管理重在解决海洋环境的保护问题，对维持海洋生态平衡意义重大。

5. 海洋行政伦理

行政管理从统治型行政管理模式向管理型行政管理模式再向服务型行政管理模式的历史性跃迁，使现代行政管理呈现出伦理化趋势，海洋行政管理作为行政管理的组成部分同样要顺应这一潮流。

海洋行政伦理是海洋行政管理领域中的角色伦理，是针对海洋行政行为和政治活动的社会化角色的伦理原则和规范，包括海洋行政组织层面的伦理与海洋行政机关工作人员的伦理。

实现海洋行政伦理的制度化是一项系统工程，要在完善海洋行政伦理培养机制与海洋行政伦理监督机制两方面作出努力。

6. 海洋行政管理发展

随着社会的发展，民主进程的加快，非营利组织和广大公民主体日益成为重要的社会力量，整个社会的治理结构呈现多元化。顺应这一趋势，海洋行政管理也必将与时俱进，进行相应的变革，大力引进非营利组织和支持公民参与将是一个重要走向。非营利组织主要在环保领域发挥作用，政府购买非营利组织提供的服务可以提高政府工作效率，降低行政成本。而公民参与主要体现在参政议政层面，可以提高重大问题决策的科学化与民主化程度。

二　我国的海洋行政组织及其存在的问题

我国是世界上最早开展海洋管理的国家之一，海洋管理集中在两个方面，一是渔政，二是盐业。早在 3000 多年前，周文王就设置了专管渔政的机构，并且规定了禁渔期。汉代皇室设有鱼官，隶属少府。明清工部设衡司部中等官，专司渔政。清代在沿海府县设渔团局。对盐业生产的管理也有 2000 年的历史。公元前 119 年，汉武帝曾下诏没收私人煮盐工具，由官府直接组织盐业生产，在全国设置 30 多处盐业管理机构，实行专卖制度。新中国成立后，我国继续加大对海洋的管理，设立了海洋管理的行政机构，对海洋的管理逐渐由行业管理向综合管理迈进。

（一）新中国成立后海洋行政组织的历史演变

1. 成立期（20 世纪 60~70 年代）

新中国成立后，最早设立的海洋行政机构可以追溯到 20 世纪 60 年代。1963 年，29 位海洋专家学者上书党中央和国家科委，建议加强我国的海洋工作。专家们认为，我国在海洋管理方面至少存在四个方面亟须解决的问题：一是海上活动安全没有保障，二是海洋水产资源没有得到充分合理利用，三是对海底矿产资源储量和分布情况了解甚少，四是国防建设和海上作战缺乏海洋资料。因此必须加强对全国海洋工作的领导，建议成立国家海洋局。专家们的意见得到了党中央和政府的认可，经过第二次全国人大审议批准，1964 年 7 月，国家海洋局正式成立。国家海洋局的成立，标志着我国开始了专门的海洋管理。

成立之初的国家海洋局，其职能包括：统一管理海洋资源和海洋环境调查、资料收集整编和海洋公益服务。此外，海洋局还在地方组建了北海分局、东海分局、南海分局及海洋科技情报研究所，接管建设了 60 多个沿海海洋观测站、海洋水文气象预报总台、海洋仪器研究所以及第一、第二、第三等三个海洋研究所和东北工作站（后来改为海洋环境保护研究所）等机构①。

2. 发展期（20 世纪 80~90 年代）

这一时期，我国海洋行政机构建设有两个特点，一是地方海洋行政管理机构逐渐具备了成立基础。早在 20 世纪 80 年代初，当时的五部委联合在沿海省市开展全国海岸带和海洋资源综合调查，为了更好地配合这次调查，沿海各省市都成了"海岸带调查办公室"。就是这样一个临时性机构，成为今天沿海地方海洋行政管理机构的雏形。在历时 8 年的联合调查后，在国家科委和国家海洋局的倡议下，海岸带调查办公室改为沿海各省市科委下面管理本地海洋工作的海洋局（处、室）等机构，接受国家科委和海洋局双重领导。我国地方海洋行政管理机构初步形成。

另一个典型特点就是进一步加强了涉海行业管理。这一时期，我国的涉

① 鹿守本等：《海岸带综合管理》，海洋出版社，2001，第 127~128 页。

海行业管理在四个方面开始得到加强和完善：①海洋渔业管理。国家除了加强对海洋渔业的立法之外①，在机构建设上，设立了主管渔业和渔政的渔业局，隶属农业部。渔业局下设渔政渔港监督管理局、渔业船舶检验局，并在黄海与渤海、东海、南海设立了三个直属渔业局的海区渔政局。此外，沿海各省市和地县也都设立了水产行政主管机构和相应的渔政管理机构。②海洋港口和交通运输管理。交通部下设港务系统、航道系统和港务监督系统，进行海上航运管理。成立了港务监督局②，主管水上交通安全，到 1987 年，我国在沿海主要港口组建了 14 个交通部直属的海上安全局，沿海港监队伍扩大到一万多人。③海洋油气生产管理。早在 1964 年，我国就开始了海洋油气勘探。自 1979 年我国实行对外合作勘探开发海洋石油天然气政策，形成了两大系统：中国海洋石油总公司、中国石油天然气总公司，每个部门下面都设有若干个海区公司。④海盐生产管理。当时，我国将盐业生产统一归属到国家轻工业局进行管理，在全国成立了中国盐业协会和中盐业总公司。在国家的统一规划下，进行盐业的生产和销售。这一时期的海盐生产，更多的是突出盐业的统一管理，没有彰显海洋管理在盐业管理中的特性。

3. 完善期（20 世纪 90 年代末至今）

1998 年，国务院进行机构调整和改革。其改革的一个重要内容就是合并机构，精简人员，压缩部委的数量。国家海洋局由隶属于国务院的直属局，整合为隶属国土资源部的独立局。国家海洋局的基本职能也进行了调整，确定为海洋立法、海洋规划和海洋管理三项职能，其基本职责发展为海域使用管理、海洋环境保护、海洋科技、海洋国际合作、海洋减灾、维护海洋权益六个方面。这一时期，除了调整完善海洋局的职能外，另一个重要的机构就是于 1999 年成的中国海监总队，负责海洋监察执法，与国家海洋局合署办公。随后不久，国家海洋局的三个分局也分别成立了北海区海监总队、东海区海监总队、南海区海监总队（见表 4－1）③。

---

① 1986 年，我国颁布了渔业的基本法《渔业法》，随后又颁布了《渔业法实施细则》和《野生动物保护法》。

② 现在称为"水上安全监督局"。

③ 鹿守本等：《海岸带综合管理》，海洋出版社，2001，第 131 页。

表 4 - 1　当前国家海洋局机构一览表

国家海洋局			
机关直属部门			
办公室(财务司)	海洋环境保护司	政策法规和规划司	海洋科学技术司
海域和海岛管理司	海洋预报减灾司	国际合作司(港澳台办公室)	人事司
局属部门			
中国海监总队	中国海洋环境预报中心	海洋局海洋发展战略研究所	
海洋局极地考察办公室	卫星海洋应用中心	海洋局海洋咨询中心	
中国大洋矿产资源研究开发协会办公室	海洋技术中心	海洋出版社	
海洋局学会办公室海洋标准计量中心	中国海洋报社	天津海水淡化与综合利用研究所	
海洋局北海分局	海洋局东海分局	海洋局南海分局	
中国极地研究中心	海洋局机关服务中心	北京教育培训中心	
第一海洋研究所	第二海洋研究所	第三海洋研究所	
海口海洋环境监测中心站	国家海洋信息中心	海洋环境监测中心	

　　这一时期，地方海洋管理机构得到了进一步发展，其职能调整、机构隶属、人员配备等方面得到完善。综合而言，目前我国地方海洋管理机构主要有三种模式。一是海洋与渔业管理模式，即地方政府成立海洋与渔业厅（局），其职能兼有海洋与渔业管理，受海洋局和农业部的双重领导。我国大部分沿海省市实行这种模式。二是国土资源管理模式，即遵循1998年中央机构的改革模式，将地矿、国土、海洋合并，成立国土资源厅（局），其中海洋部门负责海洋综合管理和海上执法。河北省、天津市、广西壮族自治区等实行这种模式。三是分局与地方结合模式，即将隶属海洋局的分局与地方海洋管理机构合并，加大地方政府与海洋局的沟通和协调力度。目前只有上海市实行这一模式，将上海市地方海洋管理机构纳入东海分局（见表4-2）。

表 4 - 2　地方海洋管理机构模式一览表

模式	海洋与渔业模式	国土资源模式	分局与地方结合模式
实行省市	辽宁、山东、江苏、浙江、福建、广东、海南	河北、天津、广西	上海

（二）目前我国海洋行政组织存在的问题

　　目前，尽管我国的海洋管理机构得以不断调整与完善，但依然存在一些问题。具体表现在以下方面。

1. 中央政府与沿海地方政府的海洋管理权限划分不明确

迄今为止，我国尚没有对中央政府与沿海地方政府的海洋管理权限进行明确划分，在海上也没有进行行政区划①。沿海省、自治区、直辖市的行政区划界限是海岸线向内一侧的陆地，向海一侧的界限没有进行划分。随着海洋在我国经济发展中的地位日益凸显，沿海地方政府都开始不约而同地关注海洋开发②。福建省提出"念山海经"，山东省和辽宁省也分别提出"海上山东"和"海上辽宁"的口号。但根据现行的法规，我国的海域由国家进行统一管理，沿海地方政府对所属的沿海区域没有明确的管理权限，这就大大限制了沿海地方政府对沿海区域的保护和开发。目前，我国只在海洋行业管理方面对中央与沿海地方政府的管理权限作出比较明确的划分。例如，《渔业法》对中央政府与沿海地方政府的海洋渔业管理进行了划分，规定机动渔船底拖网禁渔区区线外侧，属国家管理，由国家渔业行政主管部门监督管理，机动渔船底拖网禁渔区区线内侧海域的渔业，由毗邻海域省、市、自治区的渔业主管部门监督管理。许多国家的法律都对中央政府与沿海地方政府的海洋管理权限作出了全面明确的划分。例如，美国应沿海各州的要求，早在1953年就出台了《外大陆架土地法》《水下土地法》等法律，规定3海里之内的水下土地及其资源属沿海州所有，3海里以外归联邦政府管理，形成了联邦政府与州政府分区域分级管理海洋的制度。

2. 中央海洋主管部门的行政层级不高

国家海洋局作为我国的中央海洋主管部门，在1998年中央政府机构改革后，由隶属国务院的直属局改为隶属国土资源部的独立局，其行政权限受到进一步的限制。这与国际上不断加强海洋管理的趋势不符，也不符合我国加强海洋开发与保护的战略规划。实际上，许多国家都在不断提高海洋机构的管理权限，提高其行政级别。例如，美国主管海洋事务的中央机构是商务部所辖的国家海洋与大气局（NOAA），为了提高海洋事务在国家决策中的地位，时任美国总统的布什在2004年12月17日签署一项行政命令，成立一个内阁级海洋政策委员会，其职责是就海水污染、过量捕捞等问题为政府提供意见，并着手协调各州

---

① 海南省除外。
② 海洋产业产值已占沿海地区 GDP 的 10% ~65%。

和联邦的相关法规，从而将海洋开发和管理提升到国家政策的高度①。

3. 沿海地方政府的海洋行政组织存在多头领导

我国沿海地方政府大部分实行海洋与渔业模式，即成立海洋与渔业厅（局），主管海洋管理事务与海洋渔业事务，分别接受国家海洋局与农业部渔业局的双重管理。这种多头领导的管理模式，使得沿海地方海洋机构职能交叉，难以有效深化海洋管理。

4. 经济管理大于环境治理

我国目前的海洋行政组织设置，突出了海洋行业管理。在海洋渔业、海洋交通、海洋油气等方面都有比较全面的法律依据与健全的执法队伍。这说明我国的海洋管理尚处在注重经济管理的阶段，没有将海洋环境治理有效纳入海洋管理中来。随着 2008 年中央"大部制"改革的深入，环境保护部的设立，如何有效加强海洋环境治理成为海洋行政组织设置必须面对的课题。

5. 地方海洋行政机构千差万别，参差不齐

我国沿海省市的地方海洋行政机构在名称和级别上就存在差异，就全国而言，大部分的地方海洋机构为海洋与渔业厅、海洋与渔业局、海洋局等名称。名称的不同，表明其管理职能的差异，称为海洋与渔业厅（局）的兼有海洋管理与水产资源管理双重职能，而称为海洋局的则没有后一职能。此外，沿海省份所辖的地方海洋行政机构也是千差万别。以辽宁省为例，其沿海六市的海洋行政机构就有 4 种类型：市属局管理的二级局（大连市）、海洋水产局（丹东、盘锦、锦州）、海洋水产局属的海洋资源管理办公室（营口）、科委管理的海洋管理办公室（葫芦岛）②。这种中央与地方、地方与地方不对应的海洋行政组织，阻碍了海洋综合管理的有效开展。

三 我国分散的海洋执法体制及其制度根源

（一）中国海洋执法中的"五龙"

我国的海洋执法体制存在分散化的问题。其执法队伍包括五个组成部

---

① 伍业锋等：《美国海洋政策的最新动向及其对中国的启示》，《海洋信息》2005 年第 4 期。
② 鹿守本等：《海岸带综合管理》，海洋出版社，2001，第 158 页。

分：中国海监、中国海事、中国渔政、中国海警和中国海关。尽管它们成立的时间不相同，其执法的范围和重点也有所区别，但是其职能都涉及海上执法。有学者在说明海上执法时，将五支执法队伍比喻为"五龙"①，以此形象地指称我国分散的海洋执法体制。

1. 中国海监：隶属国家海洋局的海洋执法队伍

中国海监，全称为中国海监总队，成立于 1998 年。中国海监是国家海洋局领导下中央与地方相结合的海上行政执法队伍，由国家、省、市、县四级海监机构共同组成。国家队伍由中国海监北海海区总队、中国海监东海海区总队、中国海监南海海区总队 3 个海区总队及其所属的 9 个海监支队、3 个航空支队组成；地方队伍由 11 个省（自治区、直辖市）总队，51 个地、市级海监支队，189 个县市级海监大队组成；此外，还有 7 个国家级海洋自然保护区支队和 1 个自然保护大队。队伍总人数逾 8000 人。

中国海监总队的主要职能是依照有关法律和规定，对我国管辖海域（包括海岸带）实施巡航监视，查处侵犯海洋权益、违法使用海域、损害海洋环境与资源、破坏海上设施、扰乱海上秩序等违法违规行为，并根据委托或授权进行其他海上执法工作。中国海监目前是我国强制行政执法的主要发展力量，我国政府在扩大海监船队规模的同时，也在努力加强海监船的武装，如高压水枪/水炮、多联装 14.5 毫米机枪等，以增强海上强制执法能力。目前，中国海监有执法飞机 9 架，各类执法船、舰 280 余艘，执法专用车 200 余部。

2. 中国海事：隶属交通运输部的海洋执法队伍

中国海事，全称为中国海事局，成立于 1998 年。中国海事是在原港务监督局和原船舶检验局的基础上，合并组建而成②，是交通运输部直属机构，实行垂直管理体制。目前，中国海事下设天津海事局、河北海事局、山东海事局、辽宁海事局、黑龙江海事局、江苏海事局、上海海事局、浙江海事局、福建海事局、深圳海事局、广东海事局、长江海事局、广西海事局、

---

① 部分论著在说明五支海上执法队伍时，用更为具体和形象的标志船来指代"五龙"："海监"系列执法船、"渔政"船、"海巡"船、"海警"巡逻艇、"海关"缉私艇。

② 在有关法律法规进行相应的修改之前，海事局仍继续以"中华人民共和国港务监督局"和"中华人民共和国船舶检验局"的名义对外开展执法工作。

海南海事局等 14 个直属海事机构以及 28 个地方海事机构。

中国海事的海上执法主要负责国家海上安全监督、防止船舶污染、船舶及海上设施检验、航海保障管理和行政执法。中国海事亦被称为"海上交警"，负责港口以及海上船舶出现的一切有关交通、环境事宜。

3. 中国渔政：隶属农业部的海洋执法队伍

中国渔政，全称为中国渔政局或农业部渔业局，其机构设立最早可以追溯到 1958 年[①]。中国渔政是我国海上执法队伍最为庞杂的一支，中国渔政执法队伍到目前已经发展到 3000 个机构，3 万余人，拥有执法船（艇）2200 余艘、执法车 2000 辆左右。如此庞大的执法队伍长期以来却并没有一个统一的核心领导机构。一直到 2000 年，经中央机构编制委员会办公室批准，中国渔政指挥中心才正式成立。它的成立标志着中国渔政海洋执法开始走向整合，形成指挥中心统一指导、三个海区渔政局和三个流域委员会组织协调、县级以上地方渔政管理机构具体实施的渔政执法体系。

中国渔政的主要职能包括：维护国家海洋权益、养护水生生物资源、保护渔业水域生态环境和边境水域渔业管理；承担渔船、渔港、水产养殖和水产品质量安全等渔业行政执法任务；负责渔业船舶和船用产品检验，保障渔业生产秩序和渔业安全生产等。概括而言，中国渔政的执法分为三大领域：渔政、港监和船检。三大领域之间的执法整合一直困扰着中国渔政。

4. 中国海警：隶属公安部的海洋执法队伍

中国海警，全称中国公安边防海警部队，隶属于公安部边防局。中国海警是在 1979 年组建的海上公安巡逻大队的基础上逐渐发展而来，是我国维护海上治安的公安执法力量。中国海警在部队序列上，称"中国人民武装警察海警部队"，行政上称"公安部海洋警察局"，对外称"中华人民共和国海洋警察局"，简称"中国海警"[②]。公安部海洋警察局包括大连、上海、

---

① 目前，将 1958 年 4 月 3 日确定为新中国成立后的"中国渔政"成立日。

② 实际上，中国海警具有双重身份，它既是公安部下设的执法队伍，也是我国海军的组成部分。

厦门、广州和三亚 5 个海警指挥部，下辖若干个海洋警察局、海洋警察大队。战时，海洋警察部队作为海军的辅助和后备力量，由中央军委、海军统一指挥。中国海警组建初期主要承担维护沿海治安和缉私任务。此后海警担负的任务逐渐增加，职能不断扩展，主要负责在我国管辖海域进行巡逻检查，实施治安行政管理，打击海上偷渡、走私、贩枪贩毒和海上抢劫等违法犯罪活动①。

5. 中国海关：海上缉私的执法队伍

中国海关也是我国海上一支重要的执法队伍，其执法工作主要由海关总署下设的缉私局承担。海关总署作为我国防止走私泛滥的主要职能部门，其海上执法主要包括两大内容：打击走私和口岸管理。缉私局的执法力量也逐渐获得提升。

（二）"五龙"外延的延伸

需要指出的是，有的论者对于"五龙"的具体指向有着与本书不同的理解。例如，朱贤姬将"五龙"界定为海洋部门、交通部门、农业部门、环保部门及部队②。严明也认为"五龙"为环保、海洋、海事、渔政和军队③。环保部门主管海洋环境保护，海洋部门管理海域使用，交通部门管理海上交通运输，农业部门管理海洋渔业，海军管理海洋边防等。实际上，所谓"五龙"，更多是从海洋执法的角度来界定。朱贤姬、严明等人所谓的"五龙"，更多是从职能的角度而非执法的角度来阐述这一问题。

实际上，海洋管理中涉及的管理职能部门远不止五个。早在 1998 年中央机构改革合并之前，涉海行业管理的部门高达十余个。我国有学者在总结海洋执法管理时，也指出我国在海洋法律法规的执法管理上涉及国家管理部门 15 个以上④。例如：水产部门负责海洋渔业和渔船渔港管理；地质矿产部门负责矿产资源勘探工作的管理；冶金部门负责固体矿物开发管理；石油部门负责海洋油气开发及管理；轻工业部门负责海盐管理；气象部门负责海

①　白俊丰：《构建海洋综合管理体制的新思路》，《水运管理》2006 年第 2 期。
②　朱贤姬等：《中韩海洋环境管理的要素特征及比对分析》，《海洋环境科学》2008 年第 6 期。
③　严明：《渤海何日不再为"五龙治海"头痛》，《中国改革报》2004 年 8 月 20 日第 2 版。
④　管华诗、王曙光：《海洋管理概论》，中国海洋大学出版社，2003，第 221 页。

洋气象预报；公安边防部门负责渔民出海和船舶治安管理。单与海洋管理有关的系统就有：国家海洋局海监系统、沿海公安边防管理系统、农业部渔政渔港监督管理系统和渔船检验系统、交通部港务监督系统、海事法院、海军和海关。部分部门进行过裁撤，有所调整，但是直到现在，涉海管理的职能部门也远不止五个。除了"五龙"之外，我国目前涉海的部门多达 10 余个（具体见表 4 - 3）。

表 4 - 3　当前"五龙"之外涉海管理部门及其管理职能表*

部门	涉海职能	部门	涉海职能
1. 国土资源部	海岛岛屿管理	6. 发改委	海洋建设项目
2. 公安部	海上急救	7. 气象局	海洋气象及台风预防
3. 环境保护部	海洋环境保护	8. 质检总局	保护渔业生产安全
4. 国资委	管理中国盐业总公司，主管海盐	9. 安监总局	海洋石油生产安全
5. 卫生部	涉水(海)产品安全	10. 林业局	珍贵海洋生物保护

* 根据中央人民政府职能部门的职能规定及部分法规整理而来。

　　这种局面使得学者在论述"五龙"过程中发生了概念外延的延伸。这从侧面反映出我国海洋管理存在的高度分散化问题。学者们在界定"五龙"时存在差异也就不足为奇，界定为"六龙"① 也在情理之中。由于中国海监、中国海事、中国渔政、中国海警和中国海关五部门都具有海上执法权力，其职能存在很大的交叉。因而，在具体管理过程中，五个执法部门经常发生扯皮现象，被戏称为"五龙闹海"。

（三）"五龙闹海"的困局

　　我国所构建的中国海监、中国海事、中国渔政、中国海警和中国海关五个海上执法队伍，其设置初衷是为了实现"五龙治海"，实现海上执法的专

---

① 例如，和先琛认为我国海洋执法部门为"六龙"：交通部的海事局、海洋局及中国海监总队、农业部的渔业局、海关、环境保护部的环境监察局、海警。具体参见和先琛《浅析我国现行海洋执法体制问题与改革思路》，《海洋开发与管理》2004 年第 4 期。还有的论者将"六龙"界定为海事局、海监总队、渔业局、海关、海警以及交通部的海上救捞局。

业化。但事与愿违，多部门执法不仅没有达到提高海上执法效率的目的，反而使得海上执法职能相互交叉重叠。表4-4是"五龙"涉及的部分海上执法职能。从表中可以清楚地看到，大部分的执法职能都涉及两个以上的执法部门，部分职能甚至涉及四个执法部门。实际上，"五龙闹海"的局面随着五个执法部门的不断扩充和加强而日益严重。目前，很少有海上执法不需要两个执法部门的介入。

表4-4　"五龙"的部分涉海执法职能表*

执法职能 ＼ "五龙"	中国海监	中国海事	中国渔政	中国海警	中国海关
海上环境保护	√	√	√	√	
海洋权益维护	√		√	√	
船舶检查		√	√	√	
海上走私缉拿				√	√
沿海口岸管理					√
渔场海域使用	√		√		
海上治安	√			√	
我国海域的巡航	√		√	√	√

*表中出现"√"表示该执法职能涉及该执法部门。

　　海洋具有不同于陆域的一些特性。海洋最突出的特点在于它具有流动性，即海水是流动的，海洋中的许多资源也是流动的。这一点决定了海洋开发与陆地开发的一个明显区别，即某一陆地资源的开发一般不会给不相连的陆地资源带来直接的影响。而海洋的开发和利用则不然，海洋的流动性特点，使其在开发过程中更易产生连带效应。海洋通过流动的海水可以把不同区域的开发利用活动联系起来，即某一区域海洋的开发利用，不仅影响本区域内的自然生态环境和经济效益，而且必然影响到邻近海域甚至更大范围内的生态环境和经济效益[1]。这种特性使得"五龙闹海"的分散执法体制很容易造成执法者之间的责任不清和相互推诿。某一职能部门的管理权限可能无法满足其海洋执法的现实需求，往往需要其他部门的介入和

---

　　[1]　王琪等：《海洋环境管理中的政府行为分析》，《海洋通报》2002年第6期。

帮助。

例如，2005 年 8 月 19 日，山东烟台的金沙滩上出现大量死亡的飞蛤、蛏子、螃蟹等海洋生物。接到报告后，烟台沙滩开发区环保局和海监大队立刻展开了监察监测，发现是市区生活垃圾处理场渗滤液输送管道发生泄漏，渗滤液中包含有毒有害物质，使水质发生了变化，加上沿岸企业的排污、废渣撒落被雨水冲入海中导致海水被污染。专家分析认为，四十里湾东、西各有一处城市污水排海区，日排放量十余万吨，污水大量排放导致大量营养盐进入湾内，营养盐含量的突然增加，是发生赤潮的主要原因。同时，湾内船舶运输、捕捞、养殖等海上活动带来的海洋环境污染也起了一定作用。这一近海海洋污染事件的处理，在当前"五龙闹海""多龙管海"的分散执法体制下，需要多部门同时介入。沿岸企业的排污行为需要环境保护部门介入处理；海湾内船舶运输、捕捞、养殖等海上活动带来的海洋环境污染则需要渔业部门以及交通部门介入处理。而这也都需要海洋行政主管部门的大力介入。

海洋的一体化、不可分割性使得大部分海洋事件处理都会涉及多个海洋执法部门。各个海洋执法部门根据各自的职能权限设定自己的管理范围，职能划分的管理权限与海洋的一体化之间的矛盾使得任一海洋执法部门都很难独立有效地完成海洋执法任务。这种状况使得介入其中的海洋执法部门各自遵循法律程序，例行完成自己所属的法定职能，而鲜有通盘筹划、对最终结果负责的执法情况。换言之，海洋执法部门更多是在职能权限的设定范围内对程序负责，而不是对最终结果负责。因为职能的细化使得责任分化，各个海洋执法部门只是关注自己的职能范畴。在上述案例中，环境保护部门侧重岸上排污企业的排污处理，对海洋污染的最终处理因为涉及海洋行政主管部门，出现责任分担，往往相互推诿；渔业部门负责捕捞、养殖的污染防治处理，至于这种处理能否有效缓解赤潮，则不是它们执法的范畴；尽管海洋行政主管部门需要直接面对海洋污染的处理，但是由于污染源主要来自陆地，不在其职能管辖范围内，使得海洋行政主管部门承担最终处理不力的责任，并不公平。这就很难避免责任不清和相互推诿。在这种职能划分分散的海洋执法体制之下，出现"多龙治海难治海"的后果也就不足为奇了。海洋执法困局的形成也就在情理之中了。

"五龙闹海"的分散海洋执法体制，造成我国海洋执法的困局。究其原因，是基于职能管理的海洋行业管理模式和思路，使我国的海洋管理和海洋执法弊端重重。

（四）职能管理在海洋管理上的延伸——"五龙闹海"的制度根源

1. 职能管理的含义及其特点

按照职能划分进行管理是现代政府的主要构建原则之一。所谓职能管理，是指组织为了方便内部管理，根据职能从纵向上划分为不同的层级，从横向上划分为不同的部门，上下垂直对应的部门职能类似或者相同，从上到下形成了金字塔型的多层级组织架构的管理模式。整个架构的运作是一个命令的传递和执行体系，各种层面的管理办法和规章制度是其运作的基础。

职能管理是我国政府的主要管理方式。中央政府在不同的时期，根据不同的情况，进行不同的职能划分，形成国务院的职能管理部门。在地方上，各级地方政府也按照中央政府或者上级政府的职能划分，设置自己的职能管理部门。上下级职能管理部门之间形成业务指导与被指导、领导与被领导的管理关系。现代政府构架下的职能管理具有以下两个方面的特点。

第一，职能管理是将管理活动分解为一系列标准化和次序化的任务，并分配给特定的执行者。职能管理一个最显著的特征就是横向切块、纵向管理。根据现实的管理需要，将管理活动分为不同的要素和单元，并据此设置相应的职能管理部门。因此，职能管理是一种单项、单要素的管理，有人形象地称之为"条条"管理。职能管理的单项、单要素管理特征，在某些情况下，的确可以提高管理的专业化程度。这种优势使得职能管理成为各国政府选择的主要管理模式。

第二，职能管理注重纵向的命令控制，其沟通也侧重于纵向的上下级协调。各个职能管理部门根据法律规定的管理职责，在其管理范围内行使管理权限。它以接受上级的行政命令为主要管理特征。当其管理活动涉及其他相关职能管理部门时，其主要的沟通机制是通过向上级职能管理部门或上级政府反映，依靠纵向的沟通途径进行协调。需要指出的是，当职能管理部门在其所管辖的职能范围内进行管理时，这种纵向的命令控制可以实现有效沟通和协调。但是一旦其管理活动超出了管理职能范畴，职能管理注重纵向控制与沟通的模式就会提高沟通的成本，降低沟通的效果。尽管在实际管理中，许多职能管理部门之间建立了横向沟通协调机制，但是其协调的力度和深度远不能适应实际管理的需要。因此，在职能管理模式下，当管理活动涉及多个职能管理部门时，经常发生扯皮、推诿以及沟通乏力现象，也就不足为奇。

2. 职能管理下的分散海洋执法体制

基于职能管理的模式和思路所构建的海洋执法，必然会相应地形成以分散执法为基本特征的海洋执法体制。随着我国对海洋管理的日益重视，海洋执法队伍的分散化日益突出。新中国成立之初，海洋权益的维护主要由海军承担。1964 年 7 月，国家海洋局的成立，标志着我国海洋管理进入了专门化时期。但是我国的海洋管理一直延续着职能管理的思路，其表现之一就是在强化国家海洋局管理职能的同时，也在不断强化其他涉海职能管理部门的权限。

这种局面在 20 世纪八九十年代表现最为明显。这一时期，我国的涉海行业管理在四个方面开始得到加强和完善：一是海洋渔业管理，二是海洋港口和交通运输管理，三是海洋油气生产管理，四是海盐生产管理。

这种多头并进的海洋行业管理形成了分散的海洋执法体制。中国海监、中国海事、中国渔政、中国海警和中国海关的"并驾齐驱"，其实质是涉海职能管理部门强化自己职能管理的结果。

3. "五龙闹海"——注重单项、单要素的职能管理与海洋一体化矛盾的产物

那么，基于职能管理形成的分散执法体制，为何在海洋管理中会衍生出"五龙闹海"的困局，而在陆域管理中却并没有如此明显的弊端呢？究其原因，在于海洋具有不同于陆域的一些特性：由于海洋的整体性和海水的流动性，使得单要素的职能管理不可避免地会涉及其他相关职能。因此，在海洋管理中，很难做到泾渭分明的职能分割。但是由于陆域的固定性以及弱相关性，其在职能管理上没有产生如此大的职能重叠和交叉。威廉姆森将职能管理的这一特征概括为等级分解原则（hierarchical decomposition principle）。所谓等级分解原则，是指组织结构及相应的决策权力和责任应进行分解，并落实到每个便于操作的组织的各个基层单位，从而有助于防止"道德风险"，进一步节约交易费用和组织运作成本①。换言之，职能管理的良好运作，需要责任的明细化，每一个管理事项的最终处理结果责任都指向单一基层组织甚至个人。职能管理的这种内在要求，在遇到责任和决策不能分割的情况下，往往发生管理的失效。实际上，职能管理不仅在具有一体化的海洋管理中出现失效，在其他具有一体化的领域也衍生弊端。例如，流域管理，由于河流也具有流动性和一体化的特征，实施职能管理的流域也是弊端重重。目前，许多国家和地区基于这种状况，实行统一管理。例如，我国在大的流域都实行由水利部统一管理的模式。美国联邦政府甚至成立独立的田纳西河管理局，独立于田纳西河流域内的各州政府，直接对联邦政府负责。管理局对田纳西河进行统一的综合管理，统筹规划，从而有效地实现了田纳西河流域环境的良好治理。

海洋的一体化和流动性要求海洋实行综合管理，而注重单项、单要素的职能管理难以实现海洋生态的有效治理。职能管理的单要素特征割裂了这种整体性和综合性。海洋行业管理是职能管理在海洋管理中最明显的表现。各个海洋行业在海洋开发过程中，都突出强调自己的行业特点，而鲜有通盘考虑、统筹协调的思路。以中国海监、中国海事、中国渔政、中国海警和中国海关为代表的"五龙"，其"闹海"的结果就是难以实现海洋环境的保护和海洋生态的维持。实际上，"五龙"涉海职能之间的冲突，主要集中在海洋环境方面。海洋环境集中了"环境"与"海洋"的双重特性，这两者的有效治理都需要基于综合管理的思路。许多国家的经验表明，综合管理的思路是有效治理环境的良好选择。海洋生态作为人类最后和最重要的生态维持系统，对其的保护已经成为海洋管理的核心。海洋行业开发中的许多突发事件，以及涉海职能管理部门的某些职能，都会涉及海洋环境的保护。不管是石油开采的意外漏油，还是大面积赤潮的爆发，抑或沿海污水的排放，都是海洋环境遭受破坏的典型表现。在治理海洋环

---

① 芮明杰：《管理学：现代的观点》，第二版，格致出版社、上海人民出版社，2005，第24页。

境的过程中，自然涉及相关的职能部门。各个涉海职能部门基于自己的单项管理职能，在介入海洋环境保护时，只对程序负责，不对结果负责，即每一个相关部门按照合法的程序完成自己相关的职能，而最终的海洋环境治理是否真正实现，并不是它们关注的重点。这种状况导致难以实现对海洋环境或海洋生态的整体性治理。因此，海洋生态环境的有效治理，难以依靠某一个职能部门的单要素管理来实现，而是需要基于生态系统的综合管理。

因此，要改变"五龙闹海"的局面，需要打破我国目前注重职能管理的海洋行业管理模式，改变分散的海洋执法体制，实行海洋综合管理。建立在基于生态系统管理基础上的海洋综合管理，是实现海洋良性治理的未来选择。

四 海洋政策基本问题探讨

（一）海洋政策的含义

政策，或曰公共政策，是现代社会中使用频率最高的词汇之一。关于公共政策的含义，众说纷纭。政策科学的创立者哈罗德·拉斯维尔（H. D. Lasswell）认为，政策是"一种含有目标、价值与策略的大型计划"[1]。美国知名政治学家托马斯·戴伊认为："凡是政府决定做的或者不做的事情，就是公共政策。"[2] 詹姆斯·安德森则认为："政策是一个有目的的活动过程，而这些活动是由一个或一批行为者，为处理某一问题或有关事务而采取的……公共政策是由政策机关或者政府官员制定的政策。"[3] 我国部分研究公共政策的学者也对公共政策作出了自己的解释。陈庆云认为，公共政策是

---

[1] H. D. Lasswell and A. Kaplan. *Power and Society*. New Haven, Yale University Press, 1970. p. 71.

[2] Thomas R. Dye. *Understanding Public Policy* (6th, ed.) Englewood Cliffs, N. J: Prentice-Hall Inc., 1987. p. 2.

[3] 〔美〕安德森：《公共决策》，华夏出版社，1999，第4页。

政府对社会公共利益分配的动态过程①。陈振明将公共政策界定为"国家（政府）、执政党及其他政治团体在特定时期为实现一定的社会政治、经济和文化目标所采取的政治行动或者所规定的行为准则，它是一系列谋略、法令、措施、办法、方法、条例等的总称"②。

尽管公共政策已经如此为大家所接受，但实际上"公共政策"概念的出现，也就半个多世纪。1951 年，美国政治学学者哈罗德·拉斯维尔与其同事合作的《政策科学：近来在范畴与方法上的发展》一文，可以看作现代政策科学发端的标志。政策，或者说公共政策由此开始进入人们的视野。经过 60 多年的发展，政策科学已经为人们所认可和熟知。这是一个充满活力和具有前途的领域。与之相关的具体政策，如财政政策、货币政策、保障政策、人口政策、外交政策等，已经为大家耳熟能详，成为普通民众的生活词汇。

随着政策科学的发展和完善，尤其是海洋的重要性日益凸显，以及海洋环境问题日益严重，海洋政策作为政策科学的重要分支领域，开始崭露头角。目前，尽管有关海洋政策的论述尚不多见，但是可以预知海洋政策将是公共政策学界和海洋管理学界研究的重要领域。

早在 20 世纪 80 年代以前，美国学者杰拉尔德·J. 曼贡就出版了《美国海洋政策》一书，中文版译本于 1982 年由海洋出版社出版。由此可见，"海洋政策"在政策科学诞生后不久即为大家所关注。迄今，与"公共政策"的定义一样，国内外学术界尚未对"海洋政策"形成统一的学术定义。美国学者约翰·金·甘布尔（John King Gamble）认为："海洋政策是一套由权威人士所明示陈述而与海洋环境有关的目标、指令与意图。"台湾地区学者胡念祖认为："海洋政策是处理国家使用海洋之有关事务的公共政策或国家政策。"我国学者王淼将海洋政策界定为"沿海国家用于筹划和指导本国海洋工作的全局性行动准则，涉及海洋经济、海洋政治、海洋外交、海洋军事、海洋权益、海洋科学技术等诸多方面"③。鹿守本将海洋政策界定为：

---

① 陈庆云：《公共政策分析》，中国经济出版社，2000。
② 陈振明：《公共政策学》，中国人民大学出版社，2004，第 4 页。
③ 王淼、贺义雄：《完善我国现行海洋政策的对策探讨》，《海洋开发与管理》2008 年第 5 期。

"国家为实现一定历史时期或一定发展阶段的海洋目标，而根据国家发展整体战略和总体政策，以及国际海洋斗争和海洋开发利用的趋势制定的海洋工作和海洋事业活动的行动准则。"[1] 还有论者如此定义海洋政策："海洋政策是党和政府在特定的历史阶段，为维护国家的海洋利益，实现海洋事业的发展而制定的行动准则和规范。它是一系列事关海洋事业发展的规定、条例、办法、通知、意见、措施的总称，体现了一定时期内党和政府在海洋资源开发、海洋环境保护、海洋权益维护等方面的价值取向和行为倾向。"[2]

海洋政策定义的多元化，一方面是受到公共政策定义多元化的影响，另一方面也说明这的确是一个新兴的领域。借鉴以上学者对海洋政策的定义，我们认为，所谓海洋政策，是指国家出于开发海洋或者保护海洋的目的，出台的一系列涉海的措施、办法、条例以及法规的总称，是有关海洋的公共政策。这一定义指出海洋政策包含以下内容。

1. 海洋政策是一种公共政策

公共政策是由国家（或政府）出台的治理社会公共事务的措施、办法、条例、法规的总称，它的主体是国家机关，客体是涉及社会公共利益的公共事务。海洋政策的主体亦为国家机关，它的客体亦是涉及公共利益的海洋公共事务。因此，有关公共政策的基本界定，同样适合海洋政策[3]。

2. 海洋政策的客体是有关海洋开发与保护的公共事务

政策客体，亦可以称为政策内容，行政学研究者一般将之概括为社会公共事务[4]。海洋政策的客体，则是有关海洋开发与保护的社会公共事务，它是海洋政策区别于其他公共政策的本质特性。其中，有关海洋开发的公共事务体现出社会对海洋的经济诉求，包括三个方面：一是海洋渔业开发

---

[1] 鹿守本：《海洋管理通论》，海洋出版社，1997，第311页。

[2] 张玉强、孙淑秋：《和谐社会视域下的我国海洋政策研究》，《中国海洋大学学报》（社会科学版）2008年第2期。

[3] 有学者将海洋政策的主体限定为"国家海洋管理机关"。实际上，这种限定并不合适。我们认为，海洋政策更应该从政策的客体来限定。即行政机关出台的有关海洋的政策为海洋政策。出台海洋政策的不必然是海洋管理机关。

[4] 张国庆：《公共行政学》，第三版，北京大学出版社，2007，第233页。

的公共事务，是海洋第一产业，目前主要体现为国家培育和发展人工养殖；二是海洋资源开发的公共事务，目前成为海洋开发的主要领域，包括能源开发、矿产开发以及旅游资源开发；三是海洋交通发展的公共事务，尤其是随着国际贸易的发展、全球化的深入，海洋交通的重要性日益凸显。

有关海洋保护的公共事务主要体现在两个方面。一是有关海洋生态与环境保护的公共事务，它体现出对海洋生态的维持、海洋资源的节约使用以及海洋污染的防治。随着全球环境问题的日益凸显，海洋生态与环境保护已经成为世界各国海洋政策的重点。二是有关海洋权益保护的公共事务，它体现出各国通过海洋法律，维护自己的海洋权益。在海洋管理初始阶段，海洋开发政策占据主要位置。但是现在，海洋保护政策尤其是海洋生态与环境保护政策，开始越来越受到重视。

3. 海洋政策表现为一系列涉海的政府措施、办法、条例和法规等，其最高层次是以法的形式颁布，成为社会普遍遵守的准则

（二）海洋政策的分类

海洋政策按照不同的标准，可以有不同的分类。

1. 按照海洋政策的层次，可以将其分为海洋元政策、海洋基本政策与海洋具体政策

元政策是指用以指导和规范政府政策行为的一套理念和方法的总称，其基本功能在于如何正确地制定公共政策和有效地执行公共政策，元政策可以称为"政策的政策"[1]。元政策更多体现为一种价值观的选择。海洋元政策是海洋政策最深层次的政策选择，它体现为政策制定主体在制定海洋政策时的价值选择。目前，海洋元政策的价值选择可以分为两种：一是以海洋开发为主的功利主义海洋价值观，二是以海洋保护为主的生态主义海洋价值观。基本政策是用以指导具体政策的主导型政策，其与具体政策的区别在于制定机关级别较高，适用范围较广，时间维度较长，具有稳定性，是其他相关政策的出台依据。海洋基本政策一般是中央机关制定的有关海洋开发与保护的

---

① 张国庆：《现代公共政策导论》，北京大学出版社，1997，第22页。

总括性政策。它以海洋法律、海洋行政法规、中央海洋规划的形式出台。具体政策主要是针对特定而具体的问题作出的政策规定，它是层次最低、范围最广的一类政策。海洋具体政策是除海洋元政策和海洋基本政策以外的所有政策，表现为某一领域的海洋政策、某一较小区域的海洋政策、某一较短时间阶段内的海洋政策。

2. 按照海洋政策的客体或者内容，可以将其分为海洋开发政策与海洋保护政策

海洋开发政策与海洋保护政策的分类，从本质上体现出海洋政策的特征。所谓海洋开发政策，是政府出于经济考量而制定的有关海洋利用的海洋政策，具体包括海洋渔业开发政策、海洋资源开发政策与海洋交通发展政策。所谓海洋保护政策，是指政府出于生态或者维护权益的考量，而制定的有关海洋维持的海洋政策，具体包括海洋环境保护政策与海洋权益保护政策。

3. 按照海洋政策的主体，可以将其分为中央海洋政策与地方海洋政策

中央海洋政策是指由中央机关制定的海洋政策，体现为全国人大或其常委会出台的海洋法律、中共中央出台的海洋规划、国务院出台的海洋行政法规、国务院所属部委出台的海洋行政规章。地方海洋政策是指由沿海地方人大或政府出台的有关海洋地方法规与地方规章。地方海洋政策从层次上，分为省级海洋政策、市级海洋政策与县级海洋政策。

4. 按照海洋政策的领域，可以将其分为海洋产业政策与海洋综合政策

随着海洋的重要性日益凸显，海洋产业蓬勃发展，已从以前的海洋渔业、海洋交通与海洋盐业三大传统产业，迅速扩展为十余个产业。目前，已形成规模的新兴海洋产业主要有：海洋石油、海水养殖、滨海旅游、海洋化工、海滨砂矿、海洋电子、海水利用、海洋服务等海洋产业。海洋产业的发展繁荣，使得海洋产业政策的出台与研究提上日程。目前，有论者将海洋产业政策分为四种类型，即海洋产业技术政策、海洋产业结构政策、海洋产业布局政策和可持续发展的海洋产业政策[1]。这种细化分类对于提升海洋政策的研究，不无益处。海洋综合政策则是指不局限于某个单一海洋

---

① 于谨凯、张婕：《海洋产业政策类型分析》，《海洋开发与管理》2007 年第 4 期。

产业，横跨多个产业或者领域的海洋政策。它力图整合不同海洋产业发展的矛盾，或者整合海洋开发与海洋保护的矛盾，是海洋综合管理的一种手段和表现。

（三）海洋政策制定的主体

海洋政策的制定主体根据不同的标准，有不同的分类。按照层级标准，可以分为中央主体与地方主体；按照职能范围标准，可以分为综合主体与专门主体。我们将这两种分类标准相结合，将海洋政策的制定主体分为四类。

1. 中央机关

中央机关是海洋政策的最高制定主体，其所制定的海洋政策具有最高的权威性。我国制定海洋政策的最高中央机关具体如下。

全国人大及其常委会。人大不仅具有制定海洋法律的权力，同样也有制定海洋政策的权力。实际上，从某种意义而言，海洋法律是海洋政策的最高层次。

中共中央。中国共产党作为我国的执政党，其实现执政的方式之一就是确定我国的大政方针。在海洋政策上同样如此。中共中央所制定的海洋政策，对国务院制定的海洋政策具有指导作用。

国务院。国务院作为最高行政机关，具有制定海洋政策的权力。在制定海洋政策的中央机关中，国务院承担了大部分海洋政策的制定任务。需要特别指出的是，国务院不仅制定普通的海洋政策，还出台一些海洋行政法规。从法律的角度而言，海洋行政法规属于法律的范畴，同时也属于海洋政策的范畴。

2. 国务院涉海职能部门

国务院涉海职能部门是我国高层专门制定海洋政策的主体。尤其是国家海洋局，其基本职责就是进行海洋管理与出台海洋政策。国务院涉海职能部门主要是指国家海洋局，但是由于我国在海洋管理中，遵循海洋行业管理的管理模式，国务院涉海职能部门并不局限于国家海洋局。如果从职能定位的角度而言，我国有权制定海洋政策的中央职能部门高达十几个。我国主要的国务院涉海职能部门如下。

国家海洋局。国家海洋局是国土资源部下设的独立局（国家局），是我国制定海洋政策的主要涉海部门制定主体。其所确立的基本职能包括海洋立法、海洋规划和海洋管理。这些都是海洋政策的主要内容。随着海洋综合管理的实施，国家海洋局在海洋政策制定中的作用将更加突出。

农业部。农业部在海洋政策中主要负责海洋渔业政策的制定。农业部渔业厅负责对渔港水域非军事船舶和渔港水域外的渔业船只对海洋污染的预防及管理监督工作，管理渔业水域内的生态环境项目和渔业污染事故等。因此，它也负责此方面海洋政策的制定。

交通运输部。作为国家海事行政管理的主管部门，交通运输部负责港口水域内非军事船舶和港口水域外的渔业船只及非军事船舶对海洋环境污染的防治监督管理，负责在中国管辖海域内航行、停泊、作业的外国国籍船舶的海洋污染事件的监督处理。因此，交通运输部可以制定属于海上运输的海洋政策。

环境保护部。作为我国环境保护的综合部门，海洋环境的保护自然也在其职能范围之内。因此，环境保护部具有制定海洋环境保护的海洋政策。

3. 沿海地方政府

沿海地方政府是指沿海的各级地方人大、党委与行政机关。在我国，最高的沿海地方政府是指沿海的 11 个省市及 2 个特别行政区，包括辽宁省、河北省、山东省、江苏省、浙江省、福建省、广东省、广西壮族自治区、海南省、天津市、上海市以及香港特别行政区、澳门特别行政区。它们作为沿海地方最高行政区划，承担着地方海洋管理的主要职责，也是地方海洋政策的主要出台者。省级人大具有制定地方法规的权责，因此，省级人大不仅可以制定一般的地方海洋政策，同样可以颁布地方海洋法规。省级党委作为中共中央在地方的最高党组织，承担着落实中央海洋政策以及出台地方海洋政策的职责。省级政府是地方海洋政策的主要制定者和执行者，也是中央海洋政策在地方的执行者。因此，从某种意义上而言，沿海地方政府主要是指省级地方政府。

省级行政区划下的沿海市、县也具有出台地方海洋政策的职能，特别是一些沿海发达城市，其制定、颁布的海洋政策也对地方海洋管理具有重要影响。我国沿海地方政府，除了 11 个省级政府以及 2 个特别行政区外，比较重要的政策主体还包括 6 个副省级地方政府，它们是青岛、大连、厦门、深圳、宁波 5 个副省级城市和天津滨海新区 1 个副省级市辖区。它们具有较大的经济管理权限，在海洋政策的制定和执行方面，都有举足轻重的地位。

沿海地方政府层次较多，并且许多互不隶属，使得它们之间的海洋政策经常发生冲突，尤其是在海洋保护方面，协调乏力。各个地方主体出于促进本地经济发展的目的，无序开发海洋，侧重海洋开发政策的出台，而忽视海洋保护政策的制定。这些都是我国在海洋政策方面需要改进的地方。

4. 地方海洋管理部门

地方海洋管理部门，主要是指国家海洋局的地方分局以及地方政府中的海洋职能部门，主要包括以下几个主体。

海洋局地方分局。国家海洋局在我国的地方沿海设置了三个分局，分别是：北海分局，位于青岛，负责渤海及黄海的管理；东海分局，位于上海，负责东海的管理；南海分局，位于广州，负责南海的管理。三个分局直属于国家海洋局，是执行国家海洋局海洋政策的主要地方主体。需要指出的是，三个分局在性质上是国家海洋局的派出机构，并非地方政府的职能部门，但是由于它们主要关注海洋局政策在所辖地区的执行，所以我们将之归入地方海洋职能部门之中。

省级海洋与渔业厅。我国的地方海洋管理体制主要是海洋部门与农业部的渔业部门相结合的体制模式，除了极少数省份实行国土资源模式和分局与地方结合模式外，大部分省级主体成立海洋与渔业厅，实行海洋与渔业综合管理的模式①。海洋与渔业厅既接受国家海洋局的指导，同时也接受省级政府的领导，是地方主体制定的海洋政策的主要执行者。同样，它们根据所辖的海洋管理事务，也出台相关的海洋政策。

市级海洋与渔业局。它们是省级海洋与渔业厅的下属职能部门，承担市

---

① 我国地方海洋管理机构共有三种模式：一是将海洋部门与渔业部门相结合，成立海洋与渔业厅（局），实行这一模式的有辽宁、山东、江苏、浙江、福建、广东、海南 7 个省份；二是实行国土资源与海洋分局相结合的模式，实行这一模式的有河北、天津、广西 3 个省（区、市）；三是将海洋分局与地方海洋管理机构合并，实行这一模式的是上海市。

一级海洋与渔业政策的制定与执行。其中，青岛市、厦门市等副省级市的海洋与渔业局是非常重要的地方海洋政策制定和执行者。

（四） 我国海洋政策制定中存在的问题及其改进

1. 没有出台海洋元政策，缺乏宏观规划

虽然我国先后颁布实施了《全国海洋经济发展规划纲要》等具有海洋战略性质的文件，但从整体上看，已经制定和实施的某些规划或战略仅是部门性的、区域性的或事务性的，有些只能称之为战略框架。由于海洋环境复杂多样，各种资源相互关联，各个海洋产业的发展相互影响、相互依存。因此，单一部门、区域性的海洋发展规划不能协调各海洋产业之间的关系，难以促进海洋开发的整体效益。同时，各部门不同的海洋发展规划还容易导致纵向上政策相互脱节，横向上各政策又在目标、内容和效应上相互冲突。因此，我国需要明确海洋管理的价值取向，并在此基础上出台海洋开发与保护的宏观规划。海洋元政策的出台将是理顺海洋开发与保护矛盾的重要基石。

2. 突出海洋开发政策，海洋保护政策滞后

目前，我国的海洋政策，还是侧重于海洋利用，海洋保护处于从属地位。鉴于我国目前的海洋管理还是遵循海洋行业管理模式，出台海洋政策的主要是各个涉海管理部门，它们更多是从本部门本行业的角度，出台一些海洋开发政策。海洋开发政策对于促进某一海洋行业的发展是非必要的，但是海洋开发政策的最大弊端在于过于注重本行业的利益，忽视了海洋其他领域的利益。尤其是海洋开发政策中的资源开发政策，是海洋政策的重心，而海洋环境保护政策总体处于滞后状态。随着全球环境的恶化，海洋环境作为人类环境最后也是最重要的调节器，如果遭受破坏，其后果将是灾难性的。而且，海洋具有一体化、流动性的特点，海洋生态的破坏与海洋环境的污染，造成的影响不容忽视。这种突出海洋资源开发、忽视海洋环境保护的海洋政策，将严重影响我国海洋的健康发展。因此，我国需要改变这种"重开发、轻保护"的海洋政策制定思路，打破行业主导的海洋政策制定模式，实行海洋政策的综合制定模式。

3. 中央海洋政策与地方海洋政策缺乏有机连接

目前，我国实行中央与沿海地方分区管理的模式，沿海地方政府管理沿岸 12 海里以内的海洋区域，而 12 海里以外的领海由中央政府管辖。一般而言，中央政府对海洋的管理，主要侧重于国防、大型项目的规划、海洋环境的整体保护。实际上，中央政府很少直接介入沿海的海洋政策。地方政府在出台自己辖区的海洋政策时，更多是考虑本辖区的海洋现状，侧重于海洋开发，尤其是要促进本辖区的海洋经济发展，这可能与中央的整体海洋政策出现矛盾。现在，我国的中央海洋政策与地方海洋政策缺乏有效的衔接机制，使得地方的海洋政策出现"放任自流"的现象，难以有效矫正其错误。除了中央海洋政策与地方海洋政策缺乏衔接之外，沿海地方的海洋政策也没有有效衔接的机制。但是海洋与陆域不同，海洋具有明显的一体化特征，地方海洋政策过于关注本辖区海域，但其影响有可能波及周围海域甚至全国。中央海洋政策与地方海洋政策缺乏有机衔接，是我国海洋政策的一个重要弊端。因此，我国需要建立中央海洋政策与地方海洋政策的有机衔接机制，实现两者的协调，使得两者在各自领域有效运作的基础上能够相互协调、有机衔接。

可以预见，海洋在人们的生活中将扮演愈来愈重要的角色。在人们开发海洋的过程中，政府有责任规划、指导和规制海洋开发和保护的行为。而海洋政策是政府实现这一宗旨的最重要手段之一。因此，深入研究海洋政策，可以促使政府在海洋开发与保护中扮演至关重要的角色。遗憾的是，目前我们对海洋政策的研究还处于起步阶段。本书通过对海洋政策的含义、制定主体等基本问题的探讨，希望能够对学界深入研究海洋政策有所裨益，引起学界对这一问题的进一步思考，深化海洋政策的研究。

五　海洋管理中的"政策失灵"及原因分析

海洋政策既是海洋管理活动的基础和准则，又是海洋管理的基本手段，同时还是海洋管理的重要组成部分。在海洋管理的制度框架体系中，海洋政策处在这一框架的最高点，对海洋管理全局起影响和制约作用。海洋政策在建构和执行过程中稍有偏差，就会影响海洋管理的整个过程，并最终影响到海洋事业的发展。因此，了解海洋管理的政策结构及"政策失灵"现象，对于提高海洋管理政策的合理性及科学性，具有重要意义。

（一）海洋管理中"政策失灵"的表现

海洋政策是海洋管理活动的出发点，并贯穿在管理活动的全过程中。从这个意义上说，海洋管理就是对海洋政策执行的管理。然而，海洋政策自身结构及海洋政策制定、执行过程的复杂性，使得海洋政策在引导、规范海洋实践活动中有时并不能达到预期效果，甚至有可能出现与预期目标相反的结果，从而导致"政策失灵"。海洋管理中的"政策失灵"主要体现在以下三方面。

1. 海洋政策制定缺乏系统的认识论、方法论指导

现代意义上的国家海洋政策是国家用于筹划和指导海洋开发利用、维护海洋权益、保护海洋资源环境、实施海洋管理、捍卫海洋安全的全局性策略，涉及国家海洋事业的总体发展。要实现海洋政策目标，真正体现其指导国家海洋事业发展的作用，就必须从战略的高度对海洋政策的制定和执行统筹规划，充分体现其宏观性、全局性和前瞻性。而要做到这一点，必须要有系统的认识论和方法论作指导。从认识论、方法论的角度，首先给海洋政策进行科学定位，并以科学的理论作为支撑，使国家整体的海洋政策确立明确统一的目标指向，从而以系统性的内涵和前瞻性的思维解决一切具体矛盾和具体问题。

我国的海洋政策尽管在以往的海洋管理实践活动中发挥了积极的作用，但从总体上尚缺乏一套适合我国海洋管理工作实际的理论体系，没有真正形成一套整体有序、动态权变的工作系统。缺乏系统的统一的认识论和方法论指导，从而在实践中表现出消极被动、"头痛医头、脚痛医脚"的"末端治理"状态。这种状态具体表现为：①海洋政策制定中的被动性和随意性，政策受制于形势需要，陷于被动回应，而不是主动设计、预先规划，由此使本应统一的海洋政策在研究、制定及执行过程中缺乏连续性、衔接性和稳定性；②海洋政策的低层次性，表现为海洋战略研究相对滞后，制定海洋管理政策时，缺乏从整体上对我国海洋管理工作进行统筹考虑和全面规划，国家综合的海洋政策往往降低为部门政策；③海洋政策的片面性，即政策制定中存在"只见树木，不见森林"片面强调本部门利益的倾向，导致在纵向上政策层次相互脱节，横向上政策之间在目标、内容和效应上相互冲突。同时，在海洋政策问题的提出阶段、方案的形成阶段和方案的决定阶段，各相关涉海管理部门往往片面强调自己作为政策制定者的作用，忽视公民、非政府组织和利益集团作为决策影响者的作用。

2. 海洋政策制定者的有限理性所导致的政策低质低效

海洋政策的制定是一个复杂的政治过程，政府涉海管理部门、相关企业、利益集团及公众作为政策制定的主体，共同参与了海洋政策的制定过程，其间的相互博弈，决定了海洋政策的选择样式。政府是海洋政策制定的核心主体，其认知和决策能力对政策优劣起到至关重要的作用。但政府涉海管理者的有限理性，在政策选择中经常会因利益相关者的影响而使政策目标有时偏离公共利益。以海洋环境管理政策制定为例，政府在海洋环境问题的有限理性和认识偏差主要体现在，一是对海洋环境问题的认识存在滞后性。对海洋环境问题的认识有一个过程，人类对海洋生态环境的真正关注只是最近几十年的事情，加之海洋环境问题的产生往往要经历一个由隐性到显性、由点到面的漫长过程，因而往往等到问题严重后才认识到其危害，难以在事前对海洋环境影响评价进行准确把握。二是即使人们认识到海洋环境问题的严重性，由于对"以经济建设为中心"的片面理解，加之政府考核中存在的短视评价标准，各级政府通常把工作重点放在经济领域。当经济发展与环境保护发生冲突时，往往选择经济而牺牲环保。特别是就海洋而言，一些政府部门的领导或者对海洋环境的战略意义认识不足，在海洋环境治理方面无所作为，或者对海洋管理存在不当理解，过于强调末端治理，而忽略对海洋环境系统的全面管理，从而在实践中导致失误。涉海管理者的理性偏差必然会影响政策的制定和执行。

3. 海洋管理中政策执行的失灵

海洋政策目标最终要通过政策执行来实现，政策执行环节中问题的存在可能使科学合理的政策前功尽弃。海洋管理中政策执行失灵的主要表现形式为："阳奉阴违，只做表面文章"的象征性执行，即政策在执行过程中未被转化为具体的操作性措施，使政策所产生的作用大大低于政策目标的要求；政策执行者根据自己的利益需求对上级政策进行"断章取义，为我所用"

的"选择性执行";政策执行者在执行过程中偷梁换柱、"上有政策,下有对策"的"替换性执行";政策执行停滞化,"虎头蛇尾,有始无终"的敷衍性执行。这些现象集中体现了海洋管理中政策"执行难"的问题。海洋管理中政策执行的失灵还表现在监督力量的不到位或作用未能有效发挥。社会公众作为海洋政策的接受者往往对其内容和目标一无所知或只是道听途说,因而难以在短期内认同政策,加上公众对海洋政策制定和执行的监督力度和手段十分有限,政策制定和执行的弹性之大可想而知。

(二) 海洋管理中"政策失灵"问题的原因分析

1. 利益需求是海洋管理政策失灵的主观性原因

作为公共政策,海洋政策总是表现为对利益进行的分配和调整,其实施结果也总要造成一些人受益另一些人受损。涉海管理部门的工作者及其利益相关者都是有自身利益追求和行为倾向的人,他们在政策制定和执行中很难做到"价值中立",必然进行成本收益预期。如果海洋管理中某一政策的执行结果造成其实际收益与预期收益或本人收益与他人收益之间存在差距,那么他们就会产生相对被剥夺感,从而抵制和规避某一海洋政策的执行。所以,利益因素直接产生海洋管理政策执行中偏离政策目标的各种行为。由于各种因素的存在(如部门利益)使得部门可能出现"损公肥私"的情况,地方利益的驱动使地方政府作出与政策目标相反的选择,对污染行为处罚力度不够导致污染者对规章制度置若罔闻,这些因素都可能导致海洋政策不能达到预期目标。同时,也正是因为利益追求导致海洋政策实施过程中产生寻租行为。寻租活动,是个人或利益集团为了谋取自身经济利益而对政府决策或政府官员施加影响,以争取有利于自身分配的一种非生产性活动。由于海洋政策实际体现为一种利益分配,因而为了获取对海洋资源的优先使用权,各相关行业管理部门、生产者会通过各种努力对政策制定者施加影响,以促使政策的制定有利于自身的发展,争取对自身有利的资源配置。例如,面对日益严重的海洋环境问题,在政府进行干预的过程中,海洋环境污染者、受污染者、环保部门之间展开博弈。污染者为了维护既得利益会加大"院外游说活动"的力度,以保持现状或要求政府放宽环境标准。而在排污收费的制度条件下,企业治理污染的程度直接影响环保部门的"收入",这就有可能使一些环保部门在利益的驱使下纵容污染者的污染行为并在这一过程中收取费用，政府承当了主动设租的角色。在这一场博弈中，应当说，受害的仍是被污染者，包括海洋生态环境及与海洋环境密切相关的人群。

2. 制度安排不合理是海洋政策失灵的客观性原因

制度安排不合理主要表现为海洋综合管理政策实施过程中的制度设置滞后、空缺或不完备。就目前我国的情况而言，从政策执行角度看，海洋政策制度安排不合理主要集中在以下几个方面。

首先，海洋政策执行的权力配置机制不合理。在纵向上，表现为权力在不同层级之间配置不合理：有的政策执行权过于集中，不利于因地制宜；有的政策执行权过于分散，造成执行主体各自为政。这种纵向的权力配置不合理要么造成中央政府以全局名义、依靠政治压力任意调动地方海洋资源、侵害地方海洋权益，要么造成地方政府为保护局部利益损害中央海洋权益。在横向上，则表现为权力在不同地区和不同职能部门之间的配置不协调、不明确，导致海洋政策制定或执行时若有利可图，各机构则相互争夺，若无利可图，则无人问津。

其次，海洋政策执行的责任追究制度缺失，表现为政策执行的过程缺乏有力监督，政策变形难以及时发现和纠正；政策执行的效果缺乏明确考核，难以认定执行者的相关责任；政策执行的考核结果缺乏必要激励，造成政策失误没有惩罚、政策执行创新没有动力。

再次，海洋政策执行的监控机制不完善。监控是管理的重要环节，是政策执行的重要手段。然而当前对海洋综合管理政策有效执行的监控不仅存在制度上的缺失，也缺乏专门的监控部门和严格的控制规程，从而引起海洋综合管理中政策执行弹性增大，导致海洋综合管理政策执行中常常发生形变、难以得到统一执行。

最后，海洋综合管理政策执行的信息沟通机制不健全。目前海洋综合管理政策执行中缺乏有效的信息反馈机制，导致政策执行盲目性大，政策执行效果难以认定。可以说，在一定程度上，海洋综合管理政策执行过程中信息渠道不畅、沟通失灵，为政策变形提供了温床。

海洋政策失灵的产生有其必然性，产生的原因错综复杂，既有人为的因素，也有客观的影响，目前要想完全消除海洋管理政策失灵问题产生的根源不太现实。但这并不意味着我们面对海洋管理政策失灵问题束手无策，只能任凭海洋管理政策失灵问题加剧，而是提醒我们，在解决问题时，必须找出问题产生的原因，具体问题具体分析，寻找一种利大于弊的有效策略，通过构建合理的海洋管理制度来治理"政策失灵"，保障海洋环境保护活动的有序进行，防止海洋环境问题恶化。

六　海洋政策有序运行的实施机制

海洋事业的发展需要海洋管理的指导，海洋管理的成功离不开海洋政策的支撑。海洋政策是"国家为实现一定时期或一定阶段的海洋目标，而根据国家发展整体战略和总体政策，以及国际海洋斗争和海洋开发利用的趋势制定的海洋工作和海洋事业活动的行动准则"。它是一系列事关海洋发展的谋略、法令、措施、办法、方法、条例的总称，代表了一定时期内国家权力系统或决策者在海洋开发利用、海洋环境保护、海洋权益维护等方面的意志、取向和能力，是政府向社会展示其在海洋管理上所体现的价值观念和行为倾向。海洋政策既是海洋管理活动的基础和准则，又是海洋管理的基本手段，同时还是海洋管理的重要组成部分。在海洋管理的制度框架体系中，海洋政策处在这一框架的最高点，对海洋管理全局起影响和制约作用。海洋政策在建构和执行过程中稍有偏差，就会影响海洋管理的整个过程，并最终影响到海洋事业的发展。要把我国建设成"海洋经济发达、海洋综合实力强大、在国际海洋事务中发挥重大作用的海洋强国"，必须以海洋政策的有序运行为前提。

政策制定是政策过程的核心，政策执行是政策逻辑过程的重要环节、是将政策目标转化为政策现实的唯一途径，因此海洋政策的有序运行，是指作为海洋政策重要主体的各级各类海洋行政管理机关对于海洋政策的科学制定和有效执行。海洋政策的科学制定，是指海洋政策在纵向上体现出一定的层次性和一致性，以体现和实现国家海洋发展"一盘棋"的战略设想；在横向上确保涉海不同行业政策的协调性，以有效避免矛盾和冲突；综合性的国家海洋政策，作为指导国家海洋事业综合协调发展的国家政策，具有权威性、全局性和最高效力。海洋政策的有效执行，则是指各级各类海洋行政管理机关及其公职人员，对上级政府尤其是中央政府的海洋政策规范遵从和执行的状态和程度。

然而，当前海洋政策运行中的问题重重，威胁了国家海洋政策的权威性。海洋政策制定时，缺乏从整体上对我国海洋管理工作进行统筹规划，导致在纵向上政策层次相互脱节，横向上政策之间在目标、内容和效应上相互冲突；同时海洋行政机关在海洋政策的提出阶段、方案的形成阶段和方案的决定阶段，往往片面强调自己作为政策制定者的作用，忽视公民、非政府组织和利益集团作为决策影响者的作用。海洋政策执行时，问题更为突出，表现在：已制定并颁布实施的统一政策，没有确定的管理部门，缺乏实施海洋政策的制约机制和监督海洋政策执行的组织保障，经常出现"随着行政层级的下降，信息流失率增加，控制权力行使的力度在减少，政策执行力在减弱"的现象，出现中央海洋政策执行不断弱化的"多米诺骨牌"效应，并经常出现政策执行中的变形现象，如"上有政策、下有对策"的替换性执行、"断章取义、为我所用"的选择性执行、"阳奉阴违、只做表面文章"的象征性执行和"虎头蛇尾、前紧后松"的敷衍性执行；涉海各相关部门和行业不重视国家总体海洋政策的贯彻，片面强调部门利益，只考虑本行业海洋政策的执行，一旦发生政策冲突，不能及时协调解决；社会公众作为海洋政策的接受者往往对其内容和目标一无所知或仅是道听途说，因而难以在短期内认同政策，加上公众对海洋政策制定和执行的监督力度和手段十分有限，政策制定和执行的弹性之大可想而知。

面对海洋政策运行中的问题，采取措施纠正政策运行中的偏差成为当务之急。纠正措施多种多样，加强海洋政策有序运行的制度建设、探索海洋政策有序运行的实施机制是重要方面。制度的重要性已被人们所公认，我国有些学者已经提出了"从经济建设为中心到以制度建设为中心"。科学合理的制度建设有利于加强对政策制定与执行的制约、激励和监督，实现政策制定与执行的法律化、制度化、规范化、统一化。而探索海洋政策有序运行的实施机制，即探索海洋政策有序运行的相关制度的具体操作过程和行为化过程，不仅是加强海洋政策有序运行制度建设的重要内容，也具有很强的现实意义。海洋政策有序运行的实施机制，不应缺少以下三个方面。

（一）利益整合机制

经济学家布罗姆利认为："公共政策本质上是关于规定个体和集体选择集的制度安排的结构。"这个结构是由相互作用和依存、不同层次和侧面的政策子系统所组成的。海洋政策作为一个政策体系，同样有多种形式的政策类型。

从纵向看，海洋政策是一个自上而下、由宏观到微观、由抽象到具体的垂直政策体系，可分为中央和地方海洋政策。中央海洋政策包括两个层面：一是国家层面的综合政策，如海洋可持续发展战略和《中国海洋 21 世纪议程》等，具有长期性、全局性、综合性、稳定性和很强的权威性；二是国家层面的行业海洋政策，如海洋渔业、环境保护、科技发展政策等，具有很强的针对性。地方海洋政策是在中央统一部署的前提下，结合本地实际制定的适合地海洋事业发展的政策，它既是对中央海洋政策的执行，又是与本地海洋发展状况和经济社会发展现状相结合的产物，包括了省、市、县、乡各级。地方海洋政策也包括两个层面：一是地方综合性海洋政策，如《山东省海域使用管理规定》，二是地方行业性海洋政策，如《青岛市海洋渔业管理条例》。

从横向看，许多海洋政策又呈现出"一"字排开的并列状态，这一点在中央和地方行业性海洋政策中表现得尤为突出。海洋环境、资源的多功能性，使得海洋开发利用集中了多个行业、多个部门。这些行业或部门之间并不是一种上下级关系，只是一种平行的关系。每一行业或部门都有自己相对独立的工作领域，所制定的政策也是只涉及本行业领域，如海洋资源、环境、渔业、运输、旅游、科技、油气开发、工程建设政策以及其他一些规范引导海洋实践活动的政策等。这些海洋政策属于具体的海洋政策，它是实现海洋基本政策目标的手段，或说是基本政策的具体规定，是为落实基本政策而制定的具体实施细则，一般具有短期性、局部性和单一性。

纵横交错的海洋政策最终形成一个政策网络，其中形成网络经线的是从中央到地方的各级海洋政策，形成网络纬线的则是横向排开的各行业、各部门的海洋政策，经纬线交点则是双方所面临的共同问题或共同的政策内容。海洋政策作为公共政策，表现为对利益进行分配、调整，其实施结果也会造成一些人受益而另一些人受损，因此错综复杂的海洋政策结构体系中实际上包含了海洋行政管理中的各种矛盾，即中央与地方海洋政策的矛盾、综合性与行业性海洋政策的矛盾以及行业性海洋政策之间的矛盾。中央海洋政策往往以全局名义和政治压力侵害地方海洋权益，地方海洋政策则常常因保护局部利益无视中央海洋权益；各级行业性海洋政策往往跳不出一个个"点"的限制，难以把海洋这个"剪不断、理还乱"的有机整体连成一个统一的面，既造成了行业政策与综合政策的不一致，又引发行业政策间的不协调。

利益整合机制就是针对海洋的流动性、整体性等自然特性和海洋开发利用的多行业性、彼此关联性等社会特性以及海洋行政管理中各类政策间的矛盾提出的一种制度安排和解决思路。正如《联合国海洋法公约》序言中所说的："各海洋区域的种种问题都是彼此密切相关的，有必要作为一个整体加以考虑。"尤其是进入 20 世纪 70 年代后，随着海洋环境污染、海洋资源破坏、沿海地区人口膨胀等一系列联系日益密切的"问题群"的出现，任何一个问题仅靠一个地区、一个部门或是一项行业性海洋政策的制定与执行都难以解决，需要相关地区和部门以真诚合作的态度，以海洋发展的全局为重点，以追求海洋发展的整体效果为目标，在对海洋整体功能进行系统分析的基础上，提出"不可分割""整合各方利益"的综合性海洋政策并严格落实。综合性海洋政策不仅要求对海洋资源、环境和权益等各方面的具体政策在内容上实现统筹协调，还要求不同层次的海洋政策在目标和任务上紧密相联，既体现出一定的层次性，又注重彼此的衔接性，同时也要求强化国家综合性海洋政策的作用。可以说，只有运用利益整合机制，才能避免因利益冲突而导致的开发秩序混乱和国家海洋权益受损，才能保证各级各类海洋行政机关在政策制定和执行时避免以个人、部门和地方利益为出发点和归宿，遏止因地方和局部利益而偏离整体政策目标的行为，从而实现政策的科学制定和有效执行，促进海洋政策体系的有序运行。当然，强调海洋政策制定与执行中的利益整合，不是要取消海洋政策制定和执行的多样性和适时性，而恰恰是为了使整个海洋政策系统的各子系统充分发挥作用，保证整个海洋政策体系整体功能的有效发挥。因此通过利益整合机制来实现海洋政策的综合性以及政策制定与执行中的多样性和适时性共存于海洋政策体系这个同一体中。

（二）民主参与机制

根据陈振明博士的观点，"政策主体一般可以界定为直接或间接参与政策制定、执行、监控、评估的个人、团体和组织"，笔者认为社会公众也应是海洋政策的主体。因为随着社会治理理论的兴起、市场经济条件下多元利益格局的形成、社会主义民主进程的不断拓展和深化，社会公众参与海洋管理并成为海洋政策主体越来越具有必然性和可行性。首先，社会治理理论为公民成为海洋政策的主体提供了理论基础。治理是一个上下互动的过程，主要通过合作、协商、伙伴关系、确认认同和公共目标等方式实施对公共事务的管理，其实质在于遵循市场原则、公益和认同。"公共治理理论针对的是公共组织及其与其他组织间依法博弈、共同治理进而使得公共行政在复杂政治环境中最终达成公共利益目标的问题。"以俞可平先生为代表的学者认为，"作为善治的治理体现了国家权力向社会的回归，它要求国家与社会之间良好的合作。一个健全的公民社会是善治的现实基础"。治理是政府对社会进行管理的一种方式，强调管理主体的多元化。海洋管理属于公共治理的范畴，海洋政策是海洋管理的重要方式，因此国家组织和私人企业，包括事业单位、社会团体、各种社会中介组织、自愿组织在内的第三部门理应参与并影响海洋政策的制定和执行。其次，民间涉海相关组织和个人为了实现和维护其合法海洋权益，必然要求影响海洋政策的制定过程，并以特定方式参与政策的执行、监督，这就为社会公众成为海洋政策的主体提供了直接的利益动机。再次，公民参与海洋管理，成为海洋政策的主体，也是社会主义民主和政治文明的客观要求。如果海洋政策的制定与执行中民主参与机制缺失，那么社会主义民主和政治文明至少是不完善的。

既然海洋政策的主体也包括社会公众，海洋政策能否产生好的效果，除了取决于海洋政策制定的科学性和海洋行政机关的执行力度外，公众的支持程度也是重要因素。而提高公众支持程度的一条重要途径就是扩大深化民主参与机制。

民主参与机制首先应贯穿于海洋政策的制定中。要通过建立海洋专家咨询团、设置联系海洋机关和涉海民间组织的协商机构、开辟使公民意愿和实际情况得到充分表达的制度化渠道（如听证、电视电话会议和电子政务），来增进海洋决策参与者的代表性和多样性，进而为海洋行政机关的政策制定提供智力支持，促进政策制定的科学化和民主化，并为政策执行和政策调整提供有力保证和可靠依据。

民主参与机制也应体现在海洋政策的执行上，在这里尤其要加强社会公众（包括公民个人、非政府组织、利益集团、新闻媒体）对海洋行政机关严格执行海洋政策的民主监督，这与新公共管理运动"将决策和执行分开，即政府更多的是'掌舵'，而不是'划桨'"是一致的。在海洋政策执行的监督系统中吸纳更多社会力量参与，能为海洋政策严格执行创造有利的社会环境，为及时纠正政策执行中的变形现象提供条件。

（三）　监控机制

控制是管理的重要环节，是政策执行的重要手段。实行严格的政策监控，才能保证政策的科学制定和有效执行。然而，当前我们对海洋政策的科学制定和有效执行的监控不仅存在制度上的缺失，也缺乏专门的监控部门和严格的控制规程，从而引起海洋政策制定和执行的弹性增大，导致海洋政策在制定中难以达到科学的要求、在执行中难以得到严格落实。建立海洋政策有序运行的监控机制，就是要通过对政策制定和执行的各个环节进行监控，以避免海洋政策制定中的盲目性、随意性和专断性，并保证海洋政策在执行中不发生变形。建立政策监控机制，必须确立一定的机构和制度：要设立专门的海洋政策制定和执行的监控部门，建立健全对海洋政策执行进行监控的一系列规程。建立政策监控机制，必须充分发挥各类监督主体的作用——既要强化同级国家权力机关对海洋行政机关科学制定与有效执行海洋政策的监督职能，又要合理运用上级海洋行政机关的监督作用，还要保证海洋行政管理机关内部专门监察机关的独立地位，更要发挥公众独特的监督作用。

需要注意的是，海洋政策有序运行监控机制的功效，仅靠这一机制本身是很难实现的，只有与其他相关配套机制进行结合，才能达到预期的效果。笔者认为，海洋政策有序运行监控机制作用的实现，有赖于完善的信息沟通机制、科学的绩效评估机制和严格的激励与惩罚制度的保证和支持。

首先，加强监控机制，必须以完善信息沟通机制为前提。信息不公开、搞信息封锁，没有来自作为监督对象的海洋行政机关制定和执行海洋政策的相关信息，海洋政策有序运行的监控机制就是无源之水；信息不透明、信息公开不及时，政策运行监控机制的作用就会大打折扣。因此，监控机制作用的发挥离不开健全的信息沟通机制作保障。健全信息沟通机制，必须强化信息反馈系统的功能，使信息反馈经常化、制度化；同时，为了确保信息沟通的广度、深度和真实性，还应该建立并完善多层次、多功能、内外沟通、上下结合的信息控制网络，增加海洋政策有效执行的透明度。

其次，监控必然产生一定的结果，这种结果究竟是好是坏，只有通过科学的评估才能判断。也就是说，建立海洋政策监控机制必须要以科学的绩效评估制度为基础。在建立评估制度时，应该注意以下几点：第一，在评估标准上，要坚持价值判断与事实分析相结合的原则；第二，在评估方法上，要遵循定性分析与定量结论相统一的原则；第三，在评估时间上，要充分考虑海洋政策制定和执行的"时滞效应"及"连带效应"；第四，在评估主体上，要及时将公众评估纳入决策中心的议事日程；第五，在评估结论上，要鉴别海洋政策制定与执行效果的优劣。

最后，经过评估后的监控结果不能不了了之、无果而终，必须和相应的激励与惩罚机制相结合，产生联动效应，否则海洋政策有序运行的监控机制就只能流于形式。海洋政策有序运行的监控机制与激励惩罚机制联动，就是要求对海洋政策制定和执行的情况进行及时跟踪监控，对因政策制定和执行而造成重大损失的相关责任人，进行及时公正的责任追究；对那些对海洋政策的科学制定和有效执行有突出贡献的机构和个人，尤其是那些对海洋政策的科学制定和有效执行有一定创新的机构和个人，给予相应的精神和物质激励。只有如此，监控机制才能落到实处，不了了之的监控结果才能从根本上杜绝。

下篇
分论篇

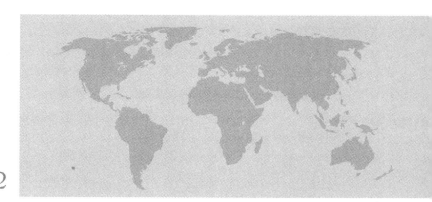

Part 2

第五章　海洋权益维护

一　西方海权理论的提出及历史影响

自马汉提出"海权"概念及理论后，海权理论就成为研究大国崛起的一个重要工具。西方学者基于马汉的海权理论，在探讨中国崛起时，很容易陷入"中国威胁论"的窠臼。实际上，马汉的海权理论是基于历史的归纳方法得出来的结论。马汉的海权理论要获得普世性的推广，需要两个假设：一是马汉总结海权理论所依据的英国崛起的历史具有历史的普遍性，二是英国崛起时的历史影响因素在今天同样如此。实际上，马汉海权理论的这两个假设在今天并不成立：第一个假设是将特殊（或者个别）的历史演进脉络简单扩展为一般，归纳缺乏逻辑上的严密性；第二个假设是将动态的历史演变定格为静态。英国崛起时的历史影响因素在不同的历史阶段是不同的，尤其是在全球化和快速发展的今天，历史展现出全新的一面。假设不成立，马汉的海权理论在今天受到极大的削弱，甚至可以推翻。因此，深入审视以马汉为代表的西方海权理论的历史发展及影响，可以很好地解读西方的"中国威胁论"，并且为处在历史转折时期的中国提供选择视角。

（一）　海权理论的诞生及演进

"海权"一词，最早由美国海军上校阿尔弗雷德·塞耶·马汉（Alfred

T. Mahan，1840－1914）于 1890 年首次出版的《海权对历史的影响（1660～1783）》一书提出，此书奠定了马汉作为现代史上著名的海军史学家和战略思想家的地位，马汉也被尊称为"海权理论之父"。在 1890～1905 年，马汉先后出版了"海权的影响"四部曲①，在这四部著作中，马汉通过对英国海洋扩张的历史实证分析，让人们认识到海权的重要性。尽管马汉首次提出"海权"的概念，但是他并没有给予它明确的定义。马汉更多的是将之作为分析海洋对于国家重要性的工具，告诫人们实现对海洋控制的重要性。

马汉所说的"对海洋的控制"并不意味着对海洋的完全拥有，他认为，如果一国能够从总体上保持自己沿这些经常使用的航线交通且同时使敌人无法享受这一特权，那么它就拥有了"对海洋的控制"。这种控制将带来两方面的优势：首先，这种控制将会使一国享有不受来自跨海威胁的安全，且同时具有到达敌人海岸的机动性和能力；其次，"通过控制海洋这片广阔公用地，拥有绝对优势的海上力量也就是关闭了进出敌人海岸的商业通道"。马汉还指出，海权除了军事力量外，还包括那些同维持国家经济繁荣密切相关的各种海洋要素。他对这些要素的界定主要建立在下述观念的基础上，即"经过水路进行的旅行和贸易总是比经过陆路要方便和便宜"。正是从这个观念出发，马汉认为广义上的海权应当包括两条具体内容：首先，广义上的海权包括海洋经济，即生产、航运和殖民地，因为它们是决定一个国家经济繁荣的关键三要素；其次，广义上的海权同时还应当包括海上霸权，因为历史经验已经证明，拥有海上霸权对保护那些同生产、航运、殖民地密切相关的国家利益是必不可少的②。

马汉总结的影响一国海权能力的六个主要条件是：地理位置、自然构造、领土范围、人口数量、民族特点、政府因素。前三项条件都是地理性

---

① 马汉著作中对后世影响最大的就是他撰写的"海权的影响"系列四部曲：Alfred T. Mahan. *The Influence of Sea Power upon History*，*1660－1783*，Boston：Little，Brown，1890；*The Influence of Sea Power upon the French Revolution and Empire*，*1783－1812*，Boston：Little，Brown，1892；*The Life of Nelson：The Embodiment of the Sea Power of Great Britain*，Boston：Little，Brown，1897；*Sea Power in Its Relations to the War of 1812*，Boston：Little，Brown，1905。

② 吴征宇：《海权的影响及其限度——阿尔弗雷德·塞耶·马汉的海权思想》，《国际政治研究》2008 年第 2 期。

的，因而可以放在一起进行讨论：马汉对历史的解读使他认为，同一个必须时刻准备抗击陆上邻国进犯的国家相比，一个无须在陆地上从事防卫和扩张的国家处在集中精力发展海权的最佳位置上；优越并且同重要海上航线相邻的位置为一国专注海权提供了进一步的优势，那些不会对一国防卫造成太大负担且分布集中的港口和海岸线同样有利于一国海权能力的增长；贫瘠的土壤和恶劣的气候通常会鼓励一国居民去从事海外冒险，而一个自然禀赋丰富的国家居民则很少愿意这么做。其他三项条件也可以放在一起讨论，因为这三项条件同样是密切联系的：马汉所说的人口数量并非指人口总数，而是指从事海洋职业的人在一国人口总数中所占的比例，他们既包括从事海洋商业的人，也包括随时可以加入海军的人；民族特点就是指一个民族利用海洋赋予的各种"成果"（即贸易、航运、殖民地）的总体倾向，马汉对此的建议是，建立一个由富有冒险精神和随时准备且能够为海权的发展进行长期投资的贸易商和店老板组成的国家；政府对发展一国的海权能力同样也能够起到非常重要的作用，通过在和平时期培育国家的海军潜力和商业潜力，并且通过在战争时期对海权的娴熟运用，一国政府就能够确保其胜利的前景，这种胜利反过来又将提高国家在世界上的地位。

科贝特是一位与马汉同时代的英国著名海军史学家，其声望也仅次于马汉。科贝特对海权理论的继承和发展，集中体现在他撰写的《海洋战略的若干原则》一书中。在这部著作中，科贝特进一步将马汉的海权论集中在海洋军事力量以及海洋霸权的争斗之中。这部著作的主要目的是说明：战略上的"英国或海洋学派——即我们自己的传统学派"和"德国或大陆学派"的重大差别，这种差别的核心在于英国从事的都是有限战争而不是无限战争；英国之所以能做到这一点，一是英国皇家海军相当强大，足以确保对手无法以入侵本土的方式将这些战争转变为无限战争，二是英国进行战争的根本目的不是为彻底推翻敌人，而是为了从战争中获得某些物质利益[1]。

与科贝特一脉相承，将海权集中在探讨海洋军事力量的还有英国威尔士大学的国际战略专家肯·布思。布思在《海军与外交政策》一书中将马汉的海权概念具体化为一个"海权三角模式"，即海权的发展应以"海洋的利

---

① 　Julian Corbett. *Some Principle of Marine Strategy*, London：Longmans Green & Co，1911，p. 38.

用和控制"为中心，发挥其军事功能、外交功能和警察功能：从"外交功能"来看，包括"显示国家主权"和"维持炮舰政策"（目标选择、表达意图、接触反应和威力显示）；从"警察功能"来看，包括"维护国家主权""保卫国家资源""参与国际维和"；从"军事功能"来看，包括"向岸上投入兵力""控制沿海水域""控制海洋（大洋）"。

除了西方学者追随马汉，强调海权对一国的重要性外，苏联的海军总司令、海军元帅戈尔什科夫也进一步在马汉海权论的基础上发展了海权理论。戈尔什科夫认为，"开发世界海洋和保护国家利益，这两种手段有机构成的总和，便是海权。一定国家的海权，决定着利用海洋所具有的军事与经济价值而达到其目的之能力"。因此，"国家海权定义的范围，主要包括国家研究开发海洋和利用海洋财富的可能性，商运和捕鱼船队满足国家需要的能力，以及适应国家利益的海军存在。然而，海洋利用的特点和上述组成部分的发展程度，归根到底，取决于国家经济和社会发展所达到的水平以及国家所遵循的政策"①。也就是说，国家海权既以国家经济为基础，又对国家经济产生影响，这就要求国家的军事力量尤其是海军能够保护国家对海洋的开发和利用。

哈特是 20 世纪英国著名的战略思想家、大战略概念的首创者。哈特对马汉思想的继承，主要体现在他首次提出并予以明确阐述的"英国式战争方式"，这种方式的核心是依靠海上军事力量并且使用海上封锁、财政资助和外围作战的手段，而不是依靠一支大规模的陆上远征军，来战胜大陆的敌人。这种方式不仅使敌人丧失了支持战争的手段，而且扩大了自身的资源；这种使英国在历次重大战争中得以取胜的方式，主要以"通过海权而施加的经济压力为基础"，它一般有两个组成部分，一是对大陆盟国提供财政补贴和军事供应，二是针对敌人的薄弱环节发起海上军事远征。在现代战略思想史上，这种认为存在某种独特的"英国式战争方式"的理念，从根本上说也正是马汉海权思想对后世产生的最大影响，这种理念被历代的战略思想家含蓄或明确地用作对历史上英国大战略实践的总结。沿着马汉、哈特的海洋战略思路，当代美国著名国际政治学者约翰·米尔斯海默和克里斯托弗·雷恩等提出的"离岸制衡战略"（Off-Shore Balancing），认为美国在和平时

---

① 史春林：《中国共产党与中国海权问题研究》，东北师范大学博士学位论文，2006，第 16 页。

期应避免纠缠于大陆事务，只有当欧亚大陆再次出现霸权威胁且相关地区大国无法进行有效制衡时，美国才需要重返大陆。

可以说，自马汉提出海权理论以来，西方学者对于海权理论的继承和发展一直没有超越马汉对海权的基本界定。海权理论在一百多年的发展中，逐渐分化成两大研究领域：一是研究海权概念的内涵，从而为海权理论奠定基础；二是研究海权与一国崛起的关系。但是西方海权理论的这两大研究领域对于海权理论没有太多的突破，依然将海权的基础界定为海洋权力或者说海洋力量，从而推演出新兴国家的崛起必然会引发对海权的争夺，从而引发世界范围内的冲突，甚至战争。西方海权理论之所以在这一基本观点上徘徊，主要的历史基础是德国崛起对当时世界格局的影响和冲击。

（二）西方海权理论的历史影响

马汉提出的海权理论，对欧洲局势的分析，在当时欧洲各国影响深远，尤其是对德国产生了深远的影响。马汉海权理论的提出及其巨大影响，首先反映在欧洲海军在 19 世纪 90 年代的强烈复苏，同时又对当时的造舰狂潮起了推波助澜的作用。在德国，在首相俾斯麦领导下，德国一直实行"大陆政策"，亲英、联奥、拉俄、反法，通过"大国均衡"策略，维护德国在欧洲大陆的霸权地位。这一外交政策为德国赢得了欧洲大陆的主导地位，使得法国的霸权地位下降。但是，自马汉的海权理论风靡欧美之际，当时登基不久的德皇威廉二世成了马汉最热烈的崇拜者之一。他说："我现在不是在阅读，而是在吞噬马汉的著作，努力把它消化、吸收、牢记心中。它是经典性的著作，所有的观点都非常精辟。这本著作为每个舰船所必备，我们的舰长们和军官们都经常学习和引用它。"[①]

威廉二世根据马汉的海权论判断德国的未来必须依赖于海洋，这一判断使得德国的国家战略发生了戏剧性的转变。威廉二世抛弃了俾斯麦的"大陆政策"，启用了当时主张"海洋政策"的比洛为首相，海军上将铁毕子为海军大臣，大力推进海军建设。1898 年、1900 年、1906 年德国国会相继通过了三个海军法案，1908 年国会又制定了《海军法令补充条例》。通过这一

---

① 王生荣：《海洋大国与海权争夺》，海潮出版社，2000，第 111 页。

系列的法案、法规和条例，德国扩充海军得以合法化。在海军大臣铁毕子的带领下，德国开始了庞大的造舰计划，铁毕子提出了一种"海军冒险"理论，即把德国的海军发展成为一种能使英国感到威胁的军事力量：即使最强大的海权国家想要毁灭德国海军，也必须付出极高代价，这样的风险足以对之起到威胁作用。德国雄心勃勃地想要成长为一个海权国家，这必然与当时的海洋强国——英国发生冲突和矛盾。德国在扩张中，首先遇到的是来自英国的压力。1889 年，英国也开始了一项加速舰船建设的计划，并提出"双强国标准"，即英国的海军建设必须至少同任何两个强国的海军力量之和相平衡。为应对德国及当时德奥同盟的挑战，英国还联合法俄两国，与德国抗衡。《英法协约》《英俄协定》相继签订，欧洲形成"三国协约"与"同盟国"抗衡的局势①。德国在追逐海权的过程中，促成了第一次世界大战的两大阵营，最终也将人类带入了世界大战的泥潭。

德国在崛起的过程中，从"大陆政策"转向"海洋政策"，其对海权的追求不但引发了世界范围内的战争，而且也极大地削弱了德国自己。这段德国崛起争夺海权的历史成为马汉海权理论最好的历史注脚。西方的海权理论在这一历史佐证中越发强化了大国崛起与海权争夺之间的正向关联。例如，美国学者莫德尔斯基和汤普森就认为，自 16 世纪以来，在为期约 100 年的每个长周期内都会出现一个海上霸权国，其存在对维持国际秩序起了决定性的作用，如 16 世纪的葡萄牙、17 世纪的荷兰、18 和 19 世纪的英国、20 世纪的美国。莫德尔斯基甚至将海军力量的大小作为区别地区大国与世界大国的重要标尺。他指出："海军占据优势，不仅能够确保海上交通线，还能够保持过去通过战争而确立的优势地位。要想拥有全球性的强国地位，海军虽然不是充分条件，但却是必要条件。"②

Fareed 同样指出，从两千多年前的伯罗奔尼撒战争到 20 世纪德国的崛起，几乎每出现一个新兴大国都会引起全球的动荡和战争③。西方海权理论

---

① 刘中民、黎兴亚：《地缘政治理论中的海权问题研究》，《太平洋学报》2006 年第 7 期。

② George Modelski and William R. Thompson. *Seapower in Global Politics, 1949 – 1993*, Seattle: University of Washington Press, 1988, pp. 3 – 26.

③ Fareed Zakaria, From Wealth to Power: *The Unusual Origins of America's World Role*, New Jersey: Princet on University Press, 1988, p. 1.

的这种担忧使得西方国家不约而同地表现出对海权控制的热衷和对新兴国家的恐惧。尤其对于中国，他们认为中国崛起必然充当现有世界格局挑战者的角色。例如，美国学者詹姆斯·奥尔等人认为，中国海权发展构成了对东亚安全以及美国利益的威胁，美国对此必须加以阻遏。美国的东亚战略必须以海权的主导地位为基础："美国只有在太平洋地区保持足够的力量存在并表明将在必要时诉诸使用的意志，美国才能阻止中国追求东亚霸权的野心。"①他甚至提出，"可以把第一次世界大战期间的德国与现在的中国进行比较"，尽管"历史本身并不会重复，但是某些模式是显而易见的"。理查德·伯恩斯坦和罗斯·芒罗也认为，中国海权的发展构成了可能诱发中美冲突的因素。"中国近来采取的军事和外交政策在很大程度上都是以利用一种使它能控制亚洲重要海运线和贸易通道的海上地理环境为目的的。换言之，中国的地理位置和现代世界的性质驱使这个国家成为一个海上强国，这是以前从未有过的。"他们认为，在战略层面，中国"正在担负起大国角色"，"这个军事大国的实力和影响已经远远超过了辽阔的太平洋地区内除美国以外的任何其他国家"，"它的目标同美国的利益势必冲突"。在具体问题领域，如中国台湾问题、南中国海问题成为中美直接发生海上冲突的根源②。

（三）西方海权理论的历史分析

西方海权理论的巨大历史影响以及每一次海权转换所引发的世界性冲突，使得西方学者对中国的崛起抱有极大的恐惧。但是从以往的历史经验中推测出中国的崛起必然引发全球海权的转换以及世界冲突，则显然过于武断。实际上，西方海权理论所依据的历史并没有普遍性，西方大国崛起所引发的海权转换以及世界冲突具有历史的特定性。例如，马汉在其名著《海权对历史的影响（1660~1783）》中所考察的英国历史，它非常直观形象地告诉我们，西方大国的崛起，无一不是建立在打败之前海权强国的基础上。16世纪的西班牙，17世纪的荷兰，18、19世纪的英国，它们的崛起无不是

①　James E. Auer, Robyn Lim. "The Maritime Basis of American Security in East Asia", *Naval War College Review*, Vo. l54, No. 1, 2001, pp. 39 – 47.

②　〔美〕理查德·伯恩斯坦、罗斯·芒罗著《即将到来的美中冲突》，隋丽君等译，新华出版社，1997，第2~3页。

对前者海权的挑战，并经过长期的战争行为而获得世界大国的地位。马汉这种归纳式的历史考察方法具有自己的局限性。有学者就指出："尽管马汉始终认为他基于历史经验总结而形成的海权思想具有普遍适用性，但事实上他的思想很大程度上是归纳性的，即这些思想主要是从他对某个特定历史时期的考察中得出的结论，而这也就意味着，任何希望从马汉海权著作中汲取行动指南的人都必须意识到，他的思想同样也有着任何人类思想活动都必然带有的历史局限性。"① 马汉没有意识到当时的崛起大国之所以选择海权争斗并且以战争行为实现自己的大国崛起之梦，一个很重要的原因在于当时的大国之间是处于竞争者的位置，而非互利共赢者的位置。在资本主义扩张的初期阶段，各主要资本主义国家需要扩充自己的殖民地，作为自己工业发展的原材料产地和产品销售地。在这种经济模式和世界格局的影响下，一国的崛起需要挤占他国的"生存空间"，因此大国之间产生争斗在所难免。但是这种经济发展模式在今天已经改变。国与国之间的联系愈加紧密，实际上，许多国家正在从他国的经济发展和社会进步中获益。当今经济模式和世界格局的变化是马汉始料未及的。

任何从历史归纳得来的理论都有它成立的前提条件。保罗·M. 肯尼迪（Kennedy）总结认为，马汉的海权论对于一国的价值和效用，建立在一系列前提和假定之上，其中主要有两条：首先，海洋经济（即生产、航运和殖民地）是决定一国经济繁荣的关键性要素；其次，技术进步不会对海权的地位和作用产生实质性影响②。而实际上这两个主要的前提假设在今天已经弱化甚至不复存在。海洋航运在今天的国际贸易中固然重要，但是随着欧亚大陆大铁路的贯通，航天运输的迅猛发展，陆运和空运已经显示出越来越重要的作用，海洋航运的地位开始下降；随着西方国家殖民体系的瓦解，殖民地在一国经济中的重要性已经不复存在。而且当今科技的发展，已经将海、陆、空以及外太空连接为一体，不仅在战争中，而且在经济上，海、陆、空的一体化已是不争的事实。"今天仅仅从海权、陆权的角度来思考问

---

① 吴征宇：《海权的影响及其限度——阿尔弗雷德·塞耶·马汉的海权思想》，《国际政治研究》2008 年第 2 期。

② Paul M. Kennedy. *The Rise and Fall of British Naval Mastery*, London：A. Lane, 1976, p. 7.

题是很有缺陷的。因为今天的科技发展已经远远超越了陆权、海权的概念。过去许多只能通过发展海上力量才能做到的事情，今天有可能通过其他别的选择达到，或者必须借助于别的方式才能达到。"① 因此，说当今的技术已经使得海权的地位和作用发生了实质性变化并不为过。前提假设条件的不复存在，说明马汉的海权理论已经不能解释当今世界的格局变化。

我国有学者根据西方学者的观点对主要海权国家的崛起模式进行了概括（见表5-1），从中得出海权构成了大国崛起的一个重要条件。海权在世界主要大国崛起模式中都是重要因素，的确证明了海权在大国崛起中的重要性。但是在看到海权的重要性之外，我们从世界大国崛起模式的演变中，同样可以发现，世界大国的崛起越到后期，其需要的综合因素就越多。从西班牙的海权（海军＋海洋法律）＋殖民扩张，到美国的海权（海军＋海洋法律＋海洋秩序）＋殖民扩张＋暴利的商业贸易＋工业革命＋技术创新＋软实力等众多因素的综合，世界大国崛起所需因素不断增加。这种变化，一方面说明海权在大国崛起中的地位下降，换言之，其重要性呈现逐渐下降的趋势；另一方面也说明世界大国的崛起，在今天其途径也越来越宽泛，其模式也越来越复杂化、多元化。诚然，这也说明世界大国的崛起日渐艰难，其对现有世界格局的改变也愈加困难，其行为受现有世界格局的影响日益增大。

表5-1　世界主要大国崛起的模式*

国　家	崛起模式
西班牙	海权（海军＋海洋法律）＋殖民扩张
荷　兰	海权（海军＋海洋法律）＋殖民扩张＋暴利的商业贸易
英　国	海权（海军＋海洋法律）＋殖民扩张＋暴利的商业贸易＋工业革命
美　国	海权（海军＋海洋法律＋海洋秩序）＋殖民扩张＋暴利的商业贸易＋工业革命＋技术创新＋软实力

＊刘中民：《关于海权与大国崛起问题的若干思考》，《世界经济与政治》2007年第12期。

除了理论上的分析，我们认真回顾一下德国崛起所造成的英德冲突历史，会发现一国对于海权追逐的主观意愿起着尤为重要的作用。年轻的德皇

---

① 叶自成、慕新海：《对中国海权发展战略的几点思考》，《国际政治研究》2005年第3期。

威廉二世主动放弃了德国的大陆优势，而追求海洋力量。这是造成德国被动以及引发世界冲突的主要因素。实际上，与其说是马汉的海权理论准确预测了英德对于海洋权力的争夺历史，还不如说是马汉的海权理论诱导了德国走向争夺海洋权力的国家战略。

诚如利夫齐（Livezey）所言："历史通常并不总是重复自己，且未来事态的发展可能也并不总是遵从以往的那种模式。"① 当今经济模式及世界格局的变化，说明套用以前的海权理论来诠释当今的大国崛起模式，已经很难得出正确的结论。我们需要认真考察当今世界的现实，才能对现实的世界有正确的认识。

二 海权、海洋权利与海洋权益概念辨析

（一）海权（sea power）：权力政治下的霸权诉求

据西方学者考察，"海权"一词最早为修昔底德首创，然而，真正将"海权"概念推而广之并使之理论化系统化的是美国海军战略思想家马汉。尽管马汉并没有给出海权非常确定的定义，但是他主要从两个方面来使用海权一词，一是狭义上的海权，就是指通过各种优势力量来实现对海洋的控制；另一种是广义上的海权，它既包括那些以武力方式统治海洋的海上军事力量，也包括那些与维持国家的经济繁荣密切相关的其他海洋要素②。

尽管海权的概念没有明确，但是说海权是权力的一种，或者更确切地说是国家权力的组成部分，并不存在争议。"权力"是一个如此久远并且人尽皆知的概念和术语，不管是在中国的典籍中，还是在西方的文化源流中，都可以将其追溯到很久远。孟子曾经说过："权，然后知轻重。"③ 显然，孟子所谓的"权"是衡量审度之意，和今天的"权力"含义有一定的差距。早期法家慎到认为："贤而屈于不孝者，权轻也。"④ 慎到对权的认识已经接近

---

① William E. Livezey. *Mahanon Sea Power*, Norman：University of Oklahoma Press，1980，p. 274.
② Alfred T. Mahan. *The Influence of Sea Power upon History*，*1660－1783*，Boston：Little，Brown，1890.
③ 《孟子·梁惠王》。
④ 《威德》。

我们今天对权力的界定。西方"power"一词来自法语"pouvior",而"pouvior"一词来源于拉丁语的"potestas"或"potentia",它们均指能力。今天,我们更多地将权力界定为一种能力,即影响处于依赖状态中的他人的能力①。而且,我们更愿意将"权力"与"政治"连用,"政治权力"一词表明了权力的最初面貌,它真实地反映了权力是自上而下和特指拥有暴力强制手段的政治现象②。

因此,权力是一个政治术语,是与国家紧密相联的。我们对权力的论述,尽管在后期发生了拓展(个人只要拥有了影响他人的能力,也具有了权力),但是国家以及国家暴力仍是权力的深层基础。权力的对应概念是"责任",它表明了约束权力的方式和途径。"海洋权力"(sea power)作为"权力"概念的种概念,显然具备权力概念内涵的特性。在这里需要指出的是,马汉的"海权"概念在中国翻译之初,并没有缩译,而是直接翻译为"海洋权力"。1900年,由日本乙未会主办、在上海出版发行的汉文月刊《亚东时报》开始连载《海上权力要素论》,译者为日本人剑潭钓徒,该译作即是马汉《海权对历史的影响(1660~1783)》一书的第一章③。尽管"海上权力"与"海洋权力"概念存在细微差别,但是无碍于今天我们对此概念的深层梳理。又过了近十年,中国留日海军学生创办的《海军》杂志再次刊载马汉该书的汉文译文,只是将题目稍加修改为《海上权力之要素》,译者为齐熙。可见,我国学者最初对马汉的"海权"概念翻译,并没有进行缩译。

那么,作为"海洋权力"概念缩译的"海权"是何时出现的呢?据我国部分学者考证,我国"海权"概念的出现,甚至要早于马汉《海权对历史的影响(1660~1783)》一书。换言之,"海权"在开始出现时并没有对应马汉的海权论。在近代中法战争时期,清朝驻德公使李凤苞翻译了阿达尔美阿所著的《海战新论》一书,1885年由天津机器局出版。在该书中,李凤苞称"凡海权最强者,能逼令弱国之兵船出战"。这是"海权"概念的首次使用。在20世纪之初,我国学术界存在对"海权"与"海洋权力"并列

---

① 〔美〕加里·约翰斯:《组织行为学》,求实出版社,1989,第401页。
② 杨宇立:《关于权利、权力与利益关系的若干问题分析》,《上海经济研究》2004年第1期,第4页。
③ 皮明勇:《海权论与清末海军建设理论》,《近代史研究》1994年第2期。

交叉使用的现象。1905 年，在《华北杂志》第 9 卷发表的《说海权》一文，就采用"海权"一词。

"海权""海洋权力"并用的现象，主要是由于我国语言使用的特点。汉语在古代更提倡独字，而在近代乃至现代更多是习惯双字。这种语言使用习惯很容易将"海洋权力"演化为"海权"。因此，在后期，"海权"便成为普遍使用的概念。

"海权"的概念探源并非无足轻重，它表明"海权"是包含在"权力"之中的，它具备"权力"概念的特征。马汉在使用"海权"概念时，也印证了这一点。马汉从来都是以国家为主体来阐述自己的海权论，强调海权的暴力性。因此，"海权"是权力政治下的霸权诉求，它在历史上顺应了西方大国崛起时的殖民扩张本性。需要指出的是，"权力"概念中同样蕴涵着利益的诉求，只是这种利益诉求是建立在武力或者暴力的基础上。用海洋武力进行海洋利益的诉求是海权的本质属性。

（二）海洋权利（sea right）：国家主权在海洋的延伸

与"海权"或者"海洋权力"所对应的另一个概念是"海洋权利"。"权力"与"权利"的发音相同，以致我们经常将之混淆①。但实际上，两者存在巨大差别。"权利"更多是一个法律术语，而非政治术语。"权力"的历史如此悠久，它在中西方的文化典籍中都可以找到踪影，但是"权利"的概念或者观念只是在近代以后才出现的。最初的"权利"是作为一个哲学术语出现的。伴随着人们对自己合法利益的维护和诉求，权利逐渐成为一个法律术语。一般认为，"权利"是从"自然法"的传统中演化出来的，霍布斯首次把古代和中世纪的"自然正当"转化为个人的"自然权利"，后来，洛克等人从哲学上加以阐发。"权利"的要旨是强调每一个个体都应被视为一个"个人"，一个"人"，并受到他人的尊重②。与"权力"截然不同的是，"权利"是自下而上的，它强调国家法律对个人利益的维护。"权

---

① 鉴于"权力"与"权利"的这种发音相同现象，有学者建议将"权利"称为"利权"，以示区别。

② 赵修义、朱贻庭：《权利、利益和权力》，《毛泽东邓小平理论研究》2004 年第 5 期。

利"的对应概念是"义务"，是法律规定公民为获得"权利"而需要付出的代价。

当国家在国际社会中以一个个体的身份展现自己时，便出现了"海洋权利"的概念和使用。"海洋权利"与"海权"的一个显著区别在于，前者的获得来自"自然正当"，是一个国家在国际社会中所应该获得的一种资格；而后者则来自一个国家的能力。从法理的角度看，海洋权利是国家主权的延伸。海洋是地球上除陆地资源外最重要的资源，这样就引申出"海洋权利"（sea right）的概念；当主权国家出现后，"海洋权利"就成了"国家主权"概念内涵的自然延伸。由于现代国际社会越来越趋于法理化，我国部分学者在探究"海权"概念和理论时，逐渐将"海权"定义为"海洋权利"。中国现代国际关系研究所的张文木教授是这一观点的主要提倡者。早在 2003 年，张文木就撰文指出，海权应是国家"海洋权利"（sea right）与"海上力量"（sea power）的统一，是国家主权概念的自然延伸①。张文木追本溯源，认为翻译马汉的 sea power 为"海权"其实是一种误译。建立在西方历史经验之上的 sea power 是否可以概括为"海权"一词，值得商榷。与张文木持相同观点的徐杏更为直接，认为海权是国家主权的重要组成部分，它包含领土主权、领海主权、海域管辖主权和海洋权益等②。

我国部分学者对"海权"概念的重新解读，说明在现代语境下，缩译 sea power 所造成的不必要的误解。实际上，马汉或者西方学者界定的"海权"特指"海洋权力"，它与"海洋权利"存在显著的差别。如果说在现代法理社会中，基于马汉海权理论的"海权"概念已经难以适应现代国际法框架下的国际社会，那么"海洋权益"的概念可能更为合适。

（三）海洋权益（sea right & interest）：国际法框架下的海洋利益诉求

"海洋权益"是"海洋权利"与"海洋利益"的合称与缩称。我国学者刘中民曾经辨析"海权"与"海洋权益"的区别。他指出，相对于"海

---

① 张文木：《论中国海权》，《世界经济与政治》2003 年第 10 期。
② 徐杏：《海洋经济理论的发展与我国的对策》，《海洋开发与管理》2002 年第 2 期。

权"的权力政治属性而言，"海洋权益"主要是一个涉及政治和法律的权利政治的综合概念。所谓国家海洋权益，主要就是海洋权利及有关海洋利益的总称。首先，海洋权益属于国家的主权及其派生权利的范畴，它是国家领土向海洋延伸形成的权利。或者说，国家在海洋上获得的属于主权性质的权利以及由此延伸或衍生的部分权利。其次，海洋权益是国家在海洋上所获得的利益，是受法律保护的。一般地说，海洋权益在利益层面上主要体现为海洋政治权益、海洋经济权益、海洋科技权益、海洋安全权益等，并与国家的生存发展休戚相关①。

"海洋权益"是与"海洋权利"紧密相连的一个概念，区别在于前者直接体现出"利益"的诉求。实际上，"利益"是"海洋权力"和"海洋权利"的共同指向，它们的深层含义都是一国海洋利益的追求，只是两者在实现的途径上存在差异。"海洋权力"强调依靠武力和能力来获得海洋利益，而"海洋权利"则强调在法律框架下维护和获得海洋利益。在这里需要特别指出的是，"权利"的获得并不意味着"利益"的必然获得，"权利"只是法律所赋予主体的一种获得利益的资格②。"权利本身不等于利益，行使权利并不必然给权利人带来利益。"③ 从这个角度而言，"海洋权益"的概念比"海洋权利"的概念更能体现出当今法理社会对海洋的诉求。概括而言，"海洋权益"的概念体现出以下三个方面的内容。

第一，海洋利益的维护和获得需要在国际法的框架下进行。海洋利益的维护和获得需要主体在获得资格（即权利）的前提下进行，而"权利"的提及一定涉及法律。当今国际社会已经越来越趋于注重法理，国际法成为国家在国际社会需要遵守的法律。尤其是随着联合国的成长和壮大，国际法成为国际社会需要共同遵守的准则。"海洋权益"的概念本身就是强调一国海洋利益的维护和获得是在合法的前提下进行的。"权利"是一个与法律密不可分的术语，如果说"海洋权利"的概念只是表明海洋利益的维护是在法

---

① 刘中民：《"海权"与"海洋权益"辨识》，《中国海洋报》（理论实践版）2006 年 4 月 18 日。

② 实际上，"权力"的获得也并不意味着"利益"的必然获得。"权力"只是表明获得利益的一种能力和可能性。

③ 毕可志：《法律、利益与权利》，《烟台大学学报》（社会科学版）2005 年第 2 期。

律的（或者称之为"合法"）框架下进行，那么，"海洋权益"则将之具体化和明确化，体现海洋利益的维护和获得是在国际法的框架下进行。换言之，海洋权益是一个国际法的概念和术语。

第二，追求和维护合法的海洋利益是每一个国家的基本权利。国际社会中的国家，就如同国家中的个人。尽管权利的初始之意是为了保障国家强权下的个人合法利益，但是在国际社会中，权利同样也成为保障国家合法利益的概念和术语。如同国家中的个人，国际社会中的国家也拥有自己的基本权利，追求和维护合法的海洋利益就是其中之一。因此，任何国家都有追求和维护自己合法海洋利益的权利，任何国家，包括国际社会都无权剥夺这种权利。

第三，获得海洋利益需要承担相应的海洋保护义务。如上所述，权利的对应概念是"义务"，公民在国家中获得自己的权利，就需要承担相应的义务。这种逻辑关系在国家维护自己的海洋权益时，也同样适用。更为重要的是，海洋是一体的，海洋利益不仅仅是属于一国的公共利益，它同样也是属于全人类的公共利益。这种法理和现实上的考量，都证明任何国家在获得自己海洋利益的前提下，需要承担起相应的海洋保护义务。尤其对于海洋环境保护而言，它既是一国需要承担的义务，也是自己的权利。

（四）　三个概念使用的原则

"海权"概念在诞生之初，非常真实地反映了当时社会的状况。在每一种语言中，每个新词汇的出现都是因为人们需要对新出现的现象、事物、观念给予抽象归纳并进行交流，这些词汇都是应思维与交流的客观需要而产生的[①]。但是"语言并非是静态，而是动态发展的"[②]。很多概念和术语基于现实的变化，在保留概念术语不变的前提下，其含义已经发生变化。"经济"在我国古代更多是指"经邦济国"的含义，但是今天使用的"经济"一词已经与此含义不尽相同；"封建"一词在我国古代典籍中是指"分封建国"，

---

① 马戎：《试论语言社会学在社会变迁和族群关系研究中的应用》，《北京大学学报》2003 年第 2 期。
② 魏博辉：《语言的变迁促成思维方式的选择》，《西南民族大学学报》（人文社会科学版）2010 年第 9 期。

在今天已经相去甚远。在当今的法理社会下，"海权"已经成为一个不合时宜的概念和术语。但是基于"海权"概念如此流行和广泛使用，难以而且也没有必要从我们的语言中剔除掉，但是我们在保留其概念外壳的前提下，可以对其概念内涵进行重新诠释。从这个意义而言，张文木等人将"海权"解读为"海洋权利"并非完全错误。北京大学的博士生孙璐也认为，如果我们在今天依然把海权理解为"海洋权力"，那说明我们仍然停留在现实主义和冷战思维框架内。我们不能把"海权"僵化地进行理解，要结合其他范式以及时代的变化进行剖析。同时对建立在法理基础上的"海洋权益"本身存在的现实困境及其解决方法加以重视①。

基于我国部分学者对在海权内涵的研究，以及我们对"海权""海洋权利""海洋权益"三者的溯源分析，笔者认为我们在使用三个概念时，可以遵循以下原则。

第一，概念的明确是必要的，但是没有必要纠缠于概念的细微差别。概念是人类理性思维的起点，也是逻辑思考的基础，概念的模糊会造成思维的混乱。因此，明确概念体现出人类思维的严谨。但是太关注概念的细微差距，太纠缠概念的细微区别，反而不利于我们对此问题的深入探讨。正如荀子所云："名无固宜，约之以命，约定俗成谓之宜，异于约则谓之不宜。"②"海权""海洋权力""海洋力量""海上权力""海洋权利""海洋权益"等众多概念的存在，的确困扰着我们，对此进行一定的梳理是必要的，但是我们对其中的细微差别没有必要付出过多的精力，纠缠于不必要的细微之处反而不利于我们的进一步研究③。

第二，概念的使用是动态的，而非静态的。人类的语言是流动的河，而非静止的湖。在保留概念外壳的情况下，概念的内涵可以根据实际情况的发展有所修正。"海权"在马汉的时代，就应该强调海洋军事力量的强大；在冷战时期也可以强调它的军事属性。但是在注重法理化的今天，它的内涵应该发生变化。我们在使用这些概念时，需要根据实际情况作出符合现实的概

---

① 孙璐：《中国海权内涵探讨》，《太平洋学报》2005 年第 10 期。
② 《荀子·正名》。
③ 如有的学者强调"海洋权力"与"海洋力量"的区别。

念诠释。

第三，其概念的使用可以偏重于"海洋权益"，而非"海权"。"海权"一词毕竟是发轫于西方并经西方学者百年诠释的一个海军发展战略术语，带有很强的殖民扩张特性和军事特性。尽管我国部分学者根据情况的变化，对其内涵作出了重新解释，但是很难引起西方学者的广泛共鸣。而"海洋权益"本身就是强调合法维护和获得自己的海洋利益，是适用现代国际社会的一个国际法术语。它体现出我国和平崛起的愿望，也表明我国融入国际社会的态度。

第四，"中国海权"不同于马汉视角下的西方海权，它的内涵诠释可以逐渐靠近"海洋权益"。中国海权并非诉求海洋权力和海洋力量，海洋权力只是获得海洋利益的基础，而不是主要手段。中国海权强调在国际法的框架下合法维护自己的海洋利益，是我国保卫自己利益的一项基本权利。从这个意义而言，中国海权几乎等同于海洋权益。

三 海权理论的历史转轨

那么，当今世界和以往西方海权理论所依据的历史具有哪些不同之处呢？为何说这种不同足以改写西方海权理论的结论呢？我们可以从以下几个方面作出解释。

（一）联合国的兴起使得当今国际社会越来越走向法理化

在马汉的时代，没有一个类似于联合国的国际组织对大国间的调停和约束，对武力的迷信促使大国之间对于自己权益的维护经常诉诸武力。诚如马汉直言不讳的言论："武力一直是将欧洲世界提升到当前水准的工具。"[①] 但是今天的国际社会是依据"权利—义务"（right-obligation）体系建立并以国际法维系的主权间的法权社会，这种现状已经使得"海权"的实质发生了变化。传统西方海权理论的"海权"一词，实际上是"海上力量"（sea power），但今天越来越多的学者认同"海权"的实质应该是"海洋权利"

---

① 〔美〕马汉：《海权论》，萧伟中、梅然译，中国言实出版社，1997，第259页。

（sea right）。"如果将古代的海上力量（sea power）表述为海权，这在汉语词义上并没有错，但它与我们所说的基于主权的海权（sea right）却不是一回事。""就其科学性而言，海权的概念一定要纳入主权和国际法范畴来讨论，而不能仅仅纳入海上力量（sea power）范畴来讨论，更不能与海上力量混同使用。"① 我国学者张文木是海洋权利论的主要提出者。他认为当今的世界已经不同于以往。如果说在马汉时代，海权还是"海洋权力"或者"海洋力量"的话，那么在今天，海权的内涵已经不仅仅是指海洋权力，它更多的是指"海洋权利"。

实际上，联合国等国际组织的完善发展，已经促使"海权"从 sea power 转变为 sea right。新兴国家随着国力的增强，它们首先想到的是维护自己的海洋权益，而非对海洋的控制。而且，其对海洋权益的诉求也是在联合国所创立的国际法体系内以合法的方式表现。尽管联合国在处理国际事务时，还受到部分大国的掣肘，但不可否认的是，众多的发展中国家在联合国中发挥着越来越重要的作用。现在，任何国家都难以依靠武力赢得国际社会的认可，它必须在联合国的框架内行事才能获得国际社会的尊重。这种国际现实已经说明西方传统的海权理论正在走向终结。正如我国学者刘中民所总结的那样："新兴国家在当下的海权发展尽管有可能导致大国间的竞争，但已不太可能由此导致大国冲突。"②

（二）当今世界的一体化程度越来越高，国与国之间的联系愈加紧密

首先，如前文所述，在经济上，跨国经贸已经成为当今世界的主流，全球都从跨国贸易和投资中获益。发达国家将制造业等人力密集型产业转移到人力成本低廉的发展中国家，而发展中国家则向发达国家出口廉价商品换取外汇，支持国内经济发展。可以说，不管是发达国家，还是新兴国家，抑或发展中国家都从当今世界的和平与发展中获益。国与国之间的利益关系，不再是以前的此消彼长，而是双向共赢，其他国家都可以从某一国的经济和社会发展中获得收益。相反，当某一国的经济和社会遭受重创时，其他国家也

---

① 张文木：《论中国海权》，《世界经济与政治》2003 年第 10 期。
② 刘中民：《关于海权与大国崛起问题的若干思考》，《世界经济与政治》2007 年第 12 期。

可能遭受损失。这种全球经济一体化使得不管是现有世界格局的维护者，还是现有世界格局的挑战者，都不可能如传统西方海权理论所言，经过长期的大规模战争进行获益。全球化对于海权而言，的确是一把双刃剑。一方面，它昭示着海权的重要性日益凸显，对海洋的把握对一国的经济命脉起着至关重要的作用，一国的资源和市场与海外联系紧密。一旦海洋交通被切断，其资源、市场将丧失，造成一国经济的崩溃并非危言耸听。但是另一方面，全球化反而使得世界冲突的可能性下降。世界各国形成了"你中有我、我中有你"的经济联系网络。这就使得依靠海洋力量或者海洋战争争夺利益的方式难以使一国收益最大化，进行国际协商、实现互利双赢才是今后世界交往的主题。这种经济联系的一体化使得一国崛起依靠争夺"海洋权力"的可能性大大降低了。

除了经济全球一体化加强了世界各国的紧密联系外，全球环境的一体化同样明显。二氧化碳等温室气体的减排需要全球各国的参与，跨界环境污染的防治需要范围更广的国家共同治理。这一切都说明，当今世界国与国之间关系的调整，更需要协商和妥协，而非战争和暴力。唯有如此，才能和谐共赢。2009 年诺贝尔经济学奖授予了埃莉诺·奥斯特罗姆，其原因就在于奥斯特罗姆对"治理"理论的杰出贡献。而治理理论的核心思想就是实现平等、协商和共赢。这是真正解决全球问题必须坚持的行动准则。它也昭示着海权将从依靠权力的统治演变为突出权利的治理。

（三）科技创新使得海洋在一国崛起中的作用下降，对海洋的争夺让位于科技创新

今天的经济，有学者形象地称之为知识经济，科技创新成为一国经济发展的引擎。在马汉所处的时代，一国的经济发展和获益更多是依靠对全球资源和市场的争夺及控制，当时的经济是"资源经济"。因此，在当时注重海洋力量对于增加一国的国家利益尤为重要，那时新兴国家觊觎老牌强国的资源和市场也就在所难免。对于今天的经济发展而言，掌握世界资源和市场固然依然重要，但是新兴国家不必为了突破经济发展瓶颈而不得不挑战现有的利益分配格局。它为后发国家提供了突破经济发展瓶颈的另一条道路，即依靠知识的力量实现经济发展。因此，在今

天，认为后发国家的崛起必然挑战现有的世界利益分配格局是一种静态看待历史的痼疾。

此外，随着科技的发展，海洋交通的地位不再如此显赫。在马汉时代以及 20 世纪中前期，大宗货物的运输，必须依靠海运，因此，争夺海洋的控制权，尤其是全球海洋交通的咽喉之地，就成为大国角逐的重点。而在今天，航空运输、铁路以及高铁运输，越来越淡化了海洋运输的重要性。某些资源，如石油天然气，甚至可以通过陆域铺设管道的方式运输，这就使得新兴国家不必付出巨大的代价去争夺海洋的控制权。在将来，除了陆域、航空成为与海洋同等重要的领域，太空也将跻身其中。因此，大国之间的争夺可能多元化，海洋的地位下降，西方海权理论所认为的一国崛起必将引发海洋争夺，也许将退出历史的舞台。

（四）中国主观上有和平崛起的愿望，而非通过武力挑战现有世界格局

马汉等西方海权理论的缔造者们所关注的以往崛起大国，都具有强烈的扩张愿望。尤其是 19 世纪的德国，表现出了对海外殖民地的贪婪需求。19 世纪的德国野心勃勃地想要成为一个海权国家，它力图打破英国对海权的控制，从而引发了和英国的冲突，最终导致第一次世界大战的爆发。德国的海权扩张成为西方海权理论的魔咒，使得西方海权论者坠入了大国崛起必将引发世界冲突的窠臼。但实际上，就是在历史上，也并不乏和平崛起的例子。美国在崛起的过程中，并没有主观上挑战英国的意图，相反，它力图避免与英国的冲突，在海权扩张战略上采取了选择英国霸权较弱的太平洋作为重点扩张方向。正如我国学者徐弃郁所总结的美国门罗主义的实质："美国不强行追求大西洋的海权，避免引起英国的敌意，同时也不让英国等欧洲国家染指美洲，这就是'门罗主义'"。① 美国的策略最终实现了和英国的和平共处，也实现了自己在海权上的和平崛起。"德国与美国作为新兴国家在处理与传统海洋霸权关系上的不同结果表明，并不存在新兴海权国家与既有海洋霸权冲突的历史必然，其关键取决于新兴国家大战略的选择，即挑战既有霸

---

① 徐弃郁：《海权的误区与反思》，《战略与管理》2003 年第 5 期。

权体系，还是融入国际体系并通过灵活的手段实现和平崛起。"① 沃尔特（Walt）也指出："威胁不是权力本身天生带有的……美国的崛起没有引发别国的反抗。"② 因此，一国崛起的主观战略选择对于一国的行为至关重要。我国早就有学者指出，中国虽然是一个濒海国家，但不是一个海洋国家，更不是一个海权国家。中国在海权上不诉求对海洋的控制，而且在现有国际法框架内维护自己的海洋权益。因此，我国所追求的海权，不是西方海权理论所言的"海权"，相对而言，中国所追求的是一种"有限海权"③。因此，中国政府一贯强调，中国的军事力量发展、国防现代化建设，以维护中国国家主权和安全为主要目标，并不以赶超美国为目的。这种强调反映了中国在海权上的战略选择，它不会去挑战现有海洋强国的"海权"。

（五）海权理论展望

如果说以马汉为代表的西方海权理论开始走向历史的终结的话，那么，海权理论的未来是什么？海权理论的历史转轨说明，当今世界的变化，已经改变了传统西方海权理论成立的前提条件。从某种程度上说，突出海洋力量（sea power）的西方海权理论已经终结，它不足以解释当今及未来的世界格局变化。未来的海权理论将在两个方面不同于以往的海权理论。

第一，海权的内涵将发生改变，海权将从 sea power 转变为 sea right，即从海洋权力或海洋力量转变为海洋权利，海洋权益的维护将在联合国及国际法的框架内实现，而非依靠武力的海洋争夺。在这方面的研究，我国部分学者已经开展。早在 1998 年，章示平在其所著的《中国海权》一书中，就认为海权是海洋空间活动的自由权④。中国现代国际关系研究所的张文木教授认为，海权应是国家"海洋权利"（sea right）与"海上力量"（sea power）的统一，是国家主权概念的自然延伸⑤。这说明西方海权理论的理论基础开始受到

---

① 刘中民：《关于海权与大国崛起问题的若干思考》，《世界经济与政治》2007 年第 12 期。

② Stephen M. Walt. *The Origins of Alliances*, Ithaca, NewYork：Cornell University Press, 1987, p. 21.

③ 莫翔：《试析中国的有限海权》，《云南财经大学学报》2009 年第 1 期。

④ 章示平：《中国海权》，人民日报出版社，1998，第 288～289 页。

⑤ 张文木：《论中国海权》，《世界经济与政治》2003 年第 10 期。

质疑。

第二，基于世界的一体化以及海洋对于一国崛起地位的下降，一国的崛起必然会引发海权争夺的历史将不复存在。如果说在马汉时代的英国，海权是一国崛起的必要条件，即一国没有强大的海权，将无法实现大国崛起，那么在将来，海权是一国崛起必要条件的约束将走向终结。一国即使没有强大的海洋力量，也将实现和平崛起。

四 我国海洋权益维护的路径选择

（一）实现国民经济对海洋经济的"依赖"

海洋经济永远都是一国海权壮大的基础，也是一国海洋权益维护的基础。这是不言而喻的"定理"。笔者在这里想强调的一点是，海洋权益维护视阈中的海洋经济，不仅仅是指强大的海洋经济，而且也指海洋经济在整个国民经济中的分量和地位。换言之，国民经济是否对海洋经济产生了"依赖"。实际上，马汉也是从这个角度来论述海洋经济与海权的关系。马汉总结的影响一国海权能力的六个主要条件是：地理位置、自然构造、领土范围、人口数量、民族特点、政府因素[①]。

毫无疑问，一个在陆地就可以实现经济自足的国家，很难有迈向海洋的勇气，也难以对他国侵犯自己的海洋权益有深刻的切肤之痛。在这方面，英国和中国正好形成了鲜明的对比。英国之所以发展成了海权大国，在于英国有着贫瘠的土地，狭小的国内市场，这些不利的陆域因素迫使英国走向海洋。在走向海洋的过程中，英国永远都无法回避一个现实：那就是它一旦失去了海洋，也就失去了一切。英国不得不将自己的精力大量"倾注"在海洋上，从军事到经济，从文化到体制，一切都为了海洋。英国的国民经济实现了对海洋经济的"依赖"。相对而言，中国自古就没有表现出对海洋的倚重，国民经济也从来没有实现对海洋经济的"依赖"。中国广袤的平原，丰富的陆域物产，广阔的国内市场，都使得中国不必涉猎危险的海洋，就可以

---

① 〔美〕马汉：《海权论》，萧伟中、梅然译，中国言实出版社，1997。

实现经济的富足。正如上文所述，这种对海洋经济没有"依赖"的现实，很难保证会延续郑和船队下西洋的历史壮举，也很难保证全社会对中国的海洋资源会如数家珍。如果我们要维护海洋权益，如果我们要放弃单纯依靠海洋军事力量维护海洋权益，那么，国民经济对海洋经济的"依赖"是实现这种战略转型的重要基础。

诚然，国民经济对海洋经济产生"依赖"，本身就是一把双刃剑：一方面，的确可以促使我们更好地维护海洋权益；但另一方面，"依赖"也意味着某种"限制"，它使得国民经济与海洋捆绑在了一起。笔者认为，即使抛开了便于维护海洋权益本身，实现国民经济对海洋经济的"依赖"也是利大于弊。第一，如上文分析，我国的陆域安全形势大为改观，陆权的重要性下降。第二，陆域的资源面临枯竭，如果再不实现经济的转轨，国民经济发展将不可持续。相反，海洋是一个巨大的宝藏，蕴涵着丰富的物产。以南海为例，目前南海已探明的石油储量为 230 亿~300 亿吨，天然气储量为 8 万亿~10 万亿立方米。以我国 2008 年共消耗石油 3.65 亿吨的速度计算，南海已探明的石油资源足可以保障我国近 60 年内的全部石油消耗①。第三，海洋将为国民经济发展开拓更多发展空间。陆域的经济增长潜力相对于海洋而言，其空间已经大打折扣。例如，早在几千年前，陆上已经实现了从自然狩猎到农业社会的转变，而海洋到了 21 世纪，渔业整体上还停留在"自然狩猎"阶段，人工繁殖、收获鱼类还没有获得普遍推广，相当于陆域上的原始社会时期②。海洋经济还有巨大的发展空间，海洋养殖将突破陆域农业发展瓶颈，海洋建设将突破陆域土地制约瓶颈，海洋旅游将突破陆域空间限制瓶颈，这都将为国民经济创造更大的发展空间。

那么，如何实现国民经济对海洋经济的"依赖"呢？我国的海洋权益维护如何从这种"依赖"中得以现实呢？笔者认为可以从以下方面

---

① 蔺锐：《浅议我国海洋权益面临的主要问题及对策》，《学理论》2009 年第 31 期。

② 说人类在海洋渔业上还处于原始社会时期，并不为过。人类对大部分的鱼类捕获还是遵循鱼类的自然生长周期，不干涉鱼类的自然生长，唯一有现代人类痕迹的可能就是设置了禁渔期。目前只有极少数发达国家开始了海洋渔业从"自然狩猎"到"农业"的转变。例如，由于天然鳕鱼的减少，海洋里已经无法捕获到鳕鱼，加拿大已经开始了鳕鱼的大规模人工养殖，这是人类开始海洋大规模"农业化"的标志。实际上，这追溯了陆域上的"动物/植物减少—人工饲养/种植"的发展轨迹，只是相对陆域，海洋还处于原始阶段。

着手。

首先，促进海洋养殖与海洋产业的发展，大幅增加海洋经济在国民经济增长中的比重①。海洋经济的发展，将吸纳更多的就业人口，这些海洋就业人口将是我国海洋权益维护的重要力量，也会为我国的海洋权益维护提供资金、人力、智力支持。这实际上增加了我国海洋权益维护的内部有利因素。除此之外，强大的海洋经济，如果使国外市场对我国海洋经济产生了依赖，也将创造有利于海洋权益维护的外部因素。例如，如果我国的海洋养殖业垄断了世界上90%的鳕鱼供给，而鳕鱼是欧美市场不可或缺的商品，那么，这将为我国争取更多的海洋权益维护话语权。

其次，扶持海洋科技创新。后发国家并非意味着一定不能超越先发国家，关键是寻找超越的突破点。显然，在传统领域，后发国家很难超越先发国家，因为后者积累了大量的经验，夯实了基础。但是在新领域，由于都处于空白期，而后发国家没有转型障碍，反而容易实现突破。海洋为我国这样的后发国家实现超越提供了空间。而实现超越的关键就是海洋科技的创新。当我们在海洋科技上实现全球领先时，其他国家就很难也不会轻易地侵犯我们的海洋权益了。

（二）进行海洋管理制度创新

制度的重要性再怎么强调都不为过。尤其是新制度经济学派将制度作为经济发展的一个重要外生变量之后，制度更是成为人们分析问题的一个关键因素。实际上，制度的确有着举足轻重的作用。尽管约瑟夫·奈将软实力概括为文化、政治观念和外交政策三个方面，没有提及制度，但实际上广义的制度就包含了文化和政治观念（即非正式制度）。我国要实现从海洋硬实力到海洋软实力的战略转型，海洋管理制度的创新是必不可少的内容。海洋管理制度创新，尤其是获得了其他国家的复制和模仿之后，其实就是拥有了海洋软实力。

---

① 当然，这一比重达到多少就现实了国民经济对海洋经济的"依赖"，笔者并没有作系统的调查和论述。但是相信当国民经济的50%来自海洋经济时，就可以断言，国民经济实现了对海洋经济的"依赖"。

制度经济学派在使用制度创新概念时，往往等同于制度变迁、制度发展。即指制度的替代、转换与交易过程，是指从一种制度的安排，经过修正、完善、更改、转换、废除、创立、创新等变为另一种新制度安排的过程①。而海洋管理制度创新是指对现有的海洋管理制度的变革，这个变革包括对海洋管理观念、海洋管理组织形式、海洋管理机构和结构等方面的变化与调整②。由于制度本身有层次性，因此海洋管理制度创新并不是建立某种单一的制度，而是建立一个相互配套、相互制约、相辅相成的海洋管理制度体系。按照制度经济学派的观点，制度可以分为非正式制度和正式制度两大部分，这种分类同样适用于海洋管理制度。因此，海洋管理制度的创新也可以从这两个方面进行。

1. 海洋管理的非正式制度创新

海洋管理的非正式制度体现为海洋价值观、海洋管理意识、海洋管理观念、海洋伦理等内容③。非正式制度是正式制度运作的基石，一个与海洋价值观、海洋伦理、海洋习俗不匹配的海洋正式制度是难以有效运作的。而且，相对海洋正式制度，海洋非正式制度的创新更能为其他国家所接受，也更容易实现海洋权益的维护。换言之，海洋非正式制度创新其实质就是争夺海洋权益维护的话语权，实现海洋软实力。当我们所构建的海洋价值观、海洋伦理为世界各国所认可并接受的时候，我们实际上已经为海洋权益的维护奠定了很好的基础。海洋管理的非正式制度创新可以从以下几个方面进行。

（1）树立和平崛起和平等利用海洋的海洋价值观。马汉开创了一个时代的海洋价值观，他对海洋硬实力的崇拜，使得马汉时代的海权大国表现出对海洋武力的迷信。我们认为，在今天这个时代，和平崛起是完全可能的，当今的世界格局需要也允许我们实现和平崛起。这种不同于西方国家的海洋价值观，是中国实现海洋权益维护的海洋软实力。此外，我国的海洋战略是在法理框架内实现自己海洋权益的维护，我们反对海洋霸权。因此，我们还需要树立平等利用海洋的海洋价值观。世界上的任何国家，不论大小强弱，

---

① 具体参见〔美〕R. 科斯等著《财产权利与制度变迁》，上海三联书店、上海人民出版社，2003。

② 王琪：《海洋管理：从理念到制度》，海洋出版社，2007，第160页。

③ 王琪：《海洋管理：从理念到制度》，海洋出版社，2007，第160页。

都有利用海洋并从中获益的平等权利。这种不同于海洋霸权的海洋价值观也是我国海洋权益维护的海洋软实力。

（2）构建保护海洋的海洋伦理理论体系。海洋伦理是公共伦理和生态伦理的统一，海洋伦理在海洋活动中起着统一伦理观和协调多元利益博弈的作用，其他的伦理规范难以起到这样的作用①。目前，我们还没有构建起海洋伦理理论体系，目前指导我们进行海洋开发的还是其他伦理规范。笔者认为，我国的学术界应该在当前海洋资源遭受无节制掠夺、海洋环境遭受严重破坏的情况下，构建保护海洋的海洋伦理理论体系，这一理论体系的实质也是为我国的海洋权益维护争取话语权。

（3）培养国民的海洋权益维护意识。我国国民的海洋意识还非常薄弱。例如，1998 年《中国青年报》进行的"中国青年蓝色国土意识调查"，有 2/3 以上的被调查者认为我国的国土面积为 960 万平方公里，在这些被调查者的观念中根本就没有 300 万平方公里的"海洋蓝色国土"概念。上海、北京部分高校里的一些大学生对《瞭望新闻周刊》提出的"海洋问题"并没有显示出太多的兴趣："南沙群岛距离大陆那么远，产生争议也很正常。""中国国土面积那么大，争几个小岛有意义吗？"② 诚然，造成今日我国海洋权益被侵犯现状的原因是多方面的，但是，国民海洋意识淡薄是其中的一个重要因素。因此，培养国民的海洋意识，尤其是海洋权益维护的意识至关重要。笔者认为，培育国民的海洋权益维护意识可以从以下三个方面进行：一是培养海洋国土意识，从媒体宣传、教科书等各个方面强化我国 300 万平方公里的海洋国土，而不仅仅是 960 万平方公里的陆域国土③；二是培养国民的海洋资源意识，让国民意识到，南海几个"很小的岛礁"却意味着巨大的海洋资源，如果不能维护南海岛礁的海洋权益，我们将流失大量的海洋资

---

① 王刚、吕建华：《海洋伦理及其内涵》，《湖北社会科学》2007 年第 7 期。
② 张宇、刘莎：《增强全民海洋意识：海洋强国必由之路》，《中共济南市委党校学报》2010 年第 4 期。
③ 我们在这方面的宣传显然不够。例如，1998 年 5 月 29 日，国务院发表的《海洋中国工业的发展》白皮书宣布，中国 960 万平方公里领土是陆地国土，还有 300 万平方公里的海洋国土，但迄今为止中国的各种出版物在谈及中国的国土面积时，大部分仍然称 960 万平方公里，包括 1999 年末建造的"世纪之交标志性建筑"中华世纪坛，用 960 块花岗岩暗喻国土面积，300 万平方公里的"海洋国土"却没有任何体现。

源；三是培养国民的海洋环境意识，让国民意识到他国的海洋污染和破坏行为也将影响到我国，我国进行的北极、南极科考以及参与开发讨论，有利于维护我国的海洋权益。

2. 海洋管理的正式制度创新

海洋管理的正式制度是指人们有意识地制定的一系列政策法规，它包括海洋管理政策、海洋管理法规、海洋管理规划、海洋管理组织机构、海洋管理模式等内容。[①] 海洋管理正式制度创新可以增加我国海洋权益维护的内部有利因素，增强海洋权益维护的力量和效率。如果获得其他国家的认可或者嫁接，也就转化为海洋权益维护的海洋软实力。笔者认为，我国海洋管理正式制度创新可以包括以下几个方面。

（1）完善海洋权益维护的法律法规体系。目前，我国已经出台了一些有关海洋权益的法律，如早在 1992 年我国就颁布了《领海及毗连区法》，对我国的领海作出了明确的规定。以法律的方式确立我国的海洋权益非常必要，但是我国目前有关海洋权益维护的法律还不成体系。笔者认为，可以对我国海洋权益的维护主体、维护内容、维护手段等进行立法，从而构建一个完善的海洋权益维护法律法规体系。

（2）理顺涉海管理部门之间的职责。目前，我国实现的是半集中的海洋管理模式，这一模式之下尽管有了一个专门的海洋行政主管机构，但是很多职能部门的管理职能都涉及海洋，因而形成了海洋管理职能的交叉重叠，使得海洋管理中推诿和扯皮的现象屡有发生，大大降低了我国海洋权益维护的效率。因此，笔者建议理顺涉海管理部门之间的职责，可以加大海洋主管部门的管理权限，对其他职能部门的涉海职能进行剥离，集中到海洋主管部门，以提高海洋管理的效率，从而为海洋权益维护奠定基础。

（3）整合海洋执法队伍。目前，我国有 5 支海上执法队伍——中国海监、中国海警、中国海事、中国渔政和中国海关，尽管它们的执法领域和重点有所不同，但是多支执法队伍还是造成了很多弊端：增加了海洋执法的协调难度，降低了海洋执法的效率，提高了海洋执法的成本[②]。因此，分散的

---

① 王琪：《海洋管理：从理念到制度》，海洋出版社，2007，第 162 页。
② 徐祥民：《渤海管理法的体制问题研究》，人民出版社，2011，第 11～12 页。

海洋执法体制并不利于我国海洋权益的维护。笔者建议对 5 支海上执法队伍进行整合，合并成一支海上警备队。海上警备队负责 3 海里以外海域的海洋执法，主要负责我国的海洋权益维护和海上救援；3 海里以内的海上执法可以交由沿海地方政府负责。

（三）培育并壮大海洋社团

社团可以反映一个国家的民间力量。当年，法国知名学者托克维尔考察美国的时候，他发现美国之所以成为民主的典范、经济蓬勃发展的楷模，其中一个重要的因素就是美国具有结社自由，美国是世界上社团数量最多、社团规模最大的国家[①]。有研究者总结了社团的 7 大作用：培育民主价值观，提高公民参与水平；制约政府权力；满足社会的多元需求；提高公共产品的供给效率；成为重要的经济和社会力量；建立科学的社会保障模式[②]。今天，社团在凝聚一个国家的民间力量，反映民众呼声方面的确发挥着举足轻重的作用。

海洋社团的发展和壮大无疑将大大强化我国海洋权益维护的力量。但是遗憾的是，我国的海洋社团还处于起步阶段。尤其是在海洋权益维护方面，我国目前还没有引起大家关注的海洋社团。目前，我国业已存在并发挥作用的海洋社团，几乎都集中在海洋环境保护领域。"蓝丝带海洋保护协会""深圳市蓝色海洋环保协会""大海环保公社"等都是国内少数几家比较知名的海洋环保社团。但是这些海洋社团成立的时间比较短，规模较小，影响力不大。例如，"蓝丝带海洋保护协会"2007 年才成立，也只有天涯海角、喜来登酒店、海南网通、三亚移动、三亚鲁能等 40 家协议成员，尽管其提出的使命是"团结一切可以团结的力量保护海洋"，但是其活动领域依然局限在海洋环境保护，而鲜有涉猎海洋权益维护。

我国目前的海洋权益维护现状已经在呼唤海洋社团的发展。我们要实现海洋权益维护的战略转轨，培育并壮大海洋社团是一个重要的路径选择。笔者认为，我们可以从以下几个方面培育海洋社团，并促进其发展。

---

① 〔法〕托克维尔：《论美国的民主》，董果良译，商务印书馆，1997。
② 吴东民、董西明：《非营利组织管理》，中国人民大学出版社，2007，第 10~15 页。

1. 放宽海洋社团成立的条件限制，为其发展创造更为宽松的社会环境

我国目前的社团管理实行"分级管理"和"非竞争性原则"。所谓"分级管理"即对社团按照其开展活动的范围和级别实行分级登记、分级管理。所谓"非竞争性原则"即禁止在同一行政区域内设立业务范围相同或相似的社团。除此之外，我国的社团成立还须寻找到"挂靠单位"，没有"挂靠单位"的社团是无法到民政部门登记成立的[①]。这些限定条件显然限制了海洋社团的成立，也影响了其发展。而美国社团的成立条件则极为宽松，只要向州内政司提交两页纸的章程即可。因此，要促进我国海洋社团的成长发展，首先需要放宽成立的条件，并为其发展创造更为宽松的社会环境。

2. 增加政府对海洋社团的政策和财政支持

海洋社团要获得发展，政府的政策和财政扶持非常重要。例如，世界上社团最为发达的美国，其社团经费的 31% 来自政府的财政拨款。尽管我国政府对社团也有政策倾斜和财政扶持，但是这些政策和财政扶持都限定在"自上而下"的社团，即与政府保持密切联系的共青团、妇联、工会等"官方社团"，而对于"自下而上"的民间社团，则鲜有倾斜政策。而实际上，我们所指的海洋社团主要是"自下而上"的民间社团，它在一些方面更具灵活性、更能体现民众意愿。

3. 引导海洋社团参与海洋权益维护

我们需要树立这样的理念：海洋权益的维护不仅仅是政府的事情，它是整个社会的事情。任何组织都有维护自己国家海洋权益的责任。政府对此也应该进行社会引导，特别是对于一些立志于海洋环境保护的海洋社团而言，政府的引导至关重要。我们相信，当这些海洋社团成长壮大起来之后，尤其是发展成为国际非政府组织（INGO）之后，它们在国际上具有了话语权和影响力，将成为我国海洋权益维护的重要力量。

（四）鼓励进行海洋交流

所谓海洋交流，就是指我国与其他国家就有关的海洋观念、海洋资源、

---

① 吴东民、董西明：《非营利组织管理》，中国人民大学出版社，2007，第 20 页。

海洋环境以及海洋科技成果等进行沟通与交流。海洋交流对于海洋权益的维护至关重要。从某种意义上而言，我们所提倡的海洋价值观、构建的海洋伦理理论、培育的海洋社团等要转变为海洋权益维护的软实力，都需要通过海洋交流来实现。海洋交流可以增加各国之间的信任，使得各方愿意聆听对方的声音，从而摆脱依靠武力解决纠纷的窠臼，实现海洋权益维护的战略转轨。

海洋交流可以有多种形式和途径。按照不同的标准可以划分成不同的类别。按照交流的主体标准，可以将海洋交流划分为政府之间的海洋交流、民间的海洋交流、政府与民间之间的海洋交流。我们需要打破政府单一主导海洋交流的局面，鼓励民间特别是海洋社团进行海洋交流。按照交流的内容标准，可以将海洋交流划分为海洋立场交流、海洋伦理交流、海洋资源交流、海洋环境交流等。按照交流的途径标准，可以将海洋交流划分为海洋学术交流、海洋市场交流、海洋官方交流。其中学术交流主要在于通过国际学术会议等传达我国有关海洋权益维护的学术成果，市场交流主要在于与国外建立密切的海洋经济联系，官方交流则主要在于传达我国的海洋权益维护立场。

当然，这些海洋交流要取得海洋权益维护的良好效果，还需要全社会的共同努力。例如，我国可以通过海洋学术交流，表达钓鱼岛等周边海域是我国的固有领土，这就需要我国的学术界对钓鱼岛的历史渊源、法律地位、海底地质构造等进行细致全面的论证。一个建立在权威学术论证基础上的海洋学术交流，将极大地促进我国的海洋权益维护。

第六章 海域使用管理

一 海域使用中的地方政府行为分析

我国的海域使用所有权归属国家，使用权与所有权相分离。收取的海域使用金按一定比例划拨给地方政府，使得地方政府作为管理主体及利益相关者参与到海域使用管理中。另外，部分海域使用范围将权属下放到地方，海域使用的收益直接关乎地方的经济发展，更激发了地方政府合理利用海域资源的动力。地方政府既作为使用者又作为管理者在海域使用中承担着重要角色，无限的发展需求与有限的可利用海域资源之间的冲突决定了地方政府之间存在利益之争。以驱动力量作为研究工具来分析地方政府在海域使用中的行为，能够从原动力角度理清海域使用中存在问题的根源，并针对其驱动力量进行调控，防止由地方政府的理性导致整体的非理性情况出现。

（一）引言

海域使用在 1993 年以前处于无法可依的状态，谁占用谁开发的传统做法使海域使用陷入了"公地悲剧"的困境，造成了海域使用的无序化。1992 年财政部、国家海洋局出台《关于外商投资企业使用我国海域问题的报告》，规定海域使用需要申请许可证，并有偿使用，从此海域使用的系统化管理开始起步。2002 年《海域使用管理法》正式出台，海域使用正式纳入法律的管辖范围内，并规定海域的所有权归国家，使用权通过审批获得，中央政府与地方政府对收取的海域使用金按照一定比例分配。

学者多从政策分析的角度研究海域使用相关制度的可行性及实施情况。李荣军从理论和制度层面提出完善海洋功能区划编制的理论和方法，认为应该按照海洋功能区划编制海域使用规划，并严格控制岸线占用，通过引入开发强度理论提高围填海形成土地的利用效率①。刘斌从加强立法、简化行政审批环节、加强自我约束、引入市场化手段、引入先进管理技术、提高自身素质等六个方面提出了政府职能转变的方向②。王晶等结合山东省的海域使用金管理现状，从海域使用金的收缴方式、资金分成比例、保障方式等方面分析了海域有偿使用制度的运行情况③。从政策分析的角度研究海域使用相关制度，能够对海域使用管理的发展方向提出见解。

海域使用中的地方政府行为研究多集中于对地方出台的文件、政策等进行论证。吴阿蒙、王娟结合秦皇岛港城发展的现状，分析了地方政府行为的积极作用和不足，认为政府行为的价值取向和治理能力直接关系到港口城市的发展，应该从突出港口优势、促进港口城市协调互动、加快发展工业、优化产业结构两个方面进行战略调整④。筋原博总结了日本港口发展过程中地方政府的管理体系，论述了港口五年规划的制定程序，从直接工程和补贴制度、地方公债制度分析了日本港口发展中政府的财务管理体制。⑤ 陈明辉认为，吉林省港口管理存在体制尚未理顺、港口规划管理薄弱、港口建设养护资金筹措手段缺乏、投入严重不足、

---

① 李荣军：《创新管理机制——努力提高海域使用管理水平》，《海洋开发与管理》2010年第9期，第13～15页。

② 刘斌：《构建新型的海域使用管理机制和模式——对海域使用管理中的政府职能转变有关问题的思考》，《南方国土资源》2004年第2期，第33～34页。

③ 王晶、谭梅、袁笑梅：《加强海域有偿使用管理，促进海洋经济可持续发展》，《中国财政》2008年第14期，第40～41页。

④ 吴阿蒙、王娟：《秦皇岛市港城发展中的政府行为研究》，《管理观察》2008年第10期，第12～13页。

⑤ 筋原博著《日本港口发展中地方政府的作用（下）》，顾泉林译，《水运管理》1997年第3期，第36～40页。

港口管理有关概念不明确等问题，建议就吉林省的港口管理进行立法①。学者们通过政策的实施情况分析政府行为，从结果角度对政府行为进行了评价。

部分学者有针对性地提出了港口行业的发展模式。许春风等对港口发展中的政府筹资提出了相应的对策，认为应该加强港口规费的管理，稳定港口建设资金来源，适时开征岸线资源使用税，实行土地优惠政策以吸引资本注入，鼓励有条件的港航企业争取发行债券，政府从政策上给予引导支持，通过市场操作更好地利用其他投融资方式从事港口建设②。刘佳、董伟认为，应该将环渤海地区港口资源进行整合，主要是市场竞争激烈、港口结构性矛盾凸显、港口建设规模加大、小规模港口发展压力大等亟须对港口资源进行整合③。港口作为海域使用的重要因素，分析港口的发展出路对于进一步管理海域使用有很强的现实意义。

（二）海域使用属性界定

2001 年 10 月 27 日第九届全国人大常委会第二十四次会议审议通过的《海域使用管理法》自 2002 年 1 月 1 日开始施行，海域使用管理纳入法律制度的规范下。《海域使用管理法》对海域使用的海洋功能区划制度、海域权属制度和海域有偿使用制度进行了规定，为海域使用确立了管理规范。海域使用面临的问题多样复杂，是由海域使用的属性决定的。

（1）国际范围内的海域使用是全球公共物品，其影响不止一个国家、城镇或家庭。历史上遗留下来的"谁开发、谁占有"的权属界定困难及公共规则的难以统一增加了国际海域使用的有序化管理难度。就我国的海域使用来说，权属相对确定，所有权与使用权分离，海域使用的所有权归属国家，使用权通过审批的方式获得。《海域使用管理法》第二条规定，"本法所称海域，是指中华人民共和国内水、领海的水面、水体、海

---

① 陈明辉：《吉林省港口地方立法建议》，《中国港口》2009 年第 11 期，第 49～51 页。

② 许春风、蔡俊、蒋惠园：《我国港口发展政府筹资对策研究》，《中国港口》2007 年第 7 期，第 25～26 页。

③ 刘佳、董伟：《环渤海地区港口资源整合及发展趋势分析》，《海洋开发与管理》2010 年第 1 期，第 21～23 页。

床和底土"，第三条规定，"海域属于国家所有，国务院代表国家行使海域所有权。任何单位或者个人不得侵占、买卖或者以其他形式非法转让海域"。

（2）海域使用的负外部性不易衡量。使用者多关注海域使用获得的正向效应，通过计算所投入的生产成本、获得的经济效益等，只要经济收益大于投入成本，就足以产生海域使用权的申请动力。海域使用带来的负外部性则很难衡量，对环境的破坏、海域生态系统的影响、资源的过度开采等负面影响则难以通过成本—收益的方法计算，减少负外部性的成本和收益都不容易衡量，而且也包含重大的分配问题。

（3）海域使用权从性质上看具有排他性。海域使用权人依法用海的权利既排除了其他单位和个人妨碍其海域使用权行使的排他性用海活动，又排除了国家在其获得海域使用权的海域再设定其他海域使用权，也就是说，海域使用权一经依法设定即对所有权的行使产生限制，是可以对抗所有权的对世权[1]。《海域使用管理法》第四章规定了海域使用权属制度，其中第 19 条规定，"海域使用申请经依法批准后，国务院批准用海的，由国务院海洋行政主管部门登记造册"，"海域使用申请人自领取海域使用权证书之日起，取得海域使用权"。海域使用权的排他性一定程度上造成了"先到先得"的假象。

（三）地方政府行为下的海域使用情况

地方政府在海域使用中，针对地方特点，在配合国家政策的过程中，出台了许多地方法规，以适应地方区域发展要求。海域使用的所有权归国家，但部分海域使用行为的权属已经下放到地方，使地方在海域使用管理中获得相应的收益，提高了地方推动海域使用管理的积极性。

1. 地方政府配套国家政策，积极推进海域使用管理

国家的海域使用管理从总方向和总体原则对海域使用进行了规范，而具体的实施行为由地方政府承担。各省在《海域使用管理法》的框架下，出

---

① 全永波：《论海域使用中的权利冲突与制度完善》，《中国海洋大学学报》（社会科学版）2009 年第 1 期，第 6～9 页。

台了各省的管理规范，使海域使用管理系统更为完善，方案更为可行，技术更为实用。地方政府各项政策的出台不仅是为了配套国家的相应政策，在法制框架下进行海域的合法、有序使用，也是从地方实际出发，便于地方管理，并提高地方所属海域的总体效益。

环渤海区域相关省市作为全国海域使用管理主体的重要组成部分，加强海域使用管理，积极推进海域使用确权进程。2010 年，四省市共确权经营性项目海域面积 133796.51 公顷，占全国总确权面积的 70.3%，确权公益性项目海域面积 948.84 公顷，占全国总确权面积的 27.7%。海域使用权审批证书方面，经营性项目审批证书 1103 本，占全国的 47.2%，公益性项目海域使用权证书发放 27 本，占全国的 25%（见表 6 - 1）。由以上数据可以看出，环渤海区域相关省市在经营性项目中海域确权面积比例相对较高，而公益性项目确权比例相对较低。

表 6 - 1　2010 年环渤海区域相关省市海域使用确权情况

地区	确权海域面积（公顷）		海域使用权证书（本）	
	经营性项目	公益性项目	经营性项目	公益性项目
辽宁	104798.03	672.46	622	10
河北	4679.83	—	52	—
天津	2150.02		51	—
山东	22168.63	276.38	378	17
省（自治区、直辖市）管理海域以外	1577.8	—	16	—

数据来源：国家海洋局网站，2010 年海域使用管理公报。

2. 不同等级的海域使用收益情况

根据海域等级的不同，进行海域使用管理获得的海域使用金也不同。随着中央权力的下放，各地方政府管理与保护海洋环境工作正在逐步增强，也已经建立了比较完善的海洋法律法规体系和管理机构。表 6 - 2 和表 6 - 3 显示了环渤海区域不同等级的海域使用金征收情况。不难看出，环渤海区域内的海域等级集中于三等和四等，一等海域面积较少。

表 6 - 2　环渤海区域海域等级汇总

一等	山东:青岛市(市北区、市南区、四方区)
二等	天津:塘沽区
	辽宁:大连市(沙河口区、西岗区、中山区)
	山东:青岛市(城阳区、黄岛区、崂山区、李沧区)
三等	天津:大港区
	辽宁:大连市甘井子区、营口市鲅鱼圈区
	山东:即墨市、胶州市、胶南市、龙口市、蓬莱市、日照市(东港区、岚山区)、荣成市、威海市环翠区、烟台市(福山区、莱山区、芝罘区)
四等	辽宁:长海县、大连市(金州区、旅顺口区)、葫芦岛市(连山区、龙港区)、绥中县、瓦房店市、兴城市、营口市(西市区、老边区)
	山东:莱州市、乳山市、文登市、烟台市牟平区
五等	山东:长岛县、东营市(东营区、河口区)、海阳市、莱阳市、潍坊市寒亭区、招远市
六等	辽宁:大洼县、凌海市、盘山县
	山东:昌邑市、广饶县、垦利县、利津县、寿光市、无棣县、沾化县

数据来源:根据财政部、国家海洋局《关于加强海域使用金征收管理的通知》(财综〔2007〕10 号)相关内容整理。

表 6 - 3　不同等级的港口建设相关海域使用金征收标准

单位:万元/公顷

用海类型		一等	二等	三等	四等	五等	六等	征收方式
构筑物用海	非透水构筑物用海	150	120	90	60	45	30	一次性征收
	跨海桥梁、海底隧道等用海	11.25						按年度征收
	透水构筑物用海	3	2.55	2.10	1.65	1.20	0.75	
围海用海	港池、蓄水等用海	0.75	0.60	0.45	0.30	0.21	0.15	
	盐业用海	具体征收标准暂由各省(自治区、直辖市)制定						
	围海养殖用海	具体征收标准暂由各省(自治区、直辖市)制定						

数据来源:根据财政部、国家海洋局《关于加强海域使用金征收管理的通知》(财综〔2007〕10 号)相关内容整理。

　　港口用海主要涉及构筑物用海及围海用海,通过透水、不透水的方式构建码头、突堤、防波堤、路基等设施,进行填海用海,围海用海主要是通过修筑海堤或放浪设施圈围海域，用于港口作业、修造船、蓄水等，含开敞式码头前沿的船舶靠泊和回旋水域①。就港口而言，2002 年开始进行属地化建设，大大促进了地方政府进行港口建设的积极性，通过资金与政策支持，港口货物通行时间得到有效缩短。属地化管理使得地方政府能够分享到港口征收的海域使用金及税收所得，而且港口作为国民经济和对外贸易的"窗口"，对当地的社会效益提升也起着重大的作用，使得地方政府积极推动港口建设，加快了港口的发展，也增加了海域使用管理的总体协调难度。

3. 港口建设中存在的问题分析

我国北方是世界上港口分布最为密集的地区之一，在沿渤海、黄海的5800 公里海岸线上，近 20 个大中城市遥相呼应，包括天津、青岛、大连、秦皇岛 4 亿吨吞吐量大港在内的 60 多个港口星罗棋布②。港口之间存在着诸多竞争，各港口都努力发展为龙头港口，不愿成为支线港及附属港。山东港口群中，2005 年出台的《关于加快沿海港口发展的意见》中指出，山东初步建成以青岛港为龙头，以日照烟台港为两翼，以半岛港口群为基础的东北亚国际航运中心。青岛港有着优良的建港条件和深水航道，是北方最大的矿石中转港，最大的国际集装箱中转港。日照港一直不甘于做支线港，并以重点规划建设为沿海主枢纽港作为目标。天津港是 2 亿吨大港，主要集中于大宗散货和集装箱的运输，主要优势在于其陆地面积广阔，每平方米码头占有陆地面积 1000 平方米，而且腹地范围广阔，70% 以上的货物来自附近省市。大连港致力于将港口做大做强，拥有现代化专业泊位 80 多个，万吨级以上泊位 50 多个，实现了世界上有多大的船，大连港就有多大的码头。

不只环渤海区域港口存在基础设施重复建设的问题，其他省份也存在类似的问题。广西壮族自治区北海港 2009 年有 4 个万吨以上泊位，北海港石步岭港区三期工程拟新建 4 个深水泊位并建设堆场等配套设施，三期工程竣工后，北海港将步入千万吨大港的行列。钦州港 2009 年吞吐能力超过 4000

---

① 屈万祥、周茂平：《海域使用管理违法违纪行为处分规定》读本——海域使用管理违法违纪行为构成及处分标准、程序手册，海洋出版社，2008，第 380 页。

② 张坤、徐菲、许哲：《环渤海港口竞争合作机制》，《管理观察》2009 年第 1 期，第 21 页。

万吨，按照市政府的计划，年内要确保钦州保税港区 1 号、2 号集装箱泊位等一批码头竣工投产，使总吞吐能力提高至 5700 万吨。防城港 2008 年吞吐能力已达到 5600 万吨，随着年内 10 万吨级东湾航道、20 万吨级西湾航道工程和 501～502 号泊位等工程的建设，年吞吐能力将超过 6000 万吨。"三港"规模远远大于自身运输需求，造成了严重的重复建设和资源浪费①。无序化建设造成了地方政府间资源的浪费，重复建设降低了资源的使用效率，使得省市间的功能难以形成有效补充。

（四）海域使用中地方政府行为的驱动力量分析

地方政府以当地资源为依托，追求海域使用中的地方收益，实现了地方海域价值的最大化。港口建设作为海域的重要使用方式，其产生的效益激发了地方政府极大的投入积极性，加速了港口发展，同时也造成了港口建设的无序竞争和重复建设情况，理性的地方政府行为整合起来形成非理性的集体行为。分析地方政府投身于海域使用的背后驱动力量，有利于对症下药，使地方政府行为更切合国家整体利益。

1. 区域经济发展的需求

港口建设是政府的重大建设项目之一，按照《国务院办公厅转发交通部等部门关于深化中央直属和双重领导港口管理体制改革意见的通知》（国办发〔2001〕91 号）的要求，原来双重领导的港口及省属沿海港航企业已经下放到各市管理，港口建设的任务主要由所在市人民政府承担，并适当提高地方人民政府港口建设费的留成比例。自《海域使用管理法》出台后，港口的进一步用海也需要得到海域使用审批，并依法缴纳或申请减缴、免缴海域使用金。港口管理权限的下放使地方政府得以享受到港口建设所带来的效益，从而产生地方建设港口的动力。

港口建设所带来的巨大效益能够促进区域经济发展。美国著名战略咨询顾问公司兰德公司为深圳港口长远发展规划所做的报告书中，提到港口经济对社会的贡献，除了常见的集装箱装卸作业、拖运、仓储专业性收费外，每

---

① 成为杰、马晓黎：《当前地方政府合作的现实途径——以北部湾"三港归一"战略为例》，《中共济南市委党校学报》2011 年第 1 期，第 78～81 页。

标箱在社会上流通所创造的文件、提单交收、报关填表、公证行处理和后勤配套服务等社会综合效益达 900 元，还不包括创造大量的就业岗位、资金进出、培育金融市场成长、发展流通等效益在内①。港口建设拉动港口经济，从而带动区域经济的发展。港口建设能够拉动钢铁业、石化业、重工制造业等的发展，建设过程中创造大量的物品及劳动力需求。同时，港口提供强大的具有价格优势的运输方式，加快了物品的集散速度，使所在地的经济要素流动起来，形成顺畅的对外交流渠道。

港口经济的发展显示出良好的综合效应，不仅有利于优化区域资源配置，促进产业结构调整升级，而且对国民经济发展具有强大的联系带动作用②。如果将地方政府看作一个理性的经济单位，地方政府在追求其所创造的社会福利最大化过程中，必然会考虑短期投入和长久收益之间的对比。地方政府加大海域管理，向海洋要效益，利用临海优势带动区域经济的发展，是应对区域经济发展压力的必然结果。

2. 作为增长极带动其他产业发展

增长极的概念最早由法国经济学者弗朗索斯·佩鲁（Francois Perroux）提出。增长极理论的核心思想就是：在经济要素之间相互作用的空间（包括"经济空间"和"地理空间"），具有创新功能的推进型单元（企业或产业）通过诱导机制对其他经济单元产生关联作用，形成支配效应，带动周围腹地经济增长，从而影响整个区域经济增长的相关产业的空间聚集③。继珠江三角洲和长江三角洲两大区域之后，环渤海地区成为我国经济发展的第三增长极。港口建设是政府重大建设项目之一，在地方经济发展中，港口能够承担增长极的作用，为地方经济的发展带来联动效应。

内陆运输系统的发展趋于缓和，其运输能力及发展潜力也受到限制。港口能提供一些量大质重的基础产业（如钢铁业、石化工业、制铝业等）低

---

① 肖钟熙：《港口建设中地方政府行为及其规范》，《水运管理》2006 年第 4 期，第 13～16 页。
② 杨明华、战磊：《政府在港口投融资中的角色定位和行为选择》，《商场现代化》2007 年第 11 期，第 174～175 页。
③ 薛泽海：《中国区域增长极增长问题研究——基于对地级城市定位与发展问题的思考》，中共中央党校博士学位论文，2007，第 23 页。

廉运输成本的区位条件，而这些基础产业又具有高度的产业关联效应，是促进区域发展的促进型产业，港口也因此被视为带动区域成长的动力[1]。以港口为依托，与辐射腹地的路网相联系，形成强大的区域整合网络，带动地方的物流服务业已经成为新的经济增长点。此外，港口发展所需的技术支持、与其他产业的交互作用、带动作用的延伸等使得港口建设不仅自身带来较高的产能，而且形成联动作用，激发其他产业的共同发展。

地方政府能够从港口作为增长极中获得效益是地方政府行动的动力。一个城市要有所发展，必须有良好的投资环境，而畅通的流通途径则是投资环境所必需的。港口作为增长极，加快了物流的运输速度，使得资本及物产流动起来，减少积压和阻塞。地方政府的主要职能是发展地方经济，提高居民生活水平，产业的联动发展有利于实现政府的主要职能。自2002年港口实行属地化管理，地方政府拥有了发展港口的权力，分税制改革又使地方政府拥有了发展港口的实力。港口发展中地方政府能够获得短期的以及长期的收益，使得地方政府有了使用海域的动力。

3. 先到先得，提前占位的冲动

海域使用都有一定的受益范围，特别是港口建设等回收周期长、基础设施投入庞大的海域使用，一旦确立了地点及使用方式，后期进行调整就存在着较大的成本，很难突破既得利益的限制重新进行海洋权益分配。海域使用审批权的管理相对滞后，"边论证、边施工、边办证"的现象突出。中国海监第九支队在2005年第一季度开展的巡航执法检查过程中，现场检查了近20个海域使用工程项目，发现有很大一部分项目属于这类工程，"三边"用海工程使海域使用审批流于形式，严重扰乱了海域使用管理秩序[2]。通过"先斩后奏"的方式进行海域使用，是长期以来海域使用缺乏统筹规划的后果。海域破坏后可恢复性差，先行占用的地方政府长期享受到既得利益，对这些既得利益进行触动甚至重新分配的困难重重，硬性要求恢复原状不仅难度很大，而且容易引发既得利益者的不满，造成矛盾冲突。有的地方政府利

---

① 穆方平：《谈地方政府在港口发展中的角色定位》，《商业时代》2008年第29期，第98~99页。

② 贾后磊、谢健、洪沛民、刘高潮：《海域使用管理中存在的问题及对策》，《海洋开发与管理》2006年第5期，第79~80页。

用了海域使用的"可逆性"差，出现抢占地盘的现象。

海域使用特别是港口建设有一定的腹地范围。每个港口在地理上都有运输能够辐射和覆盖的相对稳定区域，就线路、便利性来看，如果涉及这个区域的贸易货物运输基本由该港直接或间接完成，那么该区域即为"港口经济腹地"①。离海域使用地点越近的地区辐射强度就越大，腹地范围的划定也是由历史因素、现实条件制约等决定的。如果将地方政府看作一个理性集体，地方政府成功申请海域使用权后，会优先考虑其管辖范围内的地区发展，对于其他地区地方政府管辖范围的发展则难以顾及，从整体上进行地区间利益的平衡分配是不现实的。港口建设带来了诸多关联带动效应，联动了非靠海的地区，地方政府必然努力将海域使用的收益控制在其管辖范围内。

4. 部门间权力的竞争

地方政府各部门成为政府竞争中不可忽视的重要竞争主体。就地方政府各部门来看，部门利益的存在和强化，也使得其成为重要的竞争主体，而且，政府部门之间的竞争对于地方政府竞争间的整体横向竞争产生非常不利的影响②。政府部门之间的竞争可能存在于地方政府内部，也可能出现在地方政府与上级政府的非主管部门之间。由于海域使用权属规定出现之前，对于海域有偿使用没有相关的规定，其审批也多由上级主管部门负责，从而导致了多元主体交叉管理，难以形成明确的管理体系。

政府部门间权力的竞争也增加了行政处罚的实施难度。在岱山县某围垦工程建设指挥部非法用海行政处罚案中③，岱山某围垦工程指挥部向县税务局申办了项目的行政许可手续，未向海洋行政部门申办海域使用手续，被认定为在未依法取得海域使用权的情况下，擅自从事用海活动。《海域使用管理法》施行前，滩涂围垦项目统一由水利及其所属的滩涂管理部门办理审批手续，《海域使用管理法》施行后，原滩涂管理部门依然行使着滩涂围垦的行政管理权，把海洋部门排斥在外。当事人虽然受到海洋行政主管部门的处罚，但由于不敢得罪其上级水利部门而迟迟不肯履行罚款义务，最终处罚

---

① 杨洪军：《日照港发展对腹地经济的带动效应》，山东大学硕士学位论文，2006，第8页。

② 罗文川：《区域经济发展中地方政府竞争行为与效应研究》，西南交通大学硕士学位论文，2007，第13页。

③ 张惠荣：《海洋行政执法案例汇编（第一辑）》，海洋出版社，2006，第61~65页。

机关申请强制执行才使当事人接受了处罚。

地方政府竞争属非流动要素的竞争，在市场经济条件下，供给公共物品是政府的重要职责，伴随着竞争的深入和政府职能的转变，地方政府竞争逐步从产品、产业竞争向综合环境竞争转变①。地方政府间权力的竞争既体现了不同部门对权力的追求，也体现了在政绩压力下地方政府的非理性行为。同时，不同部门以理性行为进行的决策，也导致了政府部门整体的非理性。

（五）海域使用中地方政府行为的整合方向探析

海域使用中，运用有效的制约机制使地方政府主动调整自身行为，整合地方政府行为，以实现国家整体利益，实现与其他地方政府的合作共赢。将整合力量集中于地方政府内部，通过调控机制激发地方政府的能动性，以实现与其他地方政府的协调统一，实现整体效益的最大化，将会比依靠处罚、惩治等强制性制约方式更为有效。

1. 小地方政府联合为大地方政府，使外部效应内在化

地方政府具有一定的自主权，海域使用中权力的下放不仅能激发地方政府的积极性，也容易使得地方政府在谋求地方利益的过程中导致国家资源的浪费。地方政府决策者的自利动机、地方政府机构的自利动机、地方政府作为相对独立的政策行为主体追求地方利益最大化和本级政府利益最大化的动机共同导致公共政策偏离国家整体和长远公共效用最大化的轨道②。地方政府追求自身的利益最大化，提高了其管辖范围内的社会总效益，地区间却形成了重复建设和资源浪费。港口建设中，为了实现地方自身的对外连接渠道畅通，港口的吨位、硬件条件都会比自身需求多些，如山东的青岛港、日照港承担的功能就难以明确分工，存在一定的资源浪费。

出现重复建设和恶性竞争的主要原因是地方政府将海域使用的收益局限

---

① 许葆华：《"诺思悖论"、制度变迁及地方政府竞争行为研究》，武汉大学硕士学位论文，2005，第24页。

② 张进军：《传统发展战略下的地方政府短期行为：基于政治过程的分析》，复旦大学硕士学位论文，2010，第44页。

在管辖范围内部，而难以与其他地区形成利益共同体。通过将"地方"涵盖的范围扩大，形成更大层次内的合作联盟，从而将原来存在的外部效应内在化，使其通过自身的逐利过程实现大范围的利益整合。随着组织结构的临时化、有机化或是网络化，组织越来越依赖于任务小组以及跨职能的项目团队①。扩大利益联动范围，可以通过项目共建、城市群构建、港口利益分红等形式来实现，如青岛市于 2010 年 5 月 22 日举办的"蓝色经济大家谈·首届半岛市长论坛"就为形成山东半岛蓝色经济区作了铺垫，并为利益相关市提供了交流沟通机会。对于管辖范围有争议的地区，可以采用联合经营模式，即国家保留对租让权人颁发许可证和进行宏观管理的权力，租让权人享有排他的勘探开发权，并负责具体经营活动②。通过将利益范围扩大，不同地方政府的利益形成联动，地方政府不再将目光局限于既有的管辖范围，而调整行为以实现整体利益的理性。

2. 坚持城市特色发展，提高增长极的带动作用

地方政府在发展地方经济的过程中，如果不考虑地方特色，只是在海域使用中考虑扩大地方收益，制定综合性的发展战略，必然会引起利益冲突，从而导致竞争的无序化。如果地方政府能够对自身发展前景进行定位，与其他地市的特色战略进行区分以防止冲突，就会使海域使用管理中少些竞争对手，多些联动合作。对于地方政府来说，发挥特色优势，避免每个城市都向综合性战略发展，能够减少相互竞争共同资源所消耗的成本。从港口建设、港口运输等传统的海域使用方式，向滨海旅游业、电力、油气开发等多种利用方式转化，实现海洋产业多样化，在不同平台上竞争将会减少发展成本。

地方政府根据当地的资源优势、环境优势、技术优势等，确立自己的特色产业，并通过培育使之形成当地发展的增长极。通过增长极的联动作用，带动其他产业的发展。以特色产业所形成的增长极为主线，配合海域使用论证、海洋使用审批，形成合理的产业结构和生产力布局。地方政府治理是否

---

① 〔英〕尼尔·保尔森、托·赫尼斯著《组织边界管理多元化观点》，佟博、陈树强、马明等译，经济管理出版社，2005，第 4 页。

② 萧建国：《国际海洋边界石油的共同开发》，海洋出版社，2006，第 123 页。

能促进地方资源的合理配置及净收益的增加，是考察地方政府治理经济绩效的最主要方面，即要看地方政府治理的运行是否能实现收大于支[①]。为了实现地方政府收益成本比例的最大化，就必须发挥增长极的带动作用，减少无效的资源投资和浪费。地方政府作为协调者而不是实施者参与地方效益的追求活动，通过调控增长极的作用力点，带动其他产业的发展，实现"多米诺骨牌"效应。

3. 引入竞争机制，重复博弈会趋于理性

海域使用中，如果地方政府从自身利益出发，可能会造成地方理性导致集体的非理性。海洋资源具有流动性及开放性，难以界定边界，其使用也是根据现实条件通过审批实现的，某海域可能拥有多种使用方式，而地方政府在争夺海洋资源的过程中可能出现恶性竞争的现象，同一海域中不同资源的开发也可能带来不同部门间的矛盾和冲突。例如，港口管理中，如果地方政府从自身利益出发，容易造成港口建设超出实际所需，形成资源的浪费，难以将不同地域的港口功能发挥到最佳状态。防止因地方政府理性而导致的整体非理性出现，可以引入竞争机制，通过重复博弈实现集体的理性。

博弈论经典的"囚徒困境"案例中，如果对囚徒的审讯只有一次，而且两个囚徒都是第一次接受审讯，显然囚徒的供认不讳就是唯一理性的选择。在重复博弈中，由于各博弈参与者要考虑以后的长远利益，也就是说，如果在以后的博弈中获得的利益对现在的影响足够大，理性人可能会从囚徒两难中吸取教训，参与者就会为长远的利益而选择合作行为，从而达到一种更有效的均衡，也就是达到了"集体理性"[②]。通过重复博弈，理性的地方政府能够考虑到其他地方政府在海域使用管理中的行为，通过对比对方可能选择的策略，逐渐意识到合作对各方的重要性。不同部门之间的竞争也同样如此，重复博弈能够防止部门争权夺利的情况，将部门的工作重点转移到海域有效使用这一整体目标上，而不拘泥于各部门间的利益。引入竞争机制，

---

① 罗远：《海港区地方政府治理研究——以广东省惠东县港口管委会为例》，广东海洋大学硕士学位论文，2010，第14页。

② 孙绍荣、宗利永、鲁虹：《理性行为与非理性行为——从诺贝尔经济学奖获奖理论看行为管理研究的进展》，上海财经大学出版社，2007，第75页。

通过地方政府之间及地方政府内部的重复博弈，能够实现集体理性，为合作提供可能。

（六）结语

海域使用的属性使其容易引起"公地悲剧"，地方政府作为海域使用中的管理者和使用者，既作为管理者审批海域使用权，又作为使用主体进行海域资源的划分。地方政府从内部利益出发进行的决策容易造成集体的非理性，也容易带来无序竞争和恶性竞争的情况。从利益驱动的角度，找出地方政府行为背后的驱动力量，能够从根源上对其进行行为剖析，从而有针对性地提出整合方向。

海域使用中地方政府行为的背后驱动力量有多种，主要有：①区域经济发展的需求使得地方政府有了投入海域使用中的动力；②港口能够作为增长极带动其他产业发展，有巨大的带动作用；③传统思想中海域资源先到先得，有些地方政府认为海域使用属于公共资源，从而激发了提前占位的冲动；④地方政府部门间权力的竞争等。利益驱动造成了海域使用中的无序竞争及集体非理性的状况。从利益驱动角度分析地方政府行为整合的方向，能够更具针对性。整合方向可以将小地方政府联合为大地方政府，从而使外部效应内在化，也应该坚持城市特色发展，提高增长极的带动作用，避免每个城市都向综合性城市发展而导致资源的重复和浪费。另外，重复博弈能够使行为趋于理性，引入竞争机制使地方政府之间及其内部通过不断博弈，避免局部理性而带来整体非理性的情况出现。

二　海域使用过程中的寻租问题

（一）海域所有权与使用权

海域资源是经济和社会发展的重要基础，对经济和社会发展起着越来越重要的支撑作用。由于我国人均海域资源占有量相对较少，经济发展对资源的需求又日益增多，使海域资源面临着严峻的挑战。管好、用好、保护好海域资源，防止利用海域寻租、设租等问题的出现，已经十分迫切。科学、有序、合理使用海域，必须界定海域所有权与使用权。

《海域使用管理法》第3条规定："海域属于国家所有，国务院代表国家行使海域所有权。任何单位或者个人不得侵占、买卖或者以其他形式非法转让海域。单位和个人使用海域，必须依法取得海域使用权。"海洋资源对国家主权和国家利益有着重大影响，中国的海洋公益性极强，单位和个人不能独享独占，海域所有权只能属国家所有①。国家海域所有制度是中国财产所有权制度的重要组成部分。具体来说，一方面，明确规定了国家是海域的所有者，所有权人可以在保留海域所有权的情形下，通过约定设定海域使用权，移转对海域占有、使用、收益的权利并获得相应的收益，实现所有者的利益，从而保护了国家利益，有利于国家遵循科学规律管理海域，保护海洋资源的社会经济和生态环境效益②；另一方面，民事主体享有海域使用权，且是有偿使用，可以促进国有资源保值增值，完善了中国自然资源有偿使用制度。

产权制度的创新是决定经济发展的重要因素，因而明确的产权是海洋资源发挥最佳效用的关键。《海域使用管理法》第一次在实体法中规定了海域使用权。我国《物权法》第三编第122条规定："依法取得的海域使用权受法律保护。"这一规范正式明确了海域使用权是一种物权，并将其性质确定为一种用益物权。海域使用权是指民事主体在法律规定的范围内对国家所有的特定海域享有占有、使用、收益的权利和一定的处分权利。

海域使用权是海域所有权派生出来的权利，国家拥有了海域的所有权，也就拥有了海域的使用权。但是，海域的开发利用，不可能也不应该完全由国家来进行。在社会主义市场经济条件下，为了加速海域资源的开发利用，大力发展我国的海洋经济，必须在坚持海域资源国家所有的原则下，鼓励国家、集体、个人和外资积极参与海域资源的开发利用活动。海域所有权与使用权可以分离，即国家拥有海域的所有权，管理海域的使用权，并相应地建

---

① 叶知年：《生态文明构建与物权制度变革》，知识产权出版社，2010，第298页。
② 张钦润等：《海域使用权问题研究》，《烟台大学学报》2004年第7期。

立起海域使用权的界定、审批、发证等程序，统筹规划海域使用，合理布局各种海洋开发利用活动；用海单位和个人取得海域使用权后，可以自主经营、开发、利用海域①。只有这样，才能解决好目前海域使用中的"无序、无度、无偿"问题，做到"有序、有度、有偿"使用海域，维护海洋资源的可持续利用，促进海洋经济持续协调发展。

（二）海域使用过程中的寻租行为成因分析

国家拥有海域所有权，同时扮演着海洋资源管理者和经营者的双重角色。若对使用权安排不当、管理低效，便会有导致"政府失灵"或者"政策失当"的危险，其后果不仅是资源开发利用的低效或者无效，而且还易引起政府寻租行为。

1. 寻租理论概述

寻租理论脱胎于塔洛克 1967 年对垄断造成的社会福利损失的研究，克鲁格 1974 年在分析发展中国家进口限制政策的经济后果时首次创立"寻租"一词，此后寻租概念影响迅速扩大，寻租问题研究渐成蔚然之势。寻租（rent-seeking）作为一个经济学概念，不仅仅应用于经济分析，而且为政治学、行政学、社会学、法学等相关学科所广泛借鉴。租，即租金，也就是利润、利益、好处。寻租，即对经济利益的追求，指通过一些非生产性的行为对利益的寻求。寻租行为在主流经济学中被认为是一种浪费社会资源的行为，其盛行将产生社会生产的低效率以及社会福利的损失。寻租行为有多种形式，其中最常见的就是某经济个体为本企业得到项目、特许权或其他稀缺的经济资源的使用权，贿赂政府官员；政府官员利用人民赋予的政治权力谋取私利，受贿索贿，为"小集体"谋福利。寻租往往使政府的决策或运作受利益集团或个人的摆布。寻租行为基本上是为法律所禁止的，因为寻租往往成为腐败、社会不公以及社会动乱的来源。

从经济学角度来讲，市场对配置资源的失灵为政府干预提供了机会和理由，为政府参与经济活动提供了可能性。现代社会的市场经济体制都不是完全的市场经济或完全的计划经济，而是一种混合经济。因此，在市场经济发

---

① 陈可文：《简论海域使用权的界定、确立与管理》，《海洋开发与管理》2000 年第 1 期。

育的任何阶段，政府都必须发挥应有的作用，弥补市场的缺陷和不足。经济学的基本假设之一是"经济人假设"，认为社会中的每个人都追求自身利益最大化。寻租活动也是以"自利"为出发点的政府经济人行为。政府掌握的公共权力是任何公民都不能享有的，但其经济管制、市场干预政策的制定与实施必须由政府及其官员来执行。因此他们会为实现自己的利益而将经济管制政策"出卖"给有关利益集团。也就是说，政府大多数情况下是主动创租的，即政府官员本身动机不纯，自己本身就已经成为分利集团。最早提出寻租理论的经济学家布坎南也同样告诉我们，"在有秩序的市场结构中，经济租金的潜在吸引力使资源所有者和把资源用于生产的企业家产生了动力。寻租行为源于一切经济人追求利益最大化的基本动机，实现的途径是利用政府政策形成垄断地位，而寻租行为的福利后果则是造成社会浪费"①。政府寻租的危害也显而易见：造成社会资源的浪费，阻碍市场机制的有效运行，造成社会福利的减少和社会财富分配的不公，严重损害政府运行的效率和公正性，甚至会瓦解社会规范体系，导致社会道德沦丧。

2. 海域使用过程中寻租行为产生的原因

以上我们了解了寻租理论的动因及过程。同样，在海域使用领域，由于国家的双重定位，极易产生实际的寻租行为。具体来说，有以下原因。

（1）政府过度干预。

市场失灵的存在要求政府对经济进行适当干预，寻租是政府对经济活动干预和管制的必然产物。但政府过度干预经济就会造成垄断与特权，而政府（即管理者）手中掌握着使用海洋资源的配额，它对这种可被视为一种稀缺的排他性资产的权力处于垄断地位。政府部门和政府官员以及开发者假设是经济人，谋求自身利益最大化，政府以外的海域使用主体会千方百计去获取这种权力所能带来的垄断利润（即"租金"）以谋求超额利润，而管理者也会利用所掌握的权力设租、寻租②。

（2）海域资源使用者与政府（管理者）之间存在博弈。

---

① 《腐败：权力与金钱的交换》，中国经济出版社，1993，第 114～115 页。
② 蔡卫军：《浅析政府寻租行为》，《中共青岛市委党校青岛行政学院学报》2007 年第 5 期。

　　管理者为了效用最大化，会根据对资源开发者违规的可能性进行估计，从而采取行动，以尽量减少投入（监督成本）取得尽可能多的产出；而海洋资源的开发者作为一个后决策者和经纪人，也会对管理者可能采取的行动进行估计，也会按自己的效用最大化作出自己的决策，尽可能多地使用海洋资源，以增加自己的收入和减少自己的内部成本。这样一来，政府寻租、企业贿赂，可能会为寻租行为的出现和蔓延提供土壤。

　　（3）信息不对称，市场不完全。

　　在不完全信息和不完全市场条件下，市场不能实现约束条件下的帕累托效率，导致市场失灵。在同样的情况下，政府亦会发生失灵的问题，这是现代政治经济体制结构本身所无法避免的。

　　（4）海域使用管理体制不完善。

　　首先，亟待形成科学合理的管理体系。多年来，我国海洋资源管理工作，在传统体制下从中央到地方基本上是分散在不同行业部门，实行资源开发与管理一体化，是传统陆地管理方式的延伸。这种管理模式在初始阶段曾发挥过积极作用，但是随着国家海洋事业的发展、管理部门分散，各行业、各地区自成体系，各自为政、各兴其业，形成了政出多门、多头管理、互不协调的复杂局面①。并且由于缺乏强有力的综合管理部门，实践中对海洋资源的管理综合协调难度也很大。特别是开发与管理的一体化模式，实际是政企不分，在实践中极易导致各管理部门仅仅从本行业、本地区、本部门的局部利益出发，产生寻租问题，严重影响着海域使用管理工作的正常有效开展。

　　其次，《海域使用管理法》也存在一些不足。作为我国规范海洋管理工作的一部重要法律，《海域使用管理法》在一定程度上代表了我国海域使用管理的主体政策和方向。但是在海域有偿使用制度、海域价值评估制度、海域使用权审批制度等方面，还需要补充和完善。比如，有关使用金的分类征收范围、征收额度、征收办法，使用金的管理、使用办法，使用金的免缴、减缴标准，海域使用权取得方式的不同和海域使用金征收的异同等问题，《海域使用管理法》还不能准确回答，尚需要通过深入研究，完善使用金的

---

① 鞠德峰：《我国海洋资源管理的现状与问题》，《经济师》2002 年第 10 期。

征收与管理制度①。再比如，在海域使用审批过程中，一些地区不同程度地存在着长官意志，可能会出于利益驱动，出现寻租、设租。因此海域使用审批的科学性有待进一步提高。

（三）多管齐下，抑制海域使用过程中的寻租行为

海域使用的程度与效率现在已成为我国海洋事业发展以及国际竞争力的重要部分。如何抑制、消除寻租行为，构建海域使用主体与政府之间的和谐关系，成为海域使用过程中一个亟待解决的问题。要把握的一个原则就是必须高屋建瓴、高瞻远瞩地从多角度提出对策。根据以上分析的海域使用过程中寻租行为的产生原因，笔者认为可以从以下几个方面着手解决。

1. 转换政府职能，减少政府干预

要进一步推进行政制度改革，在制度上加强约束和激励机制，规范政府的各种行为，使之公开化。进一步放松各种政府管制，推动经济自由化，严格限制政府对经济的直接干预，减少公共权力对经济的负面影响。全面实现政企分开，确立市场经济平等竞争的新秩序，并把政府干预限制在绝对必要的领域和限度内，下放权力，把更多的事情交给市场来处理。减少或消除寻租成功的可能性。

2. 压缩租金存在空间，减少寻租的收益

首先，完善市场竞争机制和价格机制。稀缺资源的供求活动应尽量通过市场竞争进行，从而使政府在行使其经济管理职能时更具透明度和公开性。其次，进一步放松政府管制，建设服务型政府，把更多的事情交给市场去运作。同时把竞争机制引入公共服务领域，限制政府官员的权力滥用。

3. 建立信息协调机制，完善海域使用管理的公众参与机制

加强区域内各海洋管理主体的信息协调。调整区域内各类和各层级涉海主体之间的行为和关系，使海域资源使用者与管理者的博弈中，管理者制定政策，资源使用者执行，即双方采取合作的态度。这样，资源就会得到合理利用，整个社会的福利就会增加，从而杜绝寻租行为，促进和谐海洋目标的实现。

---

① 叶知年：《生态文明构建与物权制度变革》，知识产权出版社，2010，第302页。

4. 完善区域海域使用管理的公众参与机制

公众参与海域使用管理意在激发公众参与度，增加政府决策的透明度，起到减少决策风险、促进决策民主化的作用。按照新公共管理理论，地方政府进行公共管理时体现现代经济学的特点，就是以顾客为中心，即强调服务提供者应对他们的顾客负责。这就要求海域使用管理过程中政府决策和管理需要提高公众的参与度，广泛听取专家、社会团体及公众的意见，建立并完善反馈程序，实现多元主体共同参与，形成区域海洋管理政府协调的有效机制。各级政府决策层要达成一个共识，把公众的参与程度作为改进海域使用管理的现实力量和社会进步的重要尺度，海洋信息通过相关的政务网和新闻媒介向外发布，鼓励公众依法行使相关的知情权，通过公众参与促进海域使用管理在机制、政策和行动方面进一步完善，以减少寻租行为。

5. 完善海域使用管理体制

（1）加强海域使用综合管理。

宏观上，对我国所辖海域的管理均实施综合管理制度，以国家的海洋整体利益为目标，通过海洋发展战略、海洋政策、海洋立法、海洋执法以及海洋行政监督等行为，对国家管辖海域的空间、环境和权益，在统一管理与分部门和分级管理相结合的体制下，实施统筹协调管理。而其最根本的要求就是在实施海域使用综合管理时坚持公开、公平、公正的原则，其基本主旨是消除海洋管理中出现"寻租现象"的土壤。

（2）进行机制创新，完善《海域使用管理法》。

健全海域价值评估制度。这是确定合理的海域使用金征收标准、保护所有权人利益、体现市场经济条件下自然资源使用等价有偿原则所必需的。中国的土地法律制度中已普遍建立了土地价值评估制度，《海域使用管理法》应当借鉴这方面的做法与经验，相应建立起科学、规范的海域价值评估制度。海域的价值评估，应由海洋行政主管部门组织，对具体海域进行考察，以该海域的自然条件为基础，以海洋功能区划为依据，就其利用价值作出评估结论，作为海域使用管理和使用金征收的依据。

引入市场化手段，通过招投标、拍卖方式出让海域使用权。该方式较能体现"公平、公正、公开"的精神，是目前国家对经营性土地出让的统一硬性要求。由于海域使用管理处于起步阶段，目前还是以行政审批方式进行管理为主。但这应作为一种过渡方式，不应长期存在。广西在 3 年来共先后组织开展招标、拍卖、挂牌活动 5 次，出让标的物 50 个，海域面积达 25120 多亩。其中，成交 18 宗，确权面积达 9120 多亩，"招拍挂"方式出让的海域使用金，比申请方式出让的海域使用金高出一倍以上。这既提高了行政效率，也体现了海域的市场价值；既规范了海域使用行为，也有利于资源合理利用，有效防止寻租现象的出现。

严格把好审核审批关，全面落实海域使用权属管理制度。《海域使用管理法》中规定，我国海域使用管理实行分级审批制度。许可证实行科学管理，对无证用海行为依法取缔，强化海域使用权的排他性。凡是通过市场制度能够解决的，就应该由市场制度去解决。有关经营性海域使用权出让，就一定要通过市场制度来运作。通过效能分析并以效能原则改革决策判断，以减少环节、提高效率为宗旨。行政审批应实行责任和监督原则：按照"谁审批、谁负责"的原则，凡拥有行政审批权限的机关，都要规定其相应的责任。责任、权限不清者，应通过改革加以解决。行政审批的内容、对象、条件、程序以及有关的权利与义务都必须公开；未经公开的内容，都不得作为行政审批的依据。以便接受各方面的监督，保证行政审批的公正性。

综上所述，海域使用中的寻租问题是一项事关资源节约、行政效率、政府公信度以及社会法律道德的重要问题，必须引起足够的重视。笔者从理论上阐述了寻租产生的原因以及抑制寻租的对策，还需要在实践中进一步检验和探索。相信通过政府和企业以及整个社会的努力，最终会克服寻租问题，在海域使用管理中走出一条和谐、公正、高效之路！

三　围填海项目的海洋生态补偿机制

实施围填海项目是沿海地区缓解土地供求矛盾、扩大社会生存和发展空间的有效手段，具有巨大的社会和经济效益，目前许多人口压力较大的国家和城市都对围填海项目十分重视。我国的围填海面积也保持高速增长的势头，国家海洋局 2004 ~ 2008 年海域使用管理公报统计数据表明，我国填海造陆用海面积从 2004 年的 5352 公顷上升到 2008 年的 11000. 171 公顷，填海面积增加了一倍多①。大规模的围填海项目是一种永久性改变海域自然属性的用海行为，带来了严重的资源、环境和生态问题，包括近岸海域生态系统的破坏、海洋动植物资源的衰竭以及海洋环境污染的加剧。对围填海项目造成的生态问题进行控制和修复，海洋生态补偿机制将是强有力的制度保障。

生态补偿机制是以防止生态环境破坏、增强和促进生态系统良性发展为目的，以从事对生态环境产生或可能产生影响的生产、经营、开发、利用者为对象，以生态环境整治及恢复为主要内容，以经济调节为手段，以法律为保障的新型环境管理制度②。围填海的海洋生态补偿，即指围填海项目的使用人或受益人在合法海洋区域进行项目建设时，对海洋资源的所有权人或为海洋生态环境保护付出代价者支付相应的费用，以支持与鼓励保护海洋生态环境。我国对生态补偿的研究主要集中在陆域资源的生态补偿探索，对于海洋生态补偿的研究刚刚起步。韩秋影等指出海洋生态资源生态补偿应包括经济补偿、资源补偿和生境补偿，王淼等从海洋生态补偿原则、补偿对象、补偿方式和资金来源等方面初步探讨了海洋生态补偿机制，刘霜等提出我国填海造陆项目亟须引入生态补偿机制③。建立解决围填海项目所造成的生态破坏的生态补偿机制必须形成统一规范的管理体系，建立科学的补偿标准，实现补偿形式多样化，加强对生态补偿的监督，因此应从补偿制度法制化、补偿方式多样化、补偿标准科学化、补偿管理规范化等方面建立海洋生态补偿机制。

（一）围填海项目实施过程中引入生态补偿机制的必要性

1. 有利于保护和改善生态环境，减少社会问题

我国围填海面积仍然保持上升的势头。围填海项目使我国自然滩涂湿地面积缩减，不仅使滩涂湿地的自然景观遭到了破坏，而且严重破坏了海域生态环境，破坏了大量植被和原有地貌，造成水土流失、沙石裸露等问题；此

---

① 刘霜、张继民、刘娜娜、徐子钧：《填海造陆用海项目的海洋生态补偿模式初探》，《海洋开发与管理》2009 年第 9 期，第 27～29 页。

② 曹光辉：《生态补偿机制：环境管理新模式》，《环境经济》2005 年第 11 期，第 46～48 页。

③ 刘霜、张继民、刘娜娜、徐子钧：《填海造陆用海项目的海洋生态补偿模式初探》，《海洋开发与管理》2009 年第 9 期，第 27～29 页。

外，由于百分之八九十的生物都是在近岸地区，大规模围海造地的行为，使大片水生生物的栖息地、产卵场、繁殖场、索饵场遭到破坏，不少生物种群濒临灭绝，生物多样性锐减。引入海洋生态补偿机制，可以为修复填海造陆引发的环境和生态破坏增强制度保障，通过征收生态补偿金，可以增强政府和公民对海洋资源的重视程度，对由于围填海项目被破坏的环境及动植物进行恢复。

在我国，围填海项目实施不当还极易引发社会问题，形成社会的不稳定因素，如一些地方因对围填海项目涉及的渔民补偿与转产转业问题处置不当造成社会不安定因素，也有一些地方对同一海域多个围填海项目争海造成社会混乱。生态补偿问题归根结底是一个利益分配的问题，实施生态补偿机制将是减少社会问题的一个有力保障。完善的生态补偿机制通过提供大量资金，解决利益矛盾，促进生态建设和环境保护顺利开展，成为环境保护的动力机制、激励机制和协调机制。引入生态补偿机制，用海单位必须对以海为生的渔民以及受到项目影响的群众进行必要的补偿，并通过合理的规划和引导维护社会安定和海洋经济的健康发展。

2. 增加围填海项目的成本，减少围填海项目的随意性

利益驱使是围填海项目泛滥的主要原因，随着我国经济的快速发展，土地已经成为城市发展的紧缺资源，我国出台的《土地管理法》明确提出了土地用途管制制度和占用耕地补偿制度，严格控制占用耕地。围填海工程实施一方面可以增加土地面积，在一定程度上缓解建设用地紧张，另一方面通过出让土地获取土地收益，增加财政收入。更为重要的是，实施围填海可以有效实现耕地的占补平衡，从而扩大城市近郊耕地的实际占用，既获得巨大的土地收益，增加了地方财政收入，又规避了政策[①]。实施围填海项目的海洋生态补偿机制，可以提高围填海项目行为的成本，迫使用海单位和政府对海洋的环境及生态破坏进行补偿，从经济上制约大部分围填海项目的盲目实施，从而减少对海洋生态的损害行为，迫使用海行为主体节约用海，在一定程度上达到保护海洋生态资源的目的。

---

① 刘伟、刘百桥：《我国围填海现状、问题及调控对策》，《广州环境科学》2008 年第 2 期，第 26 ~ 30 页。

（二）建立围填海项目的海洋生态补偿法律机制

海洋生态补偿法律机制的建立能够保证海洋资源有序开发，海洋生态环境得到良好保护，保证海洋生态补偿在实践中的连续性和规范性。目前我国在一些法律中也规定了生态补偿制度，为建立围填海的海洋生态补偿法律机制提供了良好的基础。2000 年国务院颁布的《生态环境保护纲要》中首先明确提出要建立生态补偿机制，主要体现在防护林体系建设中，随后拓展到土地、森林、矿产、渔业、草原、动物保护和自然保护区等领域。《海洋环境保护法》规定："造成海洋环境污染损害的责任者，应当排除危害，并赔偿损失；完全由于第三者的故意或者过失，造成海洋环境污染损害的，由第三者排除危害，并承担赔偿责任。对破坏海洋生态、海洋水产资源、海洋保护区，给国家造成重大损失的，由依照本法规定行使海洋环境监督管理权的部门代表国家对责任者提出损害赔偿要求。"《海洋环境保护法》第三章专门规定了海洋生态保护的内容，这既是对海洋生态服务价值的确认，也是对海洋生态保护提供的法律支撑，其内容涵盖海洋生态保护的责任、原则、方法、策略，海洋生态整治与恢复的原则要求、具体措施、实施对象，海洋经济生产方式的改进与法律规范等，所有这些均为海洋生态补偿责任的确立、补偿范围等提供了法律依据。这些法律的实施既是海洋发展的需求，也是生态补偿机制完善的需求。

《海域使用管理法》规定："国家实行海域有偿使用制度。单位和个人使用海域，应当按照国务院的规定缴纳海域使用金。"但目前对于使用金未能进行精确的衡量和设计，因为使用金只能按照其使用的海域面积计算，而围填海项目不仅仅是占用一定的海域面积，项目的实施会使海岸线发生变化，减弱海洋的环境承载能力，影响当地的水文特征，减少海底生物多样性，造成生态系统的破坏，这些破坏都是累积性的，目前法律条文中规定的生态损害赔偿不能完全适用。

因此国家海洋主管部门必须将围填海的海洋生态补偿机制写入法律，建立综合型补偿的法律法规，对于征用海域进行围填海项目单位不但要征收按面积计算的使用金，还要征收生态正常运行的维持补偿、对破坏的生态环境的修复补偿、生态资源使用的利润分成等资金。在《环境影响评价法》

的基础上，完善海洋环境影响评价主体和建设单位法律责任的法律规定。首先，应当明确海洋环境影响评价主体在跟踪评价和后评价中的法律责任。其次，应当明确建设单位在后评价中的法律责任，真正落实后评价制度，使环境影响评价法律责任体系更完善。对于海岸工程建设项目，它的投资都比较大，一旦污染海洋环境，将很难恢复，因此还应该加大处罚力度，在最高罚款的数额上有一定程度的提高，使其起到一定的威慑作用①。只有制定了围填海用海项目的海洋生态补偿规章制度，才能使生态补偿在具体操作过程中有法可依、有规可循，加快形成生态补偿法律机制，更好地为保护海洋生态服务。

（三）海洋生态补偿方式的多样化

对于围填海项目的海洋生态补偿机制应建立国家、地方、区域、行业多层次的补偿系统，实行以政府为主导，以市场化运作为手段，公众积极参与的多样化生态补偿方式。

1. 发挥政府在海洋生态补偿机制中的主导作用

根据《环境保护法》的规定，"地方各级人民政府，应当对本辖区的环境质量负责，采取措施改善环境质量"，地方政府应在本地区的生态环境保护中起到主导作用。一是政府应严格用海项目的审批，这在一定程度上能够减少围填海工程对海洋生态环境的破坏。通过征收海域使用金，对海域实行有偿使用制度，明确海域的使用权，有利于合理开发利用海洋资源，在一定程度上对于防治海洋污染损害，维护海洋生态平衡具有重要的促进作用②。二是要对海洋生态功能进行补偿，围填海项目必然会占用一定的海域资源，而且会改变该海域周围的生态环境，也会对邻近海域造成一定程度的生态破坏，对此必须进行修复补偿。目前对于海洋生态功能的修复需要大量资金，单靠用海主体行为者难以负担，因此政府部门必须依靠大量的投资补偿提高海洋生态环境的供给能力，以

---

① 《胶州湾填海造地的生态补偿机制研究》，http：//srdp. ouc. edu. cn/ProjectManage/ProjectBlogDetail. aspx？blogID = 796&projectID = 504。
② 《胶州湾填海造地的生态补偿机制研究》，http：//srdp. ouc. edu. cn/ProjectManage/ProjectBlogDetail. aspx？blogID = 796&projectID = 504。

恢复海洋生态功能。三是政府应当采取措施激励用海主体对海洋生态进行补偿，政府应对主动保护所用海域生态环境的用海主体采用税收减免、财政补贴以及技术支持等方式，通过生态指标的信贷及交易方式激励用海主体积极保护海洋生态环境。四是政府必须在海域的开发、利用、整治及保护上作总体安排，协调用海需求，严格用海审批，加强对用海主体海洋生态补偿的监督，并处理好征用海域周围渔民补偿及转产专业问题。

2. 以市场化运作为手段

以市场化运作作为手段是指围填海项目的受益者通过市场机制对受损者的直接补偿，是政府补偿的有效补充形式，也是生态补偿机制创新的主要方向。市场化运作可以发挥市场的灵活性、高效率特点，提高海洋生态补偿的效率和效益，目前市场化补偿手段主要有征用者付费、市场化融资、交易补偿、生态标记等。

征用者付费制度是对于征用海域进行围填海项目的单位征收一定的费用。目前在我国因为费用征收过低导致大规模的围海造陆，而且在征收费用时只是按照面积付费，未考虑项目开发所带来的生态破坏影响，导致了项目实施所造成的生态环境破坏和生物多样性的损失费用并没有由征用者偿付。因此，我国在对围填海项目的实施者征收费用时应综合考虑以海为生的渔民以及海域生态环境等问题，可以通过生态服务的市场化交易及谈判，实现受益区域对建设区域以及受益群体对生态建设群体的"一对一"补偿，对海域使用者造成的海洋生态破坏行为征收污染税费，纳税人的范围应该体现"谁受益、谁付费"和"谁破坏、谁付费"原则，并将所收税费用于生态恢复的支出或对生态建设者所受损失予以补偿。在传统的关于环境资源保护的税收提法中，往往过多强调对污染课税，对生态消费的征税较少。事实上，对生态消费课税与污染课税同样重要，从长远来看，需要开征生态环境税，对开发、利用和保护生态环境、资源的单位和个人，按其对生态环境与资源的开发利用、污染、破坏和保护程度进行征收和减免。

市场化融资是对围填海项目实施生态市场补偿的重要方式，通过发行生态补偿债券、彩票、股票等途径多方位筹措资金，打破目前主要由政府公共财政提供生态建设补偿资金的局面①。此外，还要加大对私人企业的激励，采取积极鼓励政策，加强同财政金融部门的联系，寻求相关专家的帮助和技术支持，建立生态补偿基金，积极寻求国外非政府组织的捐赠支持等。

在对围填海项目的生态补偿过程中引入高效的市场管理因素，吸取市场管理如公司组织运行机制和激励约束的积极因素，提高政府管理的效率，增加生态补偿的资金来源，将对生态环境的修复变为保护，从源头杜绝围填海项目对生态环境造成的破坏。

3. 增加公众的参与度

公众参与指采取有效措施积极引导和推动社会公众参与生态补偿管理，推动公众在确保政府和市场的责任性、透明性和回应性等方面起到积极的作用②。大规模的围填海具有广泛的社会性，公众参与显得十分重要。要积极普及公众的海洋国土意识，提高公众参与的知情权，增加公众对生态服务的需求，抓住人们的支付意愿，提高公众在海洋管理和决策中的地位，在政策制定上支持涉海居民的职业转型。

（四）实现围填海项目海洋生态补偿管理的规范化

我国目前还没有形成对围填海项目的有效管理体制，缺乏有效的监督，资金的收取和利用都存在很大的漏洞，目前许多证据已经证明，国家投入巨额资金的生态建设项目和补偿广泛存在着地方和部门渔利行为，高额的管理成本已经危及了项目的顺利实施。海洋生态补偿机制的形成是不同群体利益分配的调整过程，涉及很多不同群体的切身利益，因此建立切实有效的海洋生态补偿管理机制非常必要，有助于及时解决不同利益群体间可能产生的矛盾，有利于海洋经济和海洋生态保护的协调发展。

---

① 蔡邦成、庄亚芳、刘庄、王向华：《生态补偿的管理与调控模式研究》，《环境科学与技术》2009 年第 5 期，第 165～167 页。

② 蔡邦成、庄亚芳、刘庄、王向华：《生态补偿的管理与调控模式研究》，《环境科学与技术》2009 年第 5 期，第 165～167 页。

1. 设立围填海项目海洋生态保护专管机构

设立围填海项目海洋生态保护专管机构有利于实现与现行管理体制的衔接，集中收集并使用海洋生态补偿金，提高资金使用效率。第一，专管机构便于与现有的海洋生态补偿管理部门多元化的政府管理体制相衔接，可以协调不同部门对围填海项目的生态保护政策的执行，将部门补偿转为区域补偿。专管机构可以做到责任主体明确、分工清晰，减少管理职责交叉、资金使用不到位、生态保护与收益脱节的现象。第二，专管机构可以公平公正地执行补偿标准政策，解决不同地区围填海项目生态补偿标准低、补偿不足和过度补偿等问题。第三，专管机构要实现统一的监督，建立海洋生态补偿资金使用绩效考核评估制度，对各项财政专项补助资金的使用绩效进行严格的检查考核，使财政生态补偿资金更好地发挥激励和引导作用。同时，要建立健全实施生态补偿的审计制度和信息公开制度，接受社会监督。

2. 落实围填海规划的审批管理制度，坚持统一补偿原则

首先要明确分级规划的具体审批程序，明确各级政府和海洋管理部门在围填海项目审批中的权责，要提出和制定围填海工程的科学论证体系、申报体系、审批体系和管理体系，要协调海洋围填海开发利用与海域环境保护的利益分析，确定各级围填海项目工程的申报类别和内容[①]。其次，要认真落实海域使用规划，对海域资源的开发、利用、整治及生态补偿和保护在时间和空间上作总体战略安排。建立围填海项目的后期评估制度，不仅要看到围填海带来的近期效益，更要注意围填海项目所产生的环境影响和社会影响。

对于海洋生态补偿的统一原则要做到"保护者受益、损害者付费、受益者补偿"，做到环境保护者有权利得到投资回报，环境开发者要为其开发、利用资源环境的行为付出代价，环境损害者要对其造成的生态破坏和环境污染损失作出赔偿，环境受益者有责任和义务向提供优良生态环境的地区和人们进行适当的补偿。损害者付费主要针对行为主体对由

---

① 刘伟、刘百桥：《我国围填海现状、问题及调控对策》，《广州环境科学》2008 年第 2 期，第 26~30 页。

围填海项目所造成的生态环境不良影响从而导致生态系统服务功能退化的行为进行补偿，使用者付费原则是指海洋资源属于公共资源，具有稀缺性，海洋资源的占用者应向国家或公众利益代表提供补偿。受益者补偿原则即围填海项目的受益者应该对生态环境服务功能提供者支付相应的费用。保护者受益原则即对围填海项目所涉及的环境和生态建设的保护作出贡献的集体和个人，对其投入的直接成本和丧失的机会成本应给予补偿和奖励。

（五）实现围填海项目海洋生态补偿标准的科学化

围填海项目的海洋生态补偿标准科学化是生态补偿制度化形成过程中一个非常重要的环节，涉及用海主体行为者的切身利益。补偿标准是实现海洋生态补偿的依据，制定补偿标准是要找出能被补偿主体和补偿对象共同认可的补偿额度，以达到改善或恢复生态服务功能、有效矫正生态环境保护相关的环境和经济利益分配关系。通过补偿主体和补偿对象双方"讨价还价"达成协议的补偿标准要比根据理论价值估算确定的补偿标准更加可行。若补偿标准确定过高，将会限制用海者的用海行为，最终影响到沿海地区经济的发展；若补偿标准确定过低，又达不到海洋生态保护的目标。理论上，补偿标准应根据围填海项目所涉及的海洋生态系统服务功能的市场价值来制定，但海洋生态系统服务功能的量化极其困难。因此，对于围填海项目的海洋生态补偿采用何种补偿方式以及补偿到何种程度都需要尽快进行深入研究，通过建立一套科学的海洋生态补偿标准体系保证补偿过程的合理性，才能体现实施海洋生态补偿机制的意义[1][2]。

1. 生态补偿成本和效益是确定生态补偿标准的基础

为围填海项目确立科学、合理的生态环境补偿标准必须对生态环境保护和重建的投入成本及效益进行科学的计算，只有这样才能保证保护和重建行为的科学性。首先从生态破坏的修复成本来看，填海造陆不可避免地要占用

[1] 《胶州湾填海造地的生态补偿机制研究》，http：//srdp. ouc. edu. cn/ProjectManage/ProjectBlogDetail. aspx? blogID = 796&projectID = 504。

[2] 刘霜、张继民、刘娜娜、徐子钧：《填海造陆用海项目的海洋生态补偿模式初探》，《海洋开发与管理》2009 年第 9 期，第 27～29 页。

海域资源，改变所使用海域的自然属性并对原有海域的海洋生态造成破坏，而且填海造陆也会对邻近海域的生态带来负面影响，资源开发活动会造成一定范围内的植被破坏、水土流失、水资源破坏、生物多样性减少、海水污染加剧、自净能力降低等，继而减少社会福利。而要恢复到工程建设前的状态，则需要开展生态修复工作，如采用污水处理、生物资源增殖和生境重建等措施，其所产生的修复费用可作为海洋生态补偿标准确定的参考依据之一。然而，目前的生态修复手段花费较高，用海主体行为者往往难以承受，因此尚需探索价格较为低廉的生态修复技术和修复措施，从而为建立科学合理且能应用于实践的海洋生态补偿标准体系服务①。从生态保护者的直接投入和机会成本来看，生态保护者为了保护生态环境，投入的人力、物力和财力应纳入补偿金的计算之中。同时，由于生态保护者要保护生态环境，牺牲了部分的发展权，这一部分机会成本也应纳入补偿金的计算之中。对于生态受益者，他们没有为自身所享有的产品和服务付费，使得生态保护者的保护行为产生了正外部性。因此，可通过产品或服务的市场交易价格和交易量来计算补偿的标准。

2. 海洋生态系统服务的价值计算

如果海洋生态系统服务功能的市场价值能够被准确地评估和量化，那么它应该是确定生态补偿标准的最好依据。生态系统服务的价值计算主要是针对生态保护或者生态服务功能价值进行综合评估与核算。通过对海洋生态系统服务价值的科学化评估，可以确定填海造陆活动对海洋生态的破坏及资源的滥用所造成的海洋生态系统损失，从而确定海洋生态补偿的标准。目前我国对海洋生态系统服务的价值评估仍存在许多不合理之处，一般按照生态服务功能计算出的补偿标准只能作为补偿的参考和理论上限值。在实际操作中，可根据各地区的实际情况，特别是经济发展水平和海洋环境现状，创建更加科学合理的海洋生态系统服务价值评估的计量模型。

3. 应用意愿价值评估标准，建立政府生态补偿的考核机制

意愿价值评估法以消费者效用恒定的福利经济学理论为基础，构造生

---

① 刘霜、张继民、刘娜娜、徐子钧：《填海造陆用海项目的海洋生态补偿模式初探》，《海洋开发与管理》2009 年第 9 期，第 27~29 页。

态环境物品的假想市场，通过调查获知消费者的支付意愿或受偿意愿来实现非市场物品的估值①。围填海项目的生态补偿涉及众多利益主体，如果在政策制定过程中缺乏利益相关者的充分参与，不能广泛代表利益相关者的意愿，会造成补偿措施公众接受度低，实施效果差，甚至引致补偿对象的反对，有违生态补偿的初衷。生态补偿标准的制定应建立在科学合理的基础之上，目前实施的补偿标准大多从财政支付能力出发，按照支出成本的方法进行计算，甚至低于成本。"意愿价值评估法"构建假想市场调查消费者对生态服务的"支付意愿"或生态破坏的"受偿意愿"，充分揭示生态服务供需方的意愿，特别是实现了对游离于市场之外的生态服务价值的评估。

政府是海洋生态补偿的主导者，建立生态补偿的行政激励机制，必须将资源和环境成本纳入国民经济发展评价体系，作为衡量区域经济发展水平的重要指标。"绿色 GDP"核算能反映经济社会发展中隐含的自然资源和生态环境代价及环境资源损耗，能对区域经济社会发展作出全面的判断，同时也能为生态补偿提供有效的依据。

我国已经掀起第四次围填海项目的浪潮，为避免给海洋生态环境和资源带来破坏，处理好相关利益主体之间的关系，必须建立海洋生态补偿机制。利用经济手段和宏观调控管理方法，促使围填海项目的开发利用过程与一般商品再生产过程相结合，从而在整体上对全社会的生产活动进行宏观调控，对生态破坏、环境污染及生态功能的恢复与治理进行系统管理。

四　规制围填海项目的政策路径研究

围填海是人类开发海洋、利用海域的重要途径，也是人类在资源日益匮乏的地球上不断拓展生存空间、生产场所的方式。它不仅可以缓解沿海地区土地资源紧张的现状，也会带来可观的社会和经济效益。有关

---

① 张翼飞、陈红敏、李瑾：《应用意愿价值评估法，科学制订生态补偿标准》，《生态经济》2007 年第 9 期，第 28～31 页。

数据表明，我国围填海项目用海面积从 2004 年的 5352 公顷上升到 2008 年的11000.171 公顷[①]，填海面积增加了一倍多，围填海规模可见一斑。然而，随着工业化步伐的不断加快，后工业化时代的城市发展对海洋的需求远没有停止。同时，早期的围填海项目所带来的生态危机和其他社会经济问题已日益凸显。如何在不影响城市、经济发展的基础上，通过有效的政策规制最大限度地降低围填海项目的负外部性，捍卫国家日益珍稀的蓝色国土，使经济、社会、生态协调发展，成为当下必须着重探讨的话题。

（一）我国的围填海项目

我国围填海的历史可以追溯到汉代，一直到明清都有史料记载围填海工程。最初，人们把防洪作为围填海的首要目的。发展到现代，随着农业生产的不断扩大，向海要田成为围填海的另一个目的。

1. 农业社会留下的烙印——农业、盐业、渔业发展的需求

自古，中国就有"民以食为天"的古训。农业，是一个民族乃至一个国家最重要的生命线。对于这个拥有十几亿人口的国家而言，更是如此。无论世界如何变化，社会如何发展，都一直无法撼动农业在中国第一产业的地位。也正是由于这样的地位，沿袭至今的农业发展虽然面临因工业化、城市化进程不断加快而导致的土地资源短缺、环境污染等问题，但仍以不同的途径和方式不断发展着，围填海便是众多出路中的一条。一方面，围填海有效地解决了土地资源不足的问题，另一方面，低廉的造地成本也使通过围填海来发展农业、渔业等产业成为可能。

据统计，新中国成立以来我国经历了三次较大规模的围填海热潮。

（1）1949 年至 20 世纪 60 年代：从辽东半岛到海南岛我国沿海 12 个省、直辖市、自治区有盐场分布，新中国成立初期围海晒盐成为沿海滩涂利用地理环境发展盐业加工的重要方式。我国北方的长芦盐场和海南的莺歌海盐场都是在这个阶段经过新建和扩建陆续投产使用的。

---

① 国家海洋局：《海域使用公报 （2002～2008）》，http://www.soa.gov.cn/hyjww/hygb/A0207index_ 1.htm。

（2）20世纪60年代至70年代：这一时期围填海项目主要应用于围垦沿海滩涂、扩展农业用地。例如：福建省围垦约7.5万公顷的沿海滩涂，约占其沿海滩涂总面积的37.5%；上海市这一时期的农业滩涂围垦面积也达3.33万公顷[①]。

福建的围海造田。粮食，自古就是一个上关国家兴亡、下关百姓生死的重大问题。围海造田成为沿海耕地稀缺地区发展农业的主要方式，福建省就是靠围填海拓展耕地的地区。福建素有"八山一水一分田"之称，全省陆地面积12.14万平方公里。境内山地丘陵林立，人口3466万人，人均耕地不足0.58亩，低于全国水平。人多、地少、粮缺，持续增长的人口对粮食供给形成了巨大的压力。福建陆域山地丘陵占90%以上，后备耕地资源贫乏，而且开发难度大。因此，人们自然把眼光转向水湿条件比较好的沿海滩涂。围海造田成为农垦活动的首选目标。到2000年底，福建省已完成围垦973处，总面积8.69万公顷，占全省滩涂资源的45.96%。围海造田给福建发展农业创造了更大的空间和可能，也带来了一定的经济效益。

（3）20世纪80年代至90年代：海产养殖在这一阶段发展尤为迅速，表现之一即是围海养殖热潮的兴起。

大连的围海养殖。随着海产养殖的快速发展，市场对于海产品的新鲜程度、水域要求越来越高，这就为围海养殖创造了可能。拥有丰富海洋资源的大连，围海养殖发展迅速。大连市海洋资源丰富，海岸线长约1900公里，管辖海域面积约2.3万平方公里，超过陆地面积近一倍。2006年，大连市海洋经济总产值达到850亿元，比2005年增长19%，占全市GDP的33%，已由海洋资源大市发展成为海洋经济强市。2005年，大连市海域开发利用面积约30.78万公顷，占海域总面积的13.4%，而其中养殖用海就占69.2%，为21.3万公顷[②]（见图6-1）。

随着工业化、城市化进程的不断加快，城市规模日益扩大、城市用地需

---

① 中国水利学会围涂开发专业委员会：《中国围海工程》，中国水利水电出版社，2000。

② 狄乾斌、韩增林：《大连市围填海活动的影响及对策研究》，《海洋开发与管理》2008年第10期。

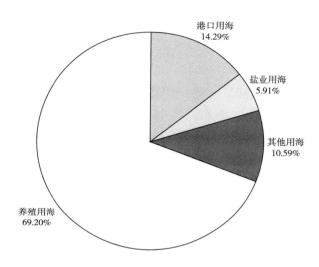

图6-1 大连市主要用海类型及其比例

求量猛增，围填海项目的规模也日渐攀升，并且也在被赋予更多、更广的用途。

2. 现代社会迈出的步伐——城市化、现代化的需求

从1949年到20世纪末期，我国沿海地区围填海造地面积达1.2万平方公里，平均每年围填海230～240平方公里①。随着近年来我国经济社会的快速发展，建设用地日趋紧张，为了发展地方经济，沿海各地纷纷向海要地。另一个主要原因是，目前填海造地受约束少、成本低，填海之后，土地用途自由度大。因此，填海造地一直被认为是一项最经济、最快捷、最自由的"三最"工程。工业化、城市化需要大量工业、商业和住宅用地，在土地资源有限的前提下，必然会对农业用地造成威胁。于是向海要地成为人们解决问题的出路之一。从图6-2可以看出，近年来我国各类围海造地总面积一直保持上升态势。

城市空间拓展。我国香港、澳门地区的闹市区都曾是海域。澳门人多地少，有限的土地不足以满足发展需要。澳门沿岸有许多淤积浅滩，澳门将它们视为良好的后备土地资源。100多年来，澳门利用填海的办法使土地面积

---

① 王军：《围填海造地，向海要地谨慎推进》，《海南日报》2008年12月29日。

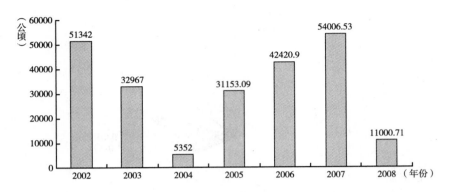

图 6 - 2 2002 ~ 2008 年国家各类围海造地用海总面积

注：根据 2002 ~ 2008 年我国海域使用管理公报绘制。

扩大了一倍，1991 ~ 2007 年澳门共填海造地 8.4 平方公里，其中 2006 ~ 2007 年填海造地 0.6 平方公里①。在世界享有东方之珠美誉的香港，地理位置优越，拥有内港"维多利亚港"，水深易达，是世界著名的良港。由于香港地域狭小，适宜都市建设的土地十分有限，因此在海港填海是香港城市发展中寻求土地供应的重要一环。在历史上，英国占领香港不久，就逐步开始了庞大的开山填海工程。香港岛的商业闹市、港区、公寓几乎都是建筑在填海工程之上。1994 ~ 2004 年，香港共填海造地 32 平方公里，其中 1999 ~ 2004 年填海造地 6 平方公里②。"十一五"期间，广东省沿海地区有 30 多个重大项目上马，涉及填海面积达到 146 平方公里。地方政府划定了 146.102 平方公里的围海造地区，相当于 5.5 个澳门的面积③。可以看出，围海造地为土地资源稀缺地区提供了大量后备用地，创造了宝贵的城市发展空间。

　　航空港口建设。维多利亚港是位于香港岛和九龙岛之间的海域，是中国第一大港，被誉为"世界三大天然良港"，可以说是香港人的骄傲。它面积为 6000 公顷（41.88 平方公里），水域面积 59 平方公里，平均水深达 12.2 米。最深的航道是鲤鱼门，深约 43 米，最浅的航道则是油麻地，约为 7 米。范围

---

① 潘建纲：《国内外围填海造地的态势及对海南的启示》，《新东方》2008 年第 10 期。
② 潘建纲：《国内外围填海造地的态势及对海南的启示》，《新东方》2008 年第 10 期。
③ 佚名：《广东拟填海建设人工岛，约 5.5 个澳门面积》，深圳新闻网，2008 年 4 月 7 日。

东至鲤鱼门（阔约 350 米），西至汲水门（阔约 210 米），北至青衣南部海域。维多利亚港潮差约 1 米[①]。海港内包括青洲、小青洲、昂船洲及九龙石等岛屿。由于香港可供发展的土地资源有限，因此自 1842 年香港开埠以来，政府多次进行填海工程，大部分填海工程集中于维多利亚港。

（二）围填海项目的负外部性

围填海在缓解沿海地区土地供求紧张、扩大社会生存和发展空间、带来巨大的社会效益和经济效益的同时，也因在短时间、小尺度范围内改变自然海岸格局，对自然系统产生强烈的人为扰动，带来了不可避免的负外部性。

以日本为例，日本是世界上围海造地规模最大的国家之一，沿海城市约 1/3 的土地都是通过填海获取的。在获得巨大收益的同时，大肆填海造地发展工业经济也给日本带来了巨大的后遗症。最明显的问题就是海洋污染，很多靠近陆地的水域已经没有了生物活动。在东京、大阪等港口地区，由于海岸线都被垂直建筑取代，使可以平衡海洋生态的海洋生物无法栖息在海岸边，这种情况在日本全国都不同程度地存在。另外，由于工厂和城市长期排放污染物使硫酸还原菌等细菌大量滋生，海底更是完全变了模样，不但生物不能生存，更出现了大量"赤潮"。由于过度的填海还导致日本一些港湾外航道的水流明显减慢，天然湿地减少，海岸线上的生物多样性迅速下降。由于海水自净能力减弱，水质日益恶化。

在我国，由于新中国成立初期及之后的很长一段时间，围填海项目缺乏必要的科学规划与理性考量，对生态环境产生了多方面的负面影响。

1. 海岸带滩涂湿地遭破坏

海岸带滩涂湿地是重要的动植物生存、栖息场所。它不仅为大量微生物、鸟类、甲壳类动物提供生存所需的食物、水源和栖息地，还因为诸多植物的存在起到净化海岸带环境的作用，被称为"自然之肾"。据有关资料显示，1945～1978 年，日本全国各地的沿海滩涂减少了约 319 万公顷，后来每年仍以约 2000 公顷的速度消失。而我国沿海滩涂湿地约有 200 万公顷，

[①]　http://baike.baidu.com/view/39143.htm.

新中国成立以来，曾在 20 世纪 50 年代和 80 年代分别掀起了围海造田和发展养虾业两次大规模围海热潮，使沿海自然滩涂湿地总面积缩减了一半，其结果不仅是沿海自然滩涂湿地的自然条件遭到了破坏，重要的经济鱼、虾、蟹和贝类的生息与繁衍场所消失，许多珍惜濒危野生动物绝迹，而且大大降低了滩涂湿地调节气候、储水分洪、抵御风暴潮及护岸保田等的能力。广东南澳岛共有 7 处填海工程，填海面积达 340 公顷，严重破坏了海域生态环境，破坏了大量植被和原有地貌，造成环岛沿岸沙石裸露，水土流失严重①。

2. 红树林等植被遭破坏

红树林是我国海岸湿地类型之一，自然分布于海南、广西、广东、福建、台湾等省区。现有面积约 1.5 万公顷，包括 26 种真红树、11 种半红树②。中国红树林湿地直接经济价值不高，但防浪护岸、维持海岸生物多样性和渔业资源、净化水质、美化环境等生态环境功能显著，属于特别容易被价值低估的海岸生态关键区。但 1960 年以来的毁林围海造田或造盐田、毁林围塘养殖、毁林围海搞城市建设等人类不合理开发活动，使红树林面积剧减，环境恶化，红树林湿地资源濒危。

3. 渔业资源衰竭

围海造地对近海海域生态环境影响颇为严重，填海造地将彻底改变用海范围内海洋生物原有的栖息环境，造成生物多样性、均匀度和生物密度下降，渔获量、海水养殖产量减少。许多重要的渔业资源产卵场随之消失，渔场外移，海水养殖产量减少，使近海渔业资源遭到严重损害。

以辽宁省为例，随着辽宁省沿海经济的发展以及"五点一线"的建设，港口、滨海旅游、临港工业等产业蓬勃兴起，形成了辽宁省海域以渔业、港口、滨海旅游、临港工业并行发展的功能格局。根据辽宁省国土资源厅提供的数据，沿海经济带内 25 个重点支持发展的园区规划总规模合计达到 133650.40 公顷，起步区面积合计达到 75754.01 公顷，其中填海造地

---

① 胡小颖、周兴华、刘峰、彭琳、辛海英、杨凤丽：《关于围填海造地引发环境问题的研究及其管理对策的探讨》，《海洋开发与管理》2009 年第 10 期。

② 张乔民、隋淑珍：《中国红树林湿地资源及其保护》，《中国林业》2005 年第 10 期。

12732.00 公顷，占规划总规模的 9.53%，2005～2007 年，沿海经济带新增建设用地 9117.45 公顷，占用滩涂 210.93 公顷，占新增面积的 2.31%[①]。然而，大规模的填海造地工程虽然满足了沿海城市经济发展的用地需求，却对处在衰退阶段的近海渔业资源造成了破坏。一方面，用海范围内的底质环境被完全破坏，对潮间带和底栖生物群落的破坏是不可逆转的，除少量活动能力较强的底栖种类能够逃离近岸而存活外，大部分底栖生物被掩埋、覆盖而死亡，其中包括很多重要的经济贝类。另一方面，在挖泥作业、填堵溢流期间，海水混浊时水中悬浮物质含量过高，悬浮颗粒会随鱼类的呼吸而进入鳃部，沉积在鳃瓣、鳃丝及鳃小片上，不仅损伤鳃组织，而且影响鱼类的滤水和呼吸功能，甚至窒息而死。通常认为，成鱼的游泳能力较强，施工作业造成的高浓度悬浮物质对成鱼的影响更多表现为驱散效应，成鱼一般会自动避开，不会导致成鱼直接死亡，但这会使得近岸的资源量大大减少，使得近岸渔场外移[②]。除此之外，围填海项目还会对鱼卵和仔鱼的存活、成长及浮游生物产生破坏作用，影响代际繁衍和生物链的末端。

4. 海港功能弱化

厦门岛是中、新生代深大断裂切割而成的断块岛，原来周围强大的潮流基本可以把九龙江及陆地带来的泥沙带出港区，使港区达到不淤。当高集海堤建成后，厦门岛成为人工"半岛"，西港也人为地成为半封闭海湾。自从杏林湾、马銮湾、东屿湾等筑堤围堵，加上近几年因建设需要不断填海造地蚕食海域，厦门西港海域面积已从 1952 年的 110 平方公里缩小到现在不足原来一半的水面[③]，纳潮量大大减少，从而改变了厦门港及周边的海洋动力条件，使厦门港潮流、余流发生明显变化。淤泥无法从港区向外运输，加剧了港区淤积。如今，所谓的"厦门港"，仅仅是火烧屿宽不足 800 米"瓶颈"似的东航道，严重影响了厦门港口的年吞吐量和正常运转，也影响了港口经济所带来的经济利润，这与"以港兴市"、建设"国际性大港"的宏

---

① 高文斌、刘修泽、段有洋、董婧：《围填海工程对辽宁省近海渔业资源的影响及对策》，《大连水产学院学报》2009 年第 S1 期。

② 高文斌、刘修泽、段有洋、董婧：《围填海工程对辽宁省近海渔业资源的影响及对策》，《大连水产学院学报》2009 年第 S1 期。

③ 叶清：《厦门未来海岸在哪里》，《厦门科技》2004 年第 5 期。

伟目标背道而驰。

香港填海造陆已使维多利亚港的正常功能受到威胁。维多利亚港港界原有的 7000 公顷水域，到 1995 年，因总计填海 2800 公顷，现有水域已缩减至 4200 公顷，仅为原水域面积的 60%，造成了港口路域用地不断被挤占，水域减少，船舶活动密度过大，船舶航行条件恶化[1]。

5. 填海房产质量堪忧

近些年来，房地产投资热在我国许多城市陆续上演，北京、上海、深圳等城市频频诞生的地王就足以说明这一点。在城市发展缺少足够空间的同时，房地产行业的"兴风作浪"使得本来就稀缺的土地资源显得更为紧俏。

以深圳市为例，深圳市以山地丘陵地貌为主，平原地貌只占 26.45%，城市建设用地非常紧张，沿岸港口、工业和城市建设，通常以围海造地补充不足，至 2000 年，深圳市围海造地面积已达 2680 公顷[2]。据深圳市规划和国土资源委员会网站资料显示，2020 年前，深圳填海造地将接近 100 平方公里，目前已填海面积 30 多平方公里，所有已列入深圳市各类城市建设研究的待填海区，超过已填海面积的两倍。

然而，即使是在这样的用地紧张环境中，填海房地产依然以"雨后春笋"般的速度迅速崛起。位于深圳南山区后海大道附近的填海区，近年来集中开发了"三湘海尚""鸿威海怡湾""皇庭港湾"等 10 来个高档楼盘。这些高档楼盘价格极其昂贵。在"三湘海尚"销售处，售楼小姐告诉记者，房价飙升得很快，拿高层住宅来说，2009 年 9 月 5 日，每平方米均价才 3.2 万元，当月 29 日就涨到每平方米均价 4.2 万元。在后海，填海区总面积 5.37 平方公里，住宅区占 0.73 平方公里，其中住宅用地占 0.67 平方公里，占整个填海区的 12.5%[3]。深圳以牺牲生态环境为代价的大规模填海造地，填海区内不少土地被用于发展房地产，建造豪宅。这种现象遭到舆论的诟

---

① 胡小颖、周兴华、刘峰、彭琳、辛海英、杨凤丽：《关于围填海造地引发环境问题的研究及其管理对策的探讨》，《海洋开发与管理》2009 年第 10 期。

② 郭伟、朱大奎：《深圳围海造地对海洋环境影响的分析》，《南京大学学报》（自然科学版）2005 年第 3 期。

③ 蔡国兆、刘大江、彭勇：《深圳填海建房模式遭质疑》，《南国早报》2010 年 4 月 9 日第 25 版。

病。专家认为，填海造地是人类社会发展过程中的阶段性产物，在崇尚科学发展的今天，深圳填海造商品房，使海岸线缩减，海湾城市特征减弱，与建设世界一流城市的目标背道而驰。在深圳填海区，一些楼盘地面发生沉降，严重之处，地面和台阶之间撕裂形成的缝隙，足以塞进一个拳头。在深业新岸线小区 1 期的广场上，由于沉降，曾经平整的地面上，下陷的地面使整个广场显得坑洼不平，放置在广场上的花木盆景都出现了倾斜。相关地产专家表示，在国外，填海区通常要经历 30 年左右，经过海水冲刷和地表充分沉积后才可以大规模建设。近年来深圳房价节节攀升，房地产急剧扩张，导致有的填海区完工不足 10 年就进行房地产开发，土地根基不稳，地表或继续缓慢沉降。

（三）规制我国围填海项目的政策路径

中国正处于以城镇建设、临海工业、滨海旅游、港口开发为目的的填海造地高潮时期，围填海管理的重心应是对围填海项目的合理性进行切实有效的把关，达到既能服务海洋经济建设需要，又能保护海洋资源、提升海洋潜在功能价值的目的。

1. 环境政策路径——建立海洋生态补偿机制

广袤无垠的海洋蕴藏着丰富的资源，为一个地区乃至整个国家的发展提供大量能源、原材料和空间，对社会经济发展更是起到了重要作用。据最新数据显示，2009 年我国海洋生产总值 31964 亿元，占国内生产总值的9.53%，占沿海地区生产总值的15.5%[1]。2004～2009 年，海洋经济总产值一直呈增长趋势，同时占国内生产总值比例总体呈上升趋势（见图 6 - 3）。然而，获取经济利益的同时却付出了巨大的生态环境代价，上文所分析的围填海负外部性就是其中一个鲜明的代表。因此，我们在获取海洋空间资源的同时，必须采取一定补偿措施，从而减缓或均衡经济建设中因围填海所造成的生态破坏。海洋生态补偿机制成为环境领域补偿机制的可行性政策选择。

所谓海洋生态补偿，即指海洋使用人或受益人在合法利用海洋资源过程中，对海洋资源的所有权人或为海洋生态环境保护付出代价者支付相应的费

---

[1]　国家海洋局：《2009 年中国海洋经济统计公报》。

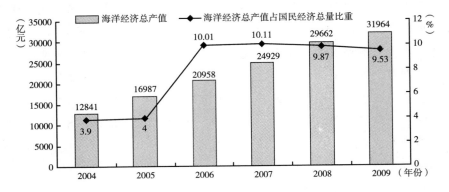

图6-3 2004～2009年海洋经济总产值及其占国民经济总产值比重

注：根据2004年至2009年中国海洋经济统计公报绘制。

用，其目的是支持与鼓励保护海洋生态环境的行为，而不是一味地向海洋索取经济利益。其一，由于海洋向围填海项目提供了客观的海洋空间资源，同时，众多围填海工程造成了海域众多生态问题；其二，靠海吃海的渔民因围填海项目部分丧失了出海捕鱼、养殖、加工、运输等从事水产业活动的基本权利；其三，到目前为止，稀缺的海洋空间还无法作为一种商品在市场上进行交易，也就没有自身的价格可言。基于以上三点，围填海项目对社会或渔民个人都造成了经济负效应。因此，围填海项目的海域空间使用者理应对所有者或者负外部性承担者付出一定的经济补偿。

根据王淼等学者的研究，海洋生态补偿机制包括补偿原则、补偿对象、补偿方式和资金来源四方面。那么，对于海域空间使用的生态补偿机制，我们也顺着这样的思维逻辑。补偿原则方面，遵循谁受益谁补偿的原则，对围填海项目受益人提出一定的补偿义务。在补偿对象方面，则是对因围填海项目遭到破坏的海域滩涂湿地、红树林等典型海洋生态资源进行补偿。在补偿方式上，可以考虑生境补偿、经济补偿、资源补偿三种方式，其中以生境补偿为主，经济补偿和资源补偿为辅。资金来源方面，由于我国还没有建立针对海域使用及其所造成的生态破坏而征收的对应税收，因此，政府转移支付、海洋资源税等成为该项生态补偿的主要资金来源。

2. 行政政策路径——科学规划、严格审批

土地作为城市的一种稀缺资源，如何开拓和经营土地也直接关系到城市的发展。土地收益已经成为地方政府的"第二财政"，各级政府通过土地出让金、土地有偿使用费等获得了较大的经济收益，使其土地的资本特性得到了充分发挥。如果说 GDP 是一个国家的经济晴雨表，那么一个地区的土地价格就是该地区的经济晴雨表。现如今，土地价格在很大程度上反映在一个城市的楼市上。片面要求 GDP 的地方政府，自然而然会因土地资源的缺少而"望向"广阔的海洋。无论是房产，还是港口，无论是工业园区，还是形象工程……因为关乎政绩，而使得海域规划缺乏理性、围填海项目审批不够严谨。因此，端正政府扭曲的政绩观，修正"唯 GDP 是图"的执政理念成为科学用海、理性发展的关键。在此基础上，还需要从以下几个方面规制围填海项目的发展。

第一，落实海域功能区，科学制定海洋功能区划。依据区域内海洋的水文、海底地质、滩涂湿地等情况，合理确定海域主体功能，为海域的科学、可持续发展打下基础。

第二，对围填海工程进行科学调研与规划，尽可能降低或避免围填海对环境的负面影响。在科学编制围填海规划的基础上，合理选择围填海方案，并对项目工程可能造成的环境影响和综合损益作出理性评估。

第三，建立项目跟踪机制，完善评估体系。从调研到审批，从施工到使用，对围填海项目应建立起自始至终的综合评价跟踪机制，对项目可能引起、即将引起和已经引起的环境、社会问题进行考察、分析和评估。

3. 社会政策路径——建立"专家—公众—政府"三维评估审议系统

对于围填海项目的有效规制不仅有赖于政府的科学规划和严格管理，还有赖于社会力量的参与。同时发动公众监督和专家评估，建立起"专家—公众—政府"三维审议评估系统，会对围填海项目的开展起到更完备、科学、民主的规制作用。

一方面，专家在政府进行土地资源规划、海洋功能区划调整的过程中就应发挥应有的作用，凭借其专业知识对政府决策提出建议；同时，对正在进行或已经完成的围填海项目应进行科学、系统、全面的评估考察，从经济效益、生态效益、社会效益等方面进行评价，给政府制定相应补充或后续政策提供参照。另一方面，公众在围填海项目的申请、审批、施工过程中的参与尤为重要，公众在此过程中是监督者，可以以听证会、利益相关群体投票等方式影响政府决策。

除此之外，积极的海洋知识宣传也发挥着一定作用。增强全民海洋资源环境保护与可持续发展的意识，对科学规制围填海项目会起到一定的辅助作用。

第七章 海洋环境治理

一 海洋环境管理：概念界定与阐释

从历史发展的轨迹看，人类对海洋的依赖性越大，开发利用海洋的愿望越强烈，就越是需要强化对海洋环境的管理。然而，海洋环境管理实践的发展，并不必然意味着对海洋环境管理认识的深入。海洋环境管理实践活动历史的相对短暂和海洋实践活动的复杂性，在很大程度上制约了人们对海洋环境管理的认识。而对海洋环境管理认识上的滞后，必将影响到海洋环境管理的制度建构、模式选择等一系列问题。因此，要建立科学的海洋环境管理制度体系，要使海洋环境管理活动发挥出应有的功效，必须把握海洋环境管理概念的基本内涵，明确海洋环境管理的基本定位。只有这样，海洋环境管理研究才能建立在理性分析的基础之上，也才能保持海洋环境管理研究思路的确定性和同一性。

（一）海洋环境管理的概念界定

海洋环境管理及其相关概念是伴随海洋环境管理实践的发展而逐步提出的。由于各国、各地区的海洋环境管理实践活动有着极大的差异性，在海洋环境管理的主体、客体等一系列问题上有着不同的理解，加之海洋环境管理学科尚处在不断发展和完善之中，因而海洋环境管理及其相关概念至今尚未形成统一的认识。本节把概念界定作为海洋环境研究的逻辑起点，目的在于为海洋环境管理研究提供基本框架思路。

海洋环境管理通常与海洋环境保护等联系在一起。在多数情况下，多数人一般认为海洋环境保护即是海洋环境管理。早在 20 世纪 70～80 年代，人们往往把海洋环境管理狭义地理解为海洋环境保护部门采取各种有效措施和手段控制海洋污染的行为。例如，通过制定国家海洋环境法律法规和标准，运用经济、技术、行政等手段来控制各种污染物的排放。这种狭义的理解仅停留在海洋环境管理的微观层次上，把环境保护部门视为环境管理的主体，把污染源作为海洋环境管理的对象，把末端治理作为管理目标，整个过程忽略了对人的管理。到了 20 世纪 90 年代，随着海洋环境问题的发展以及人们对环境问题认识的不断提高，人们发现，基于对海洋环境管理的传统理解已越来越限制了环境管理理论与实践的发展。社会普遍认识到，要从根本上解决海洋环境问题，必须站在经济社会发展的战略高度采取对策和控制措施，从区域发展的综合决策入手来解决海洋环境问题。因此，有必要扩展海洋环境管理的范围，并且通过确立科学的海洋环境概念来认识其本质、明确其管理的基本框架。

1992 年联合国环境与发展会议通过并签署的《21 世纪议程》对海洋环境保护的行动依据、目标、活动等内容进行了具体阐述，要求："各国依照《联合国海洋法公约》中关于保护和保存海洋环境的各项规定，有责任根据其政策、优先次序和资源来防止、减少和控制海洋环境退化，以求保持和加强其生命支持和生产能力。"为此必须："（a）采取预先防备方针，以避免海洋环境退化，并减少长期危险或对其产生的不可逆转的有害影响；（b）确保预先评价可能会对海洋环境产生重大不利影响的活动；（c）将海洋环境保护纳入有关的一般性环境、社会和经济发展政策内；（d）制定经济奖励办法，并斟酌情况采用清洁技术及符合环境代价国际化的其他办法，例如污染者支付原则，以求避免海洋环境退化；（e）提高沿海人口的生活水平，特别是在发展中国家，以利减少沿海及海洋环境的退化。"

要实现上述目标，需要建立并加强国家及区域间的合作协调机制，制定环境政策和规划，综合运用经济、技术等各种手段，加大专业人才的培训，加强海洋环境保护的数据和信息采集与交流，提升海洋环境管理能力。这些规定从不同方面揭示了海洋环境管理的内容，但并没有对海洋环境管理进行界定。

到目前为止，关于海洋环境管理的概念，国内外学者并没有给出一个规范的、有说服力的定义。国内学者所采用的大多是鹿守本先生在《海洋管理通论》中对海洋环境管理的定义，即海洋环境管理是以海洋环境自然平衡和持续利用为目的，运用行政、法律、经济、科学技术和国际合作等手段，维持海洋环境的良好状况，防止、减轻和控制海洋环境破坏、损害或退化的行政行为①。

这一定义突出了海洋环境管理的主体、海洋环境管理目标、海洋环境管理手段三个主要内容，其特点是：强调海洋环境管理是一种行政行为，把海洋环境管理作为政府行政管理的内容；突出海洋环境管理的手段；强调海洋管理的目标。应该说，鹿先生的海洋环境管理定义是对我国海洋环境管理现实的直接反映。但是，现代海洋环境管理无论是在实践还是在理论的发展中，从内容到形式都在发生着极大变革。因此，当我们今天再来界定海洋环境管理概念时，会发现原有定义的不完整性。主要在于：一是海洋环境管理的主体界定过于狭窄；二是海洋环境管理客体的界定不够明确。而对海洋环境主客体的回答正是区分传统海洋环境管理与现代海洋环境管理的标志。长期以来，海洋环境管理单纯强调政府的主导作用，忽视了其他主体的作用，而使环境保护这一本来影响到所有人利益、应该引起公众广泛关注的活动变成政府单方面的行动，导致海洋环境管理活动难以在全体公众中推行。三是由于把海洋环境管理的客体一直看作海洋环境，导致的一个误区就是把污染源作为管理对象，海洋环境保护部门围绕着各种污染源开展环境管理，致使人们只关心海洋环境问题产生的地理特征和时空分布，工作中被动地追随污染源，采取末端治理的方式。这种环境管理，实质上是一种见物不见人的物化管理，即对污染源和污染设施的管理，而忽视了对人的管理。人是各种行为的实施主体，是产生各种环境问题的根源。只有解决人的问题，从人的自然、经济、社会三种基本行为入手开展海洋环境管理，海洋环境问题才能得到有效解决。可以说，管理主体、客体的变化是海洋环境管理理论创新与实践深化的一个重要标志。

---

① 鹿守本：《海洋管理通论》，海洋出版社，1998，第 165～166 页。

基于上述认识，结合现代管理学理论的发展成果，本书对海洋环境管理首先进行归类、定位——海洋环境管理属于公共管理范畴。从公共管理的框架体系定义海洋环境管理，可以得出如下定义。

海洋环境管理是以政府为核心主体的涉海公共组织为协调社会发展与海洋环境的关系、保持海洋环境的自然平衡和持续利用，综合运用各种有效手段，依法对影响海洋环境的各种行为进行的调节和控制活动。

本定义中所讲的"影响"是指将要有、可能有或者已经有的影响，包括：第一，直接影响，指由行动引起的，与行动同时发生在相同地点的影响；第二，间接影响，指由行动引起的，发生在较后的时间或者较远的地方，但是可以合理预见的影响。影响的领域包括生态的、美学的、历史的、文化的、经济的、社会的、健康的，而不管是负面的、正面的、直接的、间接的或者累积的。由此也说明，海洋环境管理不仅仅是一种事后行为，还是包括"影响"发生之前的一系列调控、防范行为。

（二）对海洋环境管理概念的进一步阐释

从公共管理的视角理解海洋环境管理，需要对海洋环境管理的主体、客体、管理目标、管理类别等内容进行新的阐释。

1. 海洋环境管理的主体

海洋环境管理的核心主体无疑是作为公共权力机关的政府，具体来说，是指海洋环境管理部门。在当今世界范围内放松政府管制呼声高涨的情形下，之所以在海洋环境管理事务中要求政府干预，主要是由于海洋问题的特殊性和政府本应承担的职责使然。但海洋环境管理的主体又不仅仅是海洋环境管理部门。与单纯的海洋行政管理不同，海洋环境管理作为公共管理，其主要特点就在于主体的多元性，海洋立法机关、海洋执法机关同样是海洋环境管理的主体。而私营部门、第三部门以及各种社会运动的蓬勃发展，它们在社会经济领域内积极活动，并依靠自身资源参与解决共同关切的社会事务的能力越来越突出。这也表明，有更多的非政府组织、私营企业、公众参与到海洋环境管理中来，并且发挥着越来越大的作用，与之相应，政府的作用将受到越来越多的限制，政府只有和社会合作才能做好海洋环境管理等公共事务。

海洋环境管理的主体是多元的，但主体间的地位和作用层次并不完全相同，在此，笔者作了如下区分。一是核心主体，即相关的海洋环境管理部门。这是海洋环境管理的组织者、指挥者和协调者，在海洋环境管理中起主导作用。二是协同主体，主要指非营利组织。非营利组织上升为海洋环境管理的主体，主要是因为仅靠市场这只"看不见的手"和政府这只"看得见的手"并不能承担全部海洋环境管理领域，其中有大量空余领域需要非营利组织来承担，非营利组织是政府海洋环境管理的重要补充力量。三是实施主体，也称之为参与主体、治理主体，主要包括私营企业和相关公众。海洋环境管理中的核心主体当然是政府，但仅靠政府难以完成海洋环境管理的任务。因海洋环境管理不仅仅是制定政策、作出规划，更重要的是将这些政策、规划转化为现实，以最终的海洋环境保护和质量改善为目标。这一过程的实现需要通过具体的实施行为才能完成，如大范围的海洋环境保护宣传工作、海洋环境保护工程项目建设、海洋环境的整治等，这些活动的完成必须有公众、企业的参与。没有企业、公众参与的海洋环境管理只能是画饼充饥、空中楼阁。所以说，公众、企业作为海洋环境管理实施过程中的重要力量，是海洋环境管理的实施主体、参与主体。

目前我国实施的《海洋环境保护法》中所涉及的管理主体仍然是从行政管理角度，列举的仅是行政管理部门。例如，《海洋环境保护法》第五条规定："国务院环境保护行政主管部门作为对全国环境保护工作统一监督管理的部门，对全国海洋环境保护工作实施指导、协调和监督，并负责全国防治陆源污染物和海岸工程建设项目对海洋污染损害的环境保护工作。国家海洋行政主管部门负责海洋环境的监督管理，组织海洋环境的调查、监测、监视、评价和科学研究，负责全国防治海洋工程建设项目和海洋倾倒废弃物对海洋污染损害的环境保护工作。"第五条中还对国家海事行政主管部门、国家渔业行政主管部门、军队环境保护部门、沿海县级以上地方人民政府等部门的职责进行了界定。从现代海洋环境管理发展的实践看，把海洋环境管理看作一种行政管理，把海洋环境管理的主体仅仅确定为政府行政主管部门，实际上不够全面。因为无论是从理论上，还是实践中，海洋环境管理的主体都已不仅仅是政府行政主管部门。尽管政府行政主管部门是海洋环境管理的核心主体，但同时，私营部门、非营利性组织、公众也加入到海洋环境管理的行列，同样也作为海洋环境管理的主体而存在。我国现行海洋环境保护的国内相关法律法规没有明确规定社会团体和个人的法律主体地位，更没有明确规定国家、社会团体、个人作为海洋环境保护的法律主体各自所应享有权利和履行的义务。这种状况极大挫伤了社会团体和个人保护海洋环境的积极性。从海洋环境问题自身的特性来看，海洋环境管理具有很强的专业性，但由于海洋环境问题事关人民利益，又必须采纳民主观念、推行利益均衡原则，综合平衡从事海洋开发活动的单位、地区居民、事业主管机关、相关政府机关、地方政府、环境行政机关等的利益需求，从而促进专业化与民主化的发展要求。海洋环境管理中的公众参与，已经成为各国特别是民主法治国家的通行做法，其基本目的在于通过广泛听取利害关系人或利害团体的意见和要求，使政府在审核污染项目等决策过程中尽可能兼顾各方利益，特别是能够充分考虑到生态环境利益，尽量采取有效、可行的措施减轻和防止环境侵害。

2. 海洋环境管理客体

海洋环境管理尽管是基于海洋环境问题而产生，最终指向物是海洋，但直接指向物是涉海活动的参与者，正如原联合国环境计划（UNEP）事务局局长图卢巴指出的，环境管理"并不是管理环境，而是管理影响环境的人的活动"[①]。海洋环境管理的对象是人，是从事海洋实践活动、影响海洋环境的人。自然的海洋生态环境系统，尽管对海洋环境管理活动产生一定的影响，但它不构成海洋环境管理的直接对象。海洋环境有其自身运动变化的规律，人类不可能通过海洋环境管理来规范海洋自然系统的行为，不可能按自己的主观需要要求海洋按照人的需要来运动。对于桀骜不驯的海洋，人类只能顺势而为，通过制定各种法律法规和方针政策来规范人们开发利用海洋的行为，运用各种手段促使人类调整其经济活动和社会行为，在不损害海洋生态环境的前提下，让海洋为我所用，实现经济社会与海洋环境保护的协调发展。需要进一步说明的是，海洋环境管理的对象是人，但并不是所有从事海洋实践活动的人都纳入管理范围。如果涉海人员的活动仅仅属于个体行为，并且这种行为对他人和社会没有产生不良影响，即没有产生负外部性，那么对这种自产自销、影响不大的行为政府也没必要进行干预。只有当其涉海行

---

① 岩佐茂：《环境的思想》，中央编译出版社，1997，第83页。

为已经超出了私人活动领域，产生了影响他人、社会的公共问题，造成了负外部效应，如海洋环境污染、海洋资源破坏、海洋权益受损等，这时，才需要通过公共组织进行干预，通过管理涉海活动参与者的行为，为社会提供优良的海洋生态环境。

人是各种行为的实施主体，是产生各种环境问题的根源。环境管理的实质是影响人的行为，只有解决人的问题，从人的基本行为入手开展环境管理，环境问题才能得到有效解决。如果我们按照行为方式划分海洋环境的主体，可以看到，影响海洋环境的行为主要有政府行为、市场行为和公众行为。政府行为是国家的管理行为，包括制定海洋环境管理的政策、法律、法令、规划并组织实施等。市场行为是指各种市场主体包括企业和生产者个人在市场规律支配下，进行商品生产和交换的行为。公众行为则是指公众在日常生产中诸如消费、居家休闲、旅游等方面的行为。这三种行为者可能对海洋环境产生不同程度的影响。由于政府、企业、公众作为社会行为的主体同时以不同的方式作用于海洋环境，对海洋环境产生不同程度的影响，因此，他们既是海洋环境管理的主体同时又作为海洋环境管理的客体而存在。也就是说海洋环境管理的主体和对象都是由政府行为、企业行为、公众行为所构成的整体或系统。其中政府起着主导作用。

3. 海洋环境管理目标

海洋环境属于公共物品范畴，海洋环境质量优劣所产生影响的非排他性和非竞争性，使其成为影响甚广的公共问题。海洋环境管理的直接目的是通过建立健全海洋环境管理的制度体系、运行机制，保护海洋环境及资源，防止海洋污染损害和环境恶化，保持生态平衡，保障人体健康，实现海洋经济的持续发展和海洋资源的永续利用，促进社会经济的发展。海洋环境管理所研究的正是海洋公共事务，可见，海洋环境管理所研究的是海洋环境保护、海洋可持续发展等公共事务，所要解决的是海洋环境污染、海洋环境外部性等公共问题，所追求的是实现海洋经济与海洋环境协调发展的"公共利益"。海洋环境问题所影响的不仅仅是单个的个人或团体，还是对多数人甚至对所有人或团体产生普遍的影响，这种影响常常会超越地域或国界的限制，影响一个地区甚至影响全人类的生活。对于海洋环境等公共问题，由于当其治理取得成效时，所有的人不花钱也都能从中得到好处，即免费搭车，为此私人组织一般来说不愿意或没能力投资治理，只能由以政府为核心的公共组织承担起这一重任，而这也正是公共管理的重要职责。

4. 海洋环境管理的类别

回顾中国 20 多年来的海洋环境保护历程，不能否认这样一个基本事实：尽管国家在海洋环境保护方面做了大量工作，但是，海洋环境问题产生的速度远快于环境问题解决的速度。一个重要的原因在于，长期以来，我国的海洋环境管理侧重于微观管理工作，开展具体的海洋环境污染治理等事后控制工作，缺少从战略高度对海洋环境管理进行整体、系统的综合决策，能够防患于未然的宏观的预先调控机制严重不足。环保部门所做的多属于"修修补补"的工作，多数情况下是追随污染源等环境问题出现以后再去解决，总是被动地应对。实践告诉我们，环境管理只涉及微观部分是远远不够的，必须有宏观管理的内容。也就是说，环境管理应当包括宏观管理和微观管理两部分[①]。

（1）宏观海洋环境管理。所谓宏观海洋环境管理是指，以国家的海洋发展战略为指导，从环境与发展综合决策入手，制定一系列具有指导性的海洋环境战略、政策、对策和措施的行为总体。一般是指从总体、宏观及规划上调控发展与海洋环境的关系，研究解决海洋环境问题。主要包括：加强国家海洋环境法制建设，加快海洋环境管理体制改革，实施海洋环境与发展综合决策，制定国家的海洋环境保护方针、政策，制定国家的海洋环保产业政策、行业政策和技术政策等。

（2）微观海洋环境管理。所谓微观海洋环境管理是指，在宏观海洋环境管理指导下，以改善区域海洋环境质量为目的、以海洋污染防治和海洋生态保护为内容、以执法监督为基础的海洋环保部门的经常性管理工作。通常是指以特定地区或工业企业环境为对象，研究运用各种手段控制污染或破坏的具体方法、措施或方案。主要包括海洋环境规划管理、建设项目海洋环境管理、专项海洋环境管理、海洋环境监督管理、加强指导与服务等内容。

---

① 朱庚申：《环境管理学》，中国环境科学出版社，2003，第 28 页。

宏观海洋环境管理是从综合决策入手，解决发展战略问题，实施主体是国家和地方政府。微观海洋环境管理是从执法监督入手，解决具体的海洋污染防治和海洋生态破坏问题，实施主体是海洋环保部门。这二者之间存在相互补充的系统关系。其中，宏观海洋环境管理高度统一，微观海洋环境管理直接具体；微观海洋环境管理以宏观海洋环境管理为指导，是宏观海洋环境管理的分解和落实；离开宏观海洋管理的指导，微观海洋管理将无法实施；离开微观海洋环境管理，宏观海洋管理的目标将无法实现。

总之，日益严峻的海洋环境问题要求海洋环境管理面对新形势解决新问题，而公共管理运动的兴起和发展，为海洋环境管理变革提供了新的思路。因此，把海洋环境管理纳入公共管理的分析视野，重新界定其内涵，对于开拓海洋环境管理的研究领域，建立科学的海洋环境管理体系，促进海洋环境管理从理论到实践的变革和创新，将产生积极的推动作用。

二　海洋环境管制的供需矛盾分析

今天，海洋对人类发展的重要性是不言而喻的。伴随着陆地资源的日益短缺，人类把目光转向了海洋。但与各国开发和利用海洋同步的是，涉海活动中人与自然、人与人以及国与国之间的矛盾日益尖锐，海洋污染、行业冲突、海洋开发争议等问题日益严重。这些问题的存在，对以政府为主体的海洋环境管理提出了严峻的挑战，这一方面显示了海洋环境管制的必要性，另一方面也迫切要求管制方式方法的创新。因而正确认识我国海洋环境管制的供求现状，并从理论和实践上分析供求矛盾的根源，将有益于促进海洋环境管制的创新发展。

（一）海洋环境管制需求

1. 日益严重的海洋环境问题需要政府管制

我国海洋环境管理目前主要以政府为主。政府通过法律的、行政的、经济的、教育的等手段，在海洋环境管理领域发挥着主导作用。而管制就是政府实施管理的一种重要工具，它是指"具有法律地位、相对独立的政府（或机构）管制者，依照一定的法规，对被管制者（主要是企业）所采取的一系列行政管理与监督行为"。由此可见，政府管制的主体是政府行政机关，即通过立法或其他形式被授予管制权的机构，管制的客体是各种经济主体，主要是企业。政府管制的主要手段和依据是各种规则或制度。所以，管制具有垄断性，只能由政府独家提供，管制即特指政府管制。

海洋环境管制作为政府对海洋环境管理的一种重要工具，是以保障海洋环境的可持续发展为目的，对涉海的产品和服务的质量以及因提供它们而产生的各种活动制定一定的标准，并禁止、限制特定行为的管理活动。它以法律或政策的权威性为作用机制，强制性地要求企业遵守环境治理的规章制度。实践证明，中国当前正处于市场经济建立、完善的过程之中，严格而有效的法律体系尚未完善，自由竞争的市场环境尚未健全，环境资源的产权尚未处于明晰状态，企业和个人的行为还缺少规范性、自律性，所以，靠命令—控制型的管制模式，可以凭借其惩罚的威慑力量，强制性地约束经济主体的行为，起到立竿见影的效果。特别是针对海洋环境而言，命令—控制型环境管制更具有特殊的意义。

近几年，我国海洋环境恶化的势头得到了一定程度的控制，总体污染趋势有所减缓，但局部海域生态环境恶化的趋势至今未得到有效的遏制，我国海洋生态环境仍面临严峻形势。根据《2005 年中国海洋环境质量公报》公布的资料，我国海洋环境质量状况如下。

2005 年全海域未达到清洁海域水质标准的面积为 13.9 万平方公里，海域总体污染状况仍未好转。近岸海域污染形势依然严峻，污染海域主要分布在辽东湾、渤海湾、长江口、杭州湾、江苏近岸、珠江口和部分大中城市近岸局部水域，近海大部分海域为清洁海域，远海海域水质保持良好状态。近岸海域海水中主要污染物是无机氮、活性磷酸盐和石油类。近岸海域沉积物总体质量较好，近海和远海沉积物质量良好。近岸海域贝类体内的污染物残留水平依然较高。绝大部分入海排污口超标排放污染物，排污口邻近海域水质达不到海洋功能区的水质要求，部分排污口邻近海域环境污染严重，河流携带入海的污染物量居高不下。由大气输入海洋的污染物浓度及其沉降通量呈逐年增长趋势。

近岸海域生态系统健康状况恶化的趋势尚未得到缓解，大部分海湾、河口、滨海湿地等生态系统仍处于亚健康或不健康状态，主要表现在水体富营养化及营养盐失衡、河口产卵场退化、生境丧失或改变、生物群落结构异常等。我国目前仍处于赤潮多发期，2005 年有毒藻类引发的赤潮次数和面积大幅增加，赤潮多发区主要集中在东海及渤海海域。海水浴场环境状况良好。海洋倾倒区和海上油气开发区环境质量基本符合要求。

我国局部海域生态环境恶化的主要原因如下。

——陆源污染尚未得到有效控制。主要入海流域沿岸和沿海企业污水尚未得到有效治理和达标排放；沿海城市化快速发展，城镇生活污水迅猛增加，城镇污水收集系统和污水处理厂建设相对落后；农村面源污染未得到有效控制，过量施用化肥、农药，畜禽集约化养殖不断发展，畜禽粪便尚未得到有效处理；滨海旅游业快速发展，旅游污染还没有得到有效治理。

——海上污染也未得到有效控制。局部沿岸海水养殖密度过大，不科学的养殖方式导致局部海域养殖污染严重并有加剧趋势；海上石油、化学品运输泄漏事故、违规倾倒废弃物现象时有发生，海洋倾废量增加；沿海港口、码头废水、废物收集和处理设施不足。

——不合理的开发活动破坏海域生态系统结构和功能。不合理的渔业捕捞和不科学的海水养殖使海域生态结构失衡；海岸工程建设不当改变局部水文动力条件；沿海滩涂盲目围垦破坏海岸带生态环境；入海流域断流破坏沿岸海域生态系统的结构和功能；盲目引进某些外来物种，使本地物种安全受到侵害。

——海岸带环境管理薄弱，缺乏海岸带和海洋环境保护统一规划，人为破坏海岸带生态系统的违法行为仍未得到有效遏制。

由此可见，海洋环境的严峻现实要求我们一方面要加强政府管制，另一方面要对我国现有的海洋环境管制作进一步分析，以便更好地满足我国经济与海洋环境可持续发展的需求。

2. 涉海企业的涉海行为需要管制

从目前来看，涉海企业与海洋环境的关系主要表现在两方面。一方面，企业从海洋环境中取得生产要素，转化为满足人们需要的物质和精神产品；另一方面，掘取生产要素的行为以及生产过程中的排污行为均直接或间接污染海洋环境。具体来讲，企业大体上有以下四类行为。①捕获行为，即对海洋中各种生物资源的捕获行为。捕获行为对海洋环境（含资源）具有双重作用：合理的捕获有利于推动海洋生物种群的新老更替，保持种群活力；而过度的捕获行为则可能导致种群数量的衰竭甚至灭绝，最终可能导致海洋环境中生态链的破坏，从而妨碍海洋环境中物质和能量来源和功能的正常提供，并有可能在一定程度上间接影响其他功能的提供。②物理采集行为。主要指海床采矿、采砂及从海洋中提炼各种物质，如盐、微量元素等。采集行为关键在于适当，否则，还有可能影响其他海洋功能的实现。③改造行为。改造行为包括多方面的内容，如在海岸带上建造大堤坝、在滩涂建设养殖场以及建造海洋工作平台等。改造行为对海洋环境的影响不容忽视，它可能直接或间接造成海洋污染。④陆源性污染行为。很多企业的行为不直接作用于海洋，但是它们的废弃物，尤其是排入海洋中的污水损害了海水质量，使海洋中重金属元素、有机物等成分大大增加导致海水富营养化。

由此可见，入海流域沿岸和沿海的企业、渔业、海水养殖业、海上石油化工以及海岸工程等涉海企业、行业的行为对海洋环境的改善负有重大责任。但企业是以逐利为目的，其逐利行为无可厚非，问题的关键在于如果政府对其逐利过程中损害海洋环境的行为不予管制，其后果就是海洋环境的恶化，最终制约的将是国民经济的可持续发展。

3. 公民的涉海行为也需要管制

除企业的行为外，公民的行为也需要政府管制。尤其是在处理沿海城市快速发展带来的城市生活污水以及沿海、沿河流域农村面源污染问题上。这里所说的公众，包括作为个体存在的公众，主要以个人或以家庭为单位进行活动，也包括作为群体形式存在的公众组织。公众作为消费者，他们总是希望在其财力允许的条件下，消费更多的物品，享有更美的环境，使其效用最大化。但在消费过程中，也可能产生环境污染并对海洋环境直接或间接地造成破坏。特别是随着人们生活水平的提高，消耗的资源越来越多，生活垃圾的种类、数量也越来越多，从各个家庭中直接或间接进入海洋的污染物大幅增长。就农村面源污染来说，农民的生产行为同样会带来海洋环境的污染。在这种状况下，仅靠道德性的说服、教育来提高公众参与海洋环境保护的意识和积极性是远远不够的。因为良好行为习惯的形成，也要靠强制性的法律法规来规范，强制性的管制和严厉的惩戒有助于规范行为并久而久之养成习惯。这一点可以从发达国家的发展历程得到验证。比如，在德国，随时可以看到一个个不同颜色的垃圾箱并排放在一起，人们主动将金属、玻璃、有机物等分投到不同的箱内。人们到超市购物时，超市不再免费提供购物袋，购物者通常是将家中废弃的塑料瓶放入规定的箱内换取需要的购物袋，否则必须付费购买。这有益于培养人们摒弃随手乱丢的不良习惯，同时又使废物得到回收再利用，减少污染。德国法律对有关环境的违法犯罪的惩罚也相当严厉。为防止乱丢饮料罐，购买饮料时含有押金25欧元。总之，通过立法的约束，一些行之有效的环保措施得到推行，如今，维护健康的生活环境已逐渐成为大多数人的自觉行动。

伴随着人们生活水平的不断提高，"在生活逐渐富裕的社会里，教育水平、生活条件和个人利益的直接损害程度都会有助于引起人们对环境污染问题的关注"。因而，在发展初期，公民对海洋环境友好的行为需要政府管制政策的规范和引导；发展到一定阶段（比如进入小康社会）后，公民一旦无法容忍或直接损害了个体利益，就会寻求政府法律法规的保护。有关居民首先就会与排污企业交涉，如果交涉无效，就会考虑投诉，有的提出制止污染或索赔的要求，这一切必然会对政府海洋环境管制提出新需求，特别是要求有完备的法律法规及有效的执法和监管。

（二）我国海洋环境管制的供给

1. 我国海洋环境管制的政策法规供给

海洋环境的政府管制主要依靠法律或行政手段，按照一定的法律规范和规章制度来管理经济活动。它以法律或政策的权威性为作用机制，强制性地要求企业遵守环境治理的规章制度，如环境质量标准、排污许可证、区划、配额、使用限制等。这些手段都是直接管制的措施，即通过管理生产过程或产品使用和限制特定污染物的排放，来达到环境治理的目的。我国早在1974年10月30日就经国务院批准发布了《防止沿海水域污染暂行条例》。1983年3月1日起施行的《海洋环境保护法》是我国第一部保护海洋环境的单行法律。为实施《海洋环境保护法》，由国务院颁布了《防治陆源污染物污染损害海洋环境管理条例》《防治海岸工程建设项目污染损害海洋环境管理条例》《防止拆船污染环境管理条例》

等 3 项行政法规。国家环境保护局还批准发布了《渔业水质标准》《海水水质标准》《污水综合排放标准》《船舶污染物排放标准》《船舶工业污染物排放标准》和《海洋石油开发工业含油污水排放标准》。为了防治陆源污染物污染海洋，沿海各省、自治区、直辖市也分别制定了一批地方性海洋环境保护法规、规章和标准。1999 年国家对《海洋环境保护法》进行了修订，《海洋环境保护法》引入总量控制制度。按照国务院的规定，把环境保护部门在陆域已经开展的总量控制制度引入海洋环境管理，明确"国家建立并实施重点海域排污总量控制制度"，这个制度的建立将使海洋污染防治工作迈上一个新台阶。《海洋环境保护法》专设"海洋生态保护"一章，充分体现了环境保护、污染防治与生态保护"并重"的方针，对保护海洋珍稀物种、海洋生物多样性和防止海洋生态系统破坏具有重要意义。同时，《海洋环境保护法》还增加了"海洋环境监督管理"一章，在这一章中规定，国家要制定海洋环境保护规划和海洋环境质量标准。《海洋环境保护法》中还规定了排污收费、限期治理、淘汰落后设备工艺等制度。而 2003 年 3 月 1 日起施行的《海洋行政处罚实施办法》，则是用罚款等海洋行政处罚方式，通过对海洋行政相对人一定经济利益的剥夺，来规范其海洋经济活动。

2. 我国海洋环境管制的制度供给

海洋环境管制主要是通过各级海洋环境管理行政部门来实施的，我国目前已初步建立了国家环境保护部门统一协调和监督与各有关部门分工负责相结合、中央管理与地方分级管理相结合的海洋环境管理体制。1999 年修订的《海洋环境保护法》，在第一章、第二章明确规定了各有关管理部门的管理职能、管理手段和管理机制。

《海洋环境保护法》所确立的主体主要是指海洋环境行政管理部门，这些行政管理部门实际包括三个层面。一是中央政府：中央政府作为国家利益的代表，在海洋环境管理中，是最重要的决策主体。二是政府各职能部门：政府各职能部门是在海洋环境管理中起实质性作用的主体，这主要指它们是"政府"在各项职能上的实际代表者，掌握着重要的计划、组织、领导和控制的权力。海洋环境管理的政府职能部门主要有：国务院环境保护行政主管部门，如国家环保局；国家海洋行政主管部门，如国家海洋局；国家海事行政主管部门，如国家海事局；国家渔业行政主管部门；军队环境保护部门等。海洋环境管理行政主体的第三层次是地方各级人民政府。此外，我国《海域使用管理法》确立了国家统一管理和地方根据授权分级管理的模式，这一模式在确保国家整体利益得到实现的同时，给予地方海域管理以极大的自主性，尤其是按照项目内容分级管理的模式，有利于调动地方管海、用海的积极性，增强海域管理者的责任感。

通过海洋环境管制政策法规及组织体制等的制度供给和多年来海洋环境工作者的努力，我国的海洋环境保护工作取得了不少成绩，海洋事业发展的实践证明，政府在海洋环境保护、管制过程中发挥了积极作用，极大地促进了我国海洋环境保护事业的发展。但是，也要看到与我国经济快速发展中产生的日益迫切的海洋环境保护需求相比，我国海洋环境管制的供给仍表现出不足和不当，海洋环境管制的供需矛盾依然突出。

（三）海洋环境管制供求矛盾的分析

1. 我国海洋环境管制的供给不足

首先，海洋环境管制的立法还不完备。尽管为保护海洋环境、促进海洋环境与经济的可持续发展，我国政府制定了一系列的管制法规与条例，但在许多方面仍显不足。比如，1999 年的《海洋环境保护法》专设"海洋生态保护"一章，这是我国海洋环境保护立法的一大进步，但规定的原则、职责不够明确，管理制度不够具体，实际操作困难。为保护海洋生态环境，需要制定一些专门保护海洋生态环境的行政法规和专项规章，如红树林保护规定、珊瑚礁保护规定、海草保护规定、海砂采挖管理办法、海岛开发与保护规定等，形成保护海洋生态环境的完整的法规体系。其次，海洋环境管制中还存在执法不力的问题。具体工作中的执法不力除了受法制不完备、无法可依的制约外，海洋环境管制过程中还缺乏一支统一、有力的海上执法队伍。同时，海洋环境管制的方式方法也过于简单、粗糙。再次，缺乏公开透明的公众参与机制，特别是缺乏听取小型企业、乡镇企业、个体工商户和公民意见的法定程序。一些政策和法规在颁布之后才发现存在大量难以实施的棘手问题，致使制定的政策和法律不能解决实际问题。

政府海洋环境管制机构设置不合理，机构运行效率低下，导致海洋环境的管制不力。海洋环境管制自身具有复杂性，海洋环境管制涉及环保、海洋、海事、海政渔港、军队等多个部门，这些部门依据有关法律法规所赋予的权限在进行执法管理，但大都自成体系，各自为政，造成多头管理的弊端。当前海洋环境管理体制的缺陷，要求政府加强自身的管制改革，建立统一的协调管制机制，以适应对海洋环境的综合管制要求。

2. 我国海洋环境管制的供给不当

目前海洋环境管制的供给不当，首先来自海洋环境管制中政府行为的有限性。表现在：政府官员的偏好和有限理性，利益集团的影响及公众因信息不对称导致的"无知"等因素影响，使得管制中不仅存在厂商"俘虏"监管者的寻租行为，而且政府海洋环境管制的政策法规有时也并不能恰当反映公共的利益。另外，由于海洋环境管制涉及诸多部门，而管制政策往往出自各部门之手，因此，海洋环境管制政策的制定和管理在一定程度上缺乏统一性和连续性，已制定出来并颁发实施的统一政策法规，没有确定的管理部门，经常出现政策法规执行中的放任自流现象等。

其次体现在海洋环境管制的方式方法上存在问题。主要集中在两方面：一是管制政策过分强调环境效果而忽视了经济效率和社会公平，造成企业对管制政策的消极执行。二是管制手段缺乏对企业的有效激励，致使排污企业不愿积极主动地减少污染。现实中"两高一低"不良现象的存在突出说明了这一问题。所谓的"两高一低"现象，即企业守法成本高、政府管制成本高和企业违法成本低，这是造成目前企业偷排的关键原因。为了追求短期的经济利益，一些企业没有环保设施就擅自投入生产，直排污染物的现象时有发生。有的虽然建成了治理设施，但受利益驱动，也存在偷排、暗排行为。这是因为：一方面企业配置环保设备需要几千万元的投入，环保设备的日常运行也要占用企业的不少利润，环保给企业带来了沉重的经济压力；另一方面则反映出我国目前环境保护的体制性障碍依然存在，环境保护的优惠政策、制度还不够，造成"违法成本低、守法成本高"的问题突出，环境保护的公平性难以得到充分体现，这些都是制约环境保护的重要因素。

正因为政府自身的寻租和逐利，政策制定过程中政府与企业间的信息不对称，管制过于刚性，缺乏对优质治污企业的补偿与激励等，从而造成钻政策空子的企业得利而遵纪守法企业受损，最终导致"劣质"企业驱逐"优质"企业的现象，即企业的"逆向选择"。正如不保护正义，就等于助长邪恶一样，这种"劣品驱逐良品的现象"会从反面鼓励企业的投机行为，从而加重政府的管制成本，使相关的管制政策难以为继或失去作用，带来管制政策的"道德风险"。可见海洋环境的管制不能仅仅依靠行政手段，只有通过行政手段、法律手段、经济手段并用，才能起到一定的效果。因而需要改变单一的命令—控制型管制模式，对海洋环境管制的方式方法进行创新。

总之，海洋环境管制的不足与不当，不仅会导致海洋开发和利用的无序和海洋环境的破坏，而且会导致用海不足或企业低效率，从而制约海洋经济的发展。

3. 对我国海洋环境管制发展的思考

首先应转变管制理念。

海洋环境问题所影响的不仅仅是单个的个人或团体，还是对多数人甚至对所有人或团体产生普遍的影响，这种影响常常会超越地域或国界的限制，影响一个地区甚至影响全人类的生活。因而海洋环境问题应是一个公共问题，海洋环境管理也应是一种公共管理，不仅管理的对象包括了涉海人群、组织及其相应的涉海活动，而且管理的主体也扩展到政府以外的企业及公共组织。管制尽管是政府特有的治理工具，但也应适应全球日益发展的公共管理需求，在管制中也要善于换位思考，从管制对象的需求出发制定政策，设计管制的方式方法。尤其要设计一系列诸如信息公开、环境听证等制度接纳涉海企业和公众的参与，实实在在地激励和保护公民的环境权。

其次要革新管制手段。

以往海洋环境的管制手段多运用法律的和行政的，因而强制色彩浓厚。今天伴随着市场经济的深入发展，经济手段越来越显现其优势。经济手段主要有税收、财政支持（补贴）、收取费用以及奖励、罚款等。运用经济手段的海洋环境管制实质是运用市场机制，使社会经济利益重新分配，从而调节海洋活动中的各种经济关系。但我国目前的环保经济政策也不同程度地存在问题，如排污权无偿取得以及较低的排污费征收标准，使得环境被廉价甚至无偿使用；"先排污、后收费"的排污费征收方式，使政府处于被动局面，形成了一个"企业污染，政府治理"的恶性循环；环境违法处罚标准过低，使得一些企业宁愿认罚也不愿采取措施防治污染；等等。因而在市场机制有效配置资源的基础上，综合运用法律的、行政的和经济的等各种手段，设计出有效的管制方式将是促进海洋环境管制发展的新方向。

再次，还要完备法律法规，加强执法、监察。

按照公共财政原则，加强海洋环境监测、海洋环境标准、海洋环境执法能力建设，为海洋环境管制的有效实施提供保障措施和制度环境。一是要建立健全海洋环境法规和标准体系。通过认真评估海洋环境立法和各地执行情况，完善环境法律法规。要建立和完善海洋环境技术标准体系，科学确定海洋环境基准，努力使海洋环境标准和环保目标相衔接。二是要加强海洋环境监测能力建设。三是要加强监管和执法能力建设，组建海上统一的执法和监察队伍。

最后，需要改革海洋环境的管制体制，设立统一的海洋环境管制协调机构，促进管制政策的有效制定、实施、监督和改进。

三　海洋环境管理中的信息不对称及其解决之道

海洋环境作为一种公共资源，与涉海部门及社会公众的利益息息相关。所以，能否及时准确地获得海洋环境信息，涉及政府部门、各个行业及其他相关者从事涉海活动的利益实现。然而，在海洋环境管理中，由于受"条块分割"及利益等因素的影响，信息不对称问题在海洋环境管理中十分突出。它不仅直接影响着涉海利益相关者利益的实现，而且也影响到对我国海洋环境的保护。如何最大限度地减少和弱化这种信息不对称，是目前海洋环境管理中面临的一个重大课题。

（一）海洋环境管理中信息不对称的界定及表现

1. 海洋环境管理中信息不对称的界定

信息不对称理论认为，参与者拥有不相同或不相等的信息或者不拥有作出满意决策所需要的相关信息。由于"80%的社会信息资源掌握在政府部门手中，政府是最主要的信息生产者、消费者和发布者"。因此，我们将海洋环境管理中的信息不对称界定为：某些政府或政府部门拥有的海洋环境信息，而另一些政府或政府部门或其他海洋环境利益相关者不拥有或较少拥有，或者不拥有作出满意决策的相关信息。比如，某涉海部门除拥有公布的海洋环境污染信息外，还拥有未公布的其他海洋环境污染信息，或者拥有其他涉海利益相关者作出满意决策所需要的相关信息，这就形成了海洋环境信息的不对称。当然，对于那些涉及国家安全的保密信息必然不在公开的范围之列。我们所谈到的海洋环境信息不对称，不包括那些属于国家机密的信息，而是那些应该公开但是由于种种原因并未公开的信息。

2. 海洋环境管理中信息不对称的表现

按照信息不对称主体的不同，我们将海洋环境管理中的信息不对称分为以下四种。

（1）涉海的中央与地方政府在海洋环境管理中的信息不对称。毋庸置疑，中央政府和地方政府都是海洋环境管理的主体，它们在根本利益上是一致的，都是为了发展生产、提高人民的生活水平和促进社会的进步。然而，随着计划经济向市场经济的转型，地方政府的作用得到了极大的重视和提高，地方政府作为地方利益的代表，必然以发展本地区的经济作为第一要务。由于地方政府对本地情况更加了解，具有信息优势，所以，中央政府和地方政府之间存在着信息不对称。同样，在海洋环境管理中，由于地方利益本位及地方保护主义的存在，地方政府便会人为地"截留"这些环境污染的信息，从而使中央政府和地方政府在海洋环境信息上便形成了不对称。

（2）涉海的各政府部门在海洋环境管理中的信息不对称。为了有效地保护海洋环境，各个涉海部门之间的合作是必不可少的。然而，从经济学的角度讲，信息也是一种资源，对信息的占有就意味着对资源的控制。因此，各部门从自身利益出发，必然希望自己占有更多的信息，以寻求自身在各部门中的更重要地位，进而占有更多的利益，而少占有或不占有则可能会使自己的利益受到损失。海洋环境管理中，由于部门众多，如海洋、环保、海事、渔政等等，这些涉海部门也会从本部门利益出发，尽量将信息控制在自己部门中，以作为实现利益或利益交换的

"砝码"。因此，这种"信息控制"就导致了涉海各部门在海洋环境管理中的信息不对称。

（3）政府与企业在海洋环境管理中的信息不对称。海洋环境与涉海企业的关系甚为密切。企业要从海洋中取得所需的生产要素，以转化为满足人民需要的物质和精神产品。而能否及时准确地获得海洋环境信息，以根据海洋环境状况安排自己的生产，则关系到涉海企业的生存和发展。通常人们认为，企业为了自己的利益会有意隐瞒自己的污染信息，故而政府不易得到企业的污染信息。然而，由于政府具有其他经济组织所不具备的强制力，因此，政府可以通过立法等管制手段强制企业公开信息，但是对政府自身而言，政府并"不愿执行相同的标准"。目前，我国尚无一部完整的信息公开法，而政府是公共信息最大的制造者和占有者。所以，在信息的公开上，政府和企业并不是对等的关系，政府处于明显的优势地位。

（4）政府与公众在海洋环境管理中的信息不对称。长期以来，政府都是作为社会一切事务的管理者，公众习惯于被看作被管理者，因而，公众的作用往往被忽视，这便会形成政府对社会事务单方面管理的现象。"有资料表明，我国绝大多数信息资源都掌握在政府手中，只有20%是公开的"，由此可以看出，政府向社会主动提供的信息是有限的。海洋环境管理中，公众同样受到有限信息的限制，不能对海洋环境的详细情况有深入的认识，难以根据海洋环境状况安排自己的生活，也难以作出满意的决策，因而影响了自身利益的实现，进而难以成为海洋环境保护的主力军。因此，政府对信息的垄断便促成了政府与公众在海洋环境管理中的信息不对称。

（二）海洋环境管理中信息不对称的形成原因

针对海洋环境管理中存在的信息不对称问题，必须深刻剖析隐藏在其后的原因，从而更好地解决信息不对称问题。海洋环境管理中的观念错位、利益博弈以及管理体制不顺是引起信息不对称的主要原因。

1. 海洋环境管理的观念错位

观念是现实价值判断的依据，是行为的先导和准则，不同的观念影响了人们的行为方向，故而会形成不同的管理方式。观念上认识不到信息公开的必要性，行动上必然会阻碍信息的共享，从而造成信息不对称现象的发生。海洋环境管理活动也是在一定观念指导下进行的，因此，海洋环境管理的观念的错位，同样会形成信息不对称的现象。

（1）"地方经济首位"意识的形成。随着计划经济向市场经济的转轨，地方政府的利益主体意识日益觉醒，其作为相对独立的利益主体地位也越来越明显，因而滋生了严重的地方本位主义。在中央政府与地方政府的博弈中，由于地方政府直接接触地方的实际工作，因而拥有信息上的优势。另外，由于地方官员的升迁、任免取决于上级政府，所以，地方官员为了自己的利益就会有意隐瞒对自己不利的信息，因此，中央和地方政府之间存在着信息不对称。"没有准确可靠的信息，中央机构可能犯各种各样的错误"，从而，地方政府可以利用其信息优势使中央政府制定的政策、制度有利于自身利益的最大化。比如，在海洋环境管理中，面对海洋环境的严重污染和给本地带来经济效益的企业，地方政府就存在对污染信息的遮盖、瞒报现象，因为这些企业除了能给当地带来大量的财政收入，还是地方政府的政绩表现。

（2）"自我服务、内部使用"观念的影响。"我国政府信息服务体系产生于计划经济时代，其主要职能是自我服务、内部使用。"虽然如今政府的职能已经发生了转变，力图打造一个服务型政府，然而，由于长期以来"自我服务、内部使用"观念的影响尚未消除，政府部门往往习惯于向上级负责，而忽视了信息不足对其他政府部门、企业、公众以及利益相关者所带来的损失。据统计，"在现有国内的3000多个数据库中，真正流通起来并被利用的不足10%"，由此可见，目前信息系统的建设主要还是为政府部门内部服务的。在海洋环境管理中，由于部门众多，如环保、海洋、渔业、水利部门等等，它们作为相对独立的海洋环境管理部门也会受"自我服务、内部使用"观念的影响，从而形成海洋环境管理中信息共享不足的问题。

（3）"政府是海洋环境保护责任者"观念的影响。毋庸置疑，政府是海洋环境保护的主体之一，政府在海洋环境保护方面的方针、政策直接影响着沿岸企业、沿岸居民、渔民及其他利益相关者的行为方式，进一步影响着海洋环境。然而，由于长期以来政府都是作为高高在上的管理者，企业、公众被看作被管理者，因而，政府部门在对海洋环境进行管理时往往忽视企业、公众的作用。同时，有些企业、公众存在自己不会对海洋环境产生影响的心理，这在某种程度上也加剧了信息不对称。此外，由于各涉海政府部门测定的对象不同，致使数据缺乏可比性，更增加了企业、公众对于海洋环境污染数据的困惑。根据治理理论，海洋环境保护的主体必然是多元的，且要形成一种互动。企业和公众如果不了解海洋环境信息，就会对政府在海洋环境方面的政策产生抵触情绪，而能否掌握足够的信息，是企业和公众在公共管理中发挥决定性作用的一个前提条件。

2. 涉海利益相关者间的利益博弈

公共选择理论用普遍的市场概念来观察政治领域的活动，以交换互惠的视角来观察政治现象，并将政治领域看作是由个人利益最大化的选民和政治家组成的市场，双方关系的实质在于通过交换实现双方的利益。因此，从公共选择理论的角度来看，政府作为社会中的经济组织之一，也必然会寻求其利益。

（1）中央和地方政府之间及政府各职能部门之间的利益博弈。布坎南的公共选择理论告诉我们，政府并不是没有私利的公共机构，政府中的工作人员也不是"一心为公"的圣人。一方面，尽管中央和地方政府在根本利益上是一致的，然而，地方政府作为一个相对独立的经济组织，在从中央政府的利益分享中必然会首先考虑自己的利益以及自己所代表的本地居民的利益。因此，地方政府在信息公开上会加以选择。另一方面，由于我国长期以来实行以行业管理为主的管理体制，各部门为了使自己发出的信息更受到重视，从而获得更大的利益，造成部门间的协调难以实现，形成了严重的部门利益本位。"利益很大程度上成了政府信息公开、信息控制、信息垄断的基本出发点，维护、追求部门利益很大程度上制约着信息公开的实施"。海洋环境管理中，尽管国家海洋局的职责任务已经调整到综合管理上来，以协调各个部门之间的关系，然而，由于国家海洋局的级别比较低，我国还没有从根本上改变各自为政的状况，从而制约了海洋环境信息的共享。

（2）政府和企业之间的利益博弈。虽然政府有时为了本地的经济发展会存在"地方保护主义"而"宽容"企业的污染行为，但这并不会动摇政府通过控制信息而强化其权威，以不断巩固其核心地位，从而为自己谋取政治利益或经济利益的。目前，在80%的社会信息资源掌握在政府部门手中的情况下，这些信息却一直处在封闭、闲置或半封闭、半闲置状态，只有20%是公开的。因而，政府所掌握的"内部信息"就成了政府向企业寻求租金的砝码。当前我国政府行政中存在"文件大于法规、讲话大于文件、批示大于讲话"的现象，因为法规是公开的、文件是半公开的、讲话是内部的、批示更是秘密的，这样一来，政府的运作有时就处于半公开状态。正如上文所提到的，尽管企业也会有意隐瞒自己的污染信息，然而，政府和企业的地位是不对等的，政府处于明显的强势地位。在海洋管理中，"海上的各类活动除了海洋权益外，其他的资源开发利用、海洋生态系统保护等80%以上的活动集中在海岸带和浅海区"。由此可以看出，这一地区的涉海企业众多，因而与海洋环境关系密切，信息不对称所带来的外部性被放大，从而增加了政府寻租的机会，进而导致了更多机会主义的出现。

（3）政府和公众之间的利益博弈。政府信息是一种重要的国家资源，具有全社会所有的公共属性，搜集和发布信息以使社会资源达到最佳配置是政府的职责之一。然而，信息是稀缺的，"经济人"政府为了满足自身政治利益或经济利益、寻求利益最大化，就会人为地控制信息，形成信息垄断。政府控制着信息的流通，政府通过这种对信息渠道的控制使信息不被绝大多数的公众所掌握，以逃避来自社会的监督和批评。在海洋环境管理中，为了避免公众对政府治理环境的不满或为了自己的政绩，政府就会向公众只公开那些对自己有利的信息，而不利的信息则以各种方式回避。

3. 海洋环境管理体制不顺

海洋环境管理体制是国家为了执行海洋环境管理职能而确立的管理海洋环境事务的组织系统。海洋环境管理体制就是海洋环境保护机构的设置问题，一个合理完善的海洋环境管理体制是海洋环境监督的组织保障，也是确保信息公开的有力支撑。

（1）中央与地方的管理体制缺乏宪法和法律基础。目前我国宪法尚未对中央政府与地方政府的事权划分作出明确的规定，虽然这有利于中央政府充分发挥和利用其自由裁量权，但也使中央与地方的关系变得不稳定，处于经常变动之中。这种变动就会使地方政府为了自己的利益而限制信息的公开，以便中央的政策向着有利于自己的方向发展。海洋环境管理中，地方政府有时为了本地经济发展的需要，瞒报海洋环境污染的信息，致使中央政府在制定针对海洋环境污染物的总量控制指标时给那些表面上看来污染少的地方多分可排放的污染总量指标，从而极大地破坏了海洋环境。因此，宪法和法律基础的缺位也促使了信息不对称的发生。

（2）从事海洋环境管理的部门间缺乏统一的协调机制。一方面，从事海洋环境管理的部门众多。"在大多数国家，与海洋有关的问题多半可能属于15～25个部门，这样就分散了政府责任且造成重复努力。"在我国海洋环境管理体制中，"由于现行法律法规缺乏统一的协调管理机制，部门间的配合缺少约束措施"，"条块分割"，致使相互之间缺乏技术交流和信息共享。而且，在海洋环境保护执法管理中时常存在有利可图的环境管理事项争强、无利可图的事项则相互推诿扯皮。另一方面，各个部门测定的标准与指标不统一。当前，我国虽然有全国性的环境监测网，但是各个部门也有相对独立的环境监测网。"由于各自监测的侧重点和对象不同，分析的方法和评价标准也不是完全相同的，致使数据缺乏可比性。评价标准不一致导致经常出现在同一海域这个部门监测反映的数据不超标，而另一部门监测的结果却呈现超标的现象。"因此，缺乏统一协调机制使得不同部门之间不能"互通有无"，部门之间信息渠道不畅通，导致政府部门间信息的兼容性及整合性差。

（三）克服海洋环境信息不对称的对策思考

进入21世纪，海洋对人类发展的重要性日益凸显。伴随着陆地资源的日益短缺，人类把目光转向了海洋，海洋环境问题也引起了越来越广泛的关注。因此，管理好海洋环境，解决目前存在的信息不对称问题是当务之急。

1. 转变观念，建立海洋环境信息公开制度

（1）建立基于网络和数据库的海洋环境信息资源"共享"系统。信息不足或信息渠道不畅必然会对决策产生不利影响，从而带来利益损失，"囚徒的困境"就是最好的例证。通过上文的分析我们看到，不仅公众受到信息不对称的影响，而且，政府本身也受到信息不对称的制约。"我国政府部门掌握着数千个非常有价值的数据库，但大部分都还是死库。"因此，必须让这些数据库活起来，使其更好地为政府、为社会服务，创造价值。国家海洋局在发布的《20世纪末中国海洋环境质量公报》中指出，我国海洋环境日益恶化，海洋污染快速蔓延的势头得到一定程度的减缓，但海洋环境质量恶化的总趋势仍未得到有效遏制。可见，我国的海洋环境已经到了非常严峻的地步，海洋环境问题的存在，正在对我国经济、社会发展产生越来越严重的影响。这种严峻的现实要求我们必须改变海洋环境中的信息不对称现象，建立基于网络和数据库的信息"共享"系统，根据需求公开信息是信息公开的发展趋势。

（2）完善法律体系，制定信息公开法。海洋环境问题是社会公共问题，海洋环境保护活动的开展涉及多方利益，需要共同努力。而实现这种合作参与的一个基本前提便是能够获知相关环境信息。目前，我们国家还没有一部专门的信息公开法，各种关于海洋环境信息公开的法律规范大都零散分布在各种法律文件中。有些利益相关者想获得海洋环境信息、文献资料却因为不在公开范围之列而无法获取。对公众而言，知情的公众对问题更敏感，更善于对政府或企业决策者的假设提出质疑，也更可能组织起来推动社会和制度变革；对消费者而言，拥有充分的信息，才可能作出正确的决定，成为理性的消费者；对企业而言，企业需要各种与环境保护相关的信息来实现企业利润的最大化；对政府而言，政府需要足够的环境信息来进行决策，进而进行环境管理。

2. 建立健全涉海各级政府及政府部门的利益协调机制

各级政府及政府部门之间根本上是利益关系，政府信息公开的过程实质上是信息流和利益流转移的过程。涉海政府纵向上从中央到地方分为不同的级别，横向上同一级别又有各个不同的部门，因此，协调整合利益也必须从纵横两个方向上考虑。纵向上，其利益既要体现层次性，又要保持一致性，避免"上有政策，下有对策"。同时，随着地方政府经济力量的增强与自主空间的扩展，必须要强化中央政府的权威。因为"如果没有中央政府强有力的权威，地方政府微观理性的行为就有可能导致宏观不理想的恶果"。横向上，要确保涉海各个政府部门在利益上的协调性，避免冲突和矛盾。虽然国家海洋局代表国家对全国海域实施综合管理，但是由于国家海洋局行政级别不高，在协调中不能发挥应有的作用。为了更好地整合部门利益，必须建立高层次的跨部门协调机制。

3. 实行"海陆一体化"的综合管理体制

"海洋污染主要是单向输入的陆域经济活动的外部不经济性"，因此，在海洋污染中80%来自陆地的情况下，我们不能将目光仅仅盯在海洋，否则只能是"事倍功半"。根据系统的整体性原理，即"整体大于各个孤立部分的总和"，我们建议实行"海陆一体化"的调控和管理，充分发挥系统的整体功能。目前，我国尚无一部"海陆一体化"或海岸带综合管理的法律，而且，在精简机构、减少开支的大背景下，设立一个"海陆一体化"管理的行政机构是不现实的。因而，较为可行的办法是把某个现有部门的权限扩大，这样做既满足精简机构、减少开支的要求，又可以完成基于海洋环境的"海陆一体化"管理。根据"海陆一体化"的管理思想，统一海洋环境管理的标准和指标，并由该部门向各级政府及政府部门、企业、公众提供有关的海洋环境信息，从而改变"各自为政""条块分割"的现象。只有这样才能解决海洋环境管理中的信息不对称问题，从而实现海洋环境信息的公开透明。

四 海洋环境管理：从管理到治理的变革

相对于海洋管理的发展历史，人们对海洋环境管理研究的历史还相对短暂，但在这个相对短暂的历程中，海洋环境管理的理论发展就受到了不同的管理理论的影响，并结合海洋环境管理实践的发展，不断经历着变革。其中，最为明显的就是，在全球治理理论兴起的大背景下，随着海洋管理范围的日益扩大和对象的日益复杂，海洋环境管理正经历着由管理向治理的转变。

（一）理论背景——从管理到治理

自 20 世纪 90 年代以来，治理理论作为公共管理新发展的理论范式而出现，为管理学的发展提供了新的知识背景和话语体系，推动了传统的管理向治理的转变，引起了社会各方面管理的深刻变革。所谓治理是各种公共的或私人的个人和机构管理其共同事务的诸多方式的总和。在公共管理领域，与传统的管理相比，治理有自身明显的特征。

1. 治理主体的多元化

传统管理的主体是指社会公共机构，而治理的主体已不只是社会公共机构，也可以是私人机构，还可以是公共机构和私人机构的合作，范围涉及全球层面、国家层面和地方性的各种非政府非营利组织、政府间和非政府间组织、各种社会团体甚至私人部门在内的多元主体的分层治理。

2. 治理范围的扩展

治理是比传统管理更宽泛的概念，治理被看作与机构的内在性质、社会经济和文化背景、外部性和组成要素的监督有关，其中心是外部的。而管理主要关注的是具体的时间和既定的组织具体目标的实现，其中心是内部的。治理是一个开放的系统，而管理是一个相对封闭的系统。治理是战略导向的，而管理是历史任务导向的。

3. 就管理过程而言，治理是一个上下互动的管理过程

传统的管理其权力的运行方向是自上而下的，通过制定政策和实施政策，对社会公共事务实行单一向度的管理。而治理主要通过合作、协商、伙伴关系、确立认同和共同的目标等方式实施对公共事务的管理。治理的实质在于建立在市场原则、公共利益和认同之上的合作。"多元化的公共治理主体发展着相互依存的关系，推动了公共管理朝着网络化的方向发展"，"治理是政府与社会力量通过面对面合作方式组成的网状管理系统"。治理是公共行动者建立伙伴关系进行合作的网络管理。网络治理模式是公共治理的一个重要表现形式。

4. 治理还意味着管理方式和管理手段的多元化

传统的管理手段单一，而公共治理变革的核心是引入私营部门管理的模式，以改善公共部门的组织管理绩效。一方面，在公共部门的管理中积极引进私营部门中较为成功的管理理论、方法、技术和经验；另一方面，积极推进民营企业更多地参与公共事务和公共服务管理，实现管理方式和手段的多元化。

（二）海洋环境管理——从管理到治理的变革

海洋环境管理是属于公共管理的范畴，因此也受到了治理理论的极大影响，经历着由管理到治理的变革，这一点我们从海洋环境管理的概念发展中就可以看出。

早在 20 世纪 70～80 年代，人们往往把海洋环境管理狭义地理解为海洋环境保护部门采取各种有效措施和手段控制海洋污染的行为。这种狭义的理解仅把环境保护部门视为环境管理的主体，把污染源作为海洋环境管理的对象，把末端治理作为管理目标。

1992 年联合国环境与发展会议通过并签署的《21 世纪议程》特别强调了海洋环境保护的以下问题：建立并加强国家协调机制，制定环境政策和规划、制定并实施法律和相关制度，综合运用经济、技术手段以及有效的经常性监督等来保障良好的海洋环境。这种规定实际上正是对海洋环境管理内涵的揭示。

到目前为止，国内学者大多采用鹿守本先生在《海洋管理通论》中对海洋环境管理的定义：海洋环境管理是以海洋环境自然平衡和持续利用为目的，运用行政、法律、经济、科学技术和国际合作等手段，维持海洋环境的良好状况，防止、减轻和控制海洋环境破坏、损害或退化的行政行为[①]。

以上定义在不同的阶段有其科学性和实践意义，但在全球公共治理兴起的背景下，已越来越不适应实践的发展，因而有学者从公共管理的角度提出了新的定义：海洋环境管理是以政府为核心主体的涉海组织为协调社会发展与海洋环境的关系、保持海洋环境的自然平衡和持续利用而综合运用各种有效手段，依法对影响海洋环境的各种行为进行的调节和控制活动。

---

① 鹿守本：《海洋管理通论》，海洋出版社，1997，第 165 页。

从对海洋环境管理概念界定的变化中，我们可以清楚地看到海洋环境管理由传统管理向现代治理的转变，具体体现在以下几个方面。

1. 海洋环境管理的主体日益多元化

传统的海洋环境管理主体仅仅是指环境保护部门，单纯强调政府的主导作用，忽视了其他主体的作用，因而使环境这一本来影响到所有人利益，应该引发公众广泛关注的活动变成政府单方面的行动。海洋环境管理发展至今，其主体范围已大大扩展，不仅包括其核心主体——作为公共权力机关的政府，还包括海洋立法机关、海洋执法机关、私营部门、第三部门和公众。

2. 海洋环境管理客体范围的变化

传统的海洋环境管理把客体看作是海洋环境。而今，其客体内容和范围都发生了根本变化，它不再指单一的海洋环境，而是指影响海洋环境的各种人的行为。正如原联合国环境计划事务局局长图卢巴指出的，环境管理"并不是管理环境，而是管理影响环境的人的活动"[①]。影响海洋环境的行为主要有政府行为、市场行为和公众行为。政府行为是国家的管理行为，包括制定海洋环境管理的政策、法律、法令、规划并组织实施等。市场行为是指各种市场主体包括企业和生产者个人在市场规律支配下，进行商品生产和交换的行为。公众行为则是指公众在日常生产中诸如消费、居家休闲、旅游等方面的行为。

3. 海洋环境管理手段的多样化

传统的海洋环境管理手段主要是指法律政策手段、行政手段和经济手段，其运行方式也比较单一。现代海洋环境管理手段变化的一个基本趋势是越来越多地利用市场机制，加强激励与引导，积极引进私营部门中较为成功的管理理论、方法、技术和经验，其运行的方式也向着柔性、互动的方向发展。一方面，它克服了传统的命令—控制方式的强制性、单一性特点，综合运用多种灵活手段；另一方面，它不再采取自上而下的运行方式，而是采取上下互动的管理方式，通过合作、协商、伙伴关系等实现对海洋环境的管理。

4. 海洋环境管理目标的战略性

传统的海洋环境管理具有明显的任务目标取向，仅以控制海洋污染为目

---

① 岩佐茂：《环境的思想》，中央编译出版社，1997，第83页。

标，采取末端治理。而现在的海洋环境管理目标具有战略的高度，它是以可持续发展理念为支撑，通过建立健全海洋环境管理的制度体系、运行机制，保护海洋环境及资源，防止海洋污染损害和环境恶化，保持生态平衡，保障人体健康，实现海洋经济的持续发展和海洋资源的永续利用，促进社会经济的发展。与传统的以治理污染为目标相比，具有极大的开放性、系统性和战略性。

从这些变化中足以看出，现在的海洋环境管理已经完全超出了传统管理的界限，步入了治理的范畴，体现了一种公共管理的范式转移。

（三）基于治理理论的海洋环境网络治理模式

海洋环境管理由管理到治理的转变，必然要求建立与之相适应的治理模式。按照治理理论的主张，治理"是或公或私的个人和管理机构管理其共同事务的诸多方式的总合，它是使相互冲突或不同利益得以调和并采取联合行动的持续过程"[1]。"是政府与社会力量通过面对面合作方式组成的网状管理系统。"[2] 也就是说，治理就是对合作网络的管理，又可称为网络管理或网络治理，指的是为了实现与增进公共利益，政府部门和非政府部门（私营部门、第三部门或公民个人）等众多公共行动主体彼此合作，在相互依存的环境中分享公共权力，共同管理公共事务的过程。

因此，在治理理论下探索海洋环境管理的有效治理模式，就是要建立多元主体下海洋环境管理的网络治理模式。海洋环境管理网络治理模式就是指，为了有效地保护海洋环境，政府、企业和公众等海洋环境管理主体，相互依赖，相互合作，分享权力，共同管理海洋环境事务。它作为治理理论下的一种网络治理模式，强调多中心主体，通过制度化的合作机制，互相调试目标，解决冲突，增进彼此的利益。

我国海洋环境管理的主体主要包括三大类：政府机关、企业、公众。作为政府代表的各个层级的海洋环境管理部门、涉海企业和公众组成了一个纵横交织的网状系统（见图7-1）。

---

① 蔡全胜：《治理：公共管理的新图式》，《东南学术》2002年第5期，第24页。

② 陈振明：《公共管理学》，中国人民大学出版社，2003，第86页。

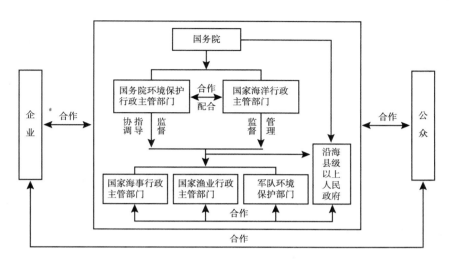

图 7 - 1　海洋环境管理的网络治理模式图

在政府、企业和公众构成的这一网络系统中，其存在基础是相互间的依赖和合作。比如，造成海洋环境污染的企业依赖于政府发给它们的许可证进行污染排放，同时政府又依赖于企业缴纳的税收和提供的就业机会来部分地解决社会问题。同样，政府与公众间、公众与企业间也存在作用与反作用关系。在这一互动网络中，各主体相互依赖、相互影响、相互合作，各自扮演着不同的角色，每一方的作用都是不可或缺的。

1. 政府的角色和作用

在网络治理结构中，合理界定政府的角色是非常重要和关键的一环。治理理论在关注社会力量多元化的同时，对政府角色给予重新定位。一方面，它否定政府在社会管理中的唯一权力核心地位，强调社会管理中心的多元化。另一方面，治理理论还强调政府的重要地位，强调在社会公共事务的管理网络中，政府是各参与主体"同辈中的长者"，主要承担制定指导社会组织行为者行动的共同准则和确立有利于稳定主要行为主体的大方向及行为准则的重任，是网络系统中的管理者、组织者，在网络治理中扮演催化剂和促进者的角色。为社会构建各种各样的网络是政府的基本职责。

具体到海洋环境管理网络治理模式中，政府在海洋环境管理治理网络中的角色和职责具体表现在以下方面。

（1）"掌舵者"——确立总体发展战略，建立激励约束机制，规范网络运行。

如图7-1所示，政府在网络中首先是一名掌舵者。它要制定海洋环境管理的总体发展战略，为各主体的互动提供方向上的指导，保证公共利益的实现。现阶段，我国海洋环境发展是以可持续发展为目标，实现社会、经济、环境的协调发展，为此政府要制定相应的制度，规范网络的有序互动。政府可以通过一系列财政补贴、税收减免或相关政策支持，鼓励企业积极从事海洋环保事业，利用舆论宣传、表彰先进等方式，推动广大公众加入海洋环境保护事业；还要建立约束机制，通过法律法规、政策等制度形式对企业和公众的行为进行规制和监督，并对企业和公众污染海洋环境的行为进行处罚，以外在的强制力规范企业和公众的行为。

（2）"调节者"——调节海洋环境管理中的各种矛盾。

政府在网络治理中作为"同辈中的长者"，拥有公共权力，是公共利益的代表，因此它拥有协调处理各种矛盾的能力。首先，由于海洋开发利用的多行业性，同一区域的海洋环境保护，往往涉及多个经济个体，而各经济个体往往从自身利益出发，希望能够免费搭便车，从而造成了经济主体间的矛盾，这就需要政府来充当调节者的角色，设定划分经济主体利益的规则，并根据既定的规则，协调经济主体之间的经济利益冲突，保证各经济主体能在公平条件下竞争。

另外，海洋环境管理自身也具有多种矛盾。海洋环境管理涉及环保、海洋、海事、海政渔港、军队及沿海地方政府等多个部门，管理主体分为两个层次：国家环保部门和国家海洋行政管理部门总管，其他各部门分管。目前，由于缺乏规范的运行机制，造成多头管理、政出多门的弊端。当前海洋环境管理体制的缺陷，要求加强政府的行政干预，建立统一的协调管理机制，进一步明确定位各部门的职责权限：国家环境保护部门应有较高层次的定位，要立足全国环境保护的方针政策、规划目标，指导、协调和监督全国的海洋环境保护工作，切实协调好各部门的关系；而国家海洋管理部门则定位于实施整体的海洋环境监督管理，侧重具体的管理工作，它与国家环境保护部门应该是衔接的接力棒，而不是平行行使；其他部门以及沿海县级以上人民政府要在主管部门的指导、协调和监督下，根据法律规定和行政授权承担各自的职能，并与各部门密切配合，搞好合作。总之，要加强对海洋环境的综合管理，切实把海洋环境规划好、管理好、监督好、开发利用好。

（3）"服务者"——提供海洋环境公共物品。

政府是社会的"服务者"，为社会提供公共物品是政府的重要职责。海洋环境具有公共特性，属于公共物品。海洋环境保护、海洋环境质量这些都是公益事业，属于市场失灵的领域，因此就需要政府的干预。组织公共物品生产，为社会提供良好的海洋环境质量，政府具有义不容辞的责任。政府为社会提供优质的海洋环境这一公共物品，并不意味着一定要由政府亲自进行生产、计划安排，或者说政府是唯一的提供者，而是指在政府参与下，由政府和企业、第三部门和公众共同来提供。政府在其中起着组织、协调和监督的作用。政府可以利用自身优势，通过制定一定的政策，一方面，鼓励企业、个人积极参与海洋环境保护活动；另一方面，采取各种措施合理配置资源，防止由于利润最大化的市场原则，造成对海洋环境的损害。为此，这既需要政府直接投资进行海洋环境保护事业，也需要在政府的诱导和协助下，或在政府的直接规制下，通过市场手段兴办海洋环保事业，以满足经济发展的需要。

2. 企业的角色和作用

企业在海洋环境保护中日益从被动的角色向积极参与者的角色转变。在市场经济体系建立和政府大力转变职能的大背景下，企业的主体地位得到了进一步体现，也激发了企业参与环保的积极性。企业在海洋环境保护中发挥的重要作用体现在：企业是利用环保新技术改造传统产业的先锋力量，企业是环保资金的重要提供者，企业是环境制度构建的重要影响者。作为污染制造者，企业是政府管制的对象；作为环境保护者，企业又是政府依靠的力量。企业作为海洋环境管理的主体之一，它可以通过合同外包、特许经营等"公私合作"的方式，直接参与海洋环境保护工程项目的生产和服务；可以通过自身的技术改造，改变企业的污染行为，直接成为海洋环境的保护者；可以通过举行环境公益活动，承担起一定的社会责任，为公众的海洋环境保护活动提供资金和人力等方面的支持。

3. 公众的角色和作用

公众在海洋环境网络治理中是一个非常活跃的力量，是重要的参与者和监督者。治理理论强调公民的积极参与，实现管理的民主化。实现公民的利益、权利和价值，是治理追求的目标。海洋环境，作为一种公共物品，公众是其消费者，也是其监督者。只有公众才最了解自身的需要，只有吸收公民参与海洋环境管理的过程，广泛听取民意和集中民智，才能调动其积极性，进而提高公众满意度。与政府和企业的行为带有强烈的利益驱动色彩不同，公众的行为相对来讲更加单纯，公益性更强一些，公众可以通过听证会、信访等直接参与的方式表达关于环境治理的意愿，向政府直接传递信息，也可以通过第三部门，有组织地向政府反映意愿。公众参与的领域主要集中在：参与海洋环境政策制定、海洋环境影响评价、海洋环境污染防治等事关海洋环境保护的事务。具体合作事宜包括：政府与公众就海洋环境保护达成共识，公众参与海洋环境政策制定过程，政府制定政策由公众执行，公众对海洋环境管理进行有效监督，公众主动提供服务与提供信息、技术、资金等方面的支持等。在某种程度上，公众是整个网络存在的微观基础，失去了公众的参与，此网络也就没有存在的实际意义。

由政府、企业和公众构成的这一海洋环境管理网络治理模式运行，不可避免会出现矛盾和冲突，造成网络的无序运行。因此，在合理界定各主体角色的基础上，还要有与之相应的制度和法律保障，这就要求我国加快法制建设，为网络治理模式的实施提供制度环境。总之，网络治理模式的构建是一项复杂的系统工程，需要政府、企业和公众的不懈探索和努力。

五　欧盟环境治理模式与环境政策分析

"环境政策是欧盟诸多成功事例中的一个。我们在环境保护方面取得了重大进展。现在空气更清新了，饮用水更安全了。"[①] 这是欧盟委员会环境事务委员瓦尔斯特伦对欧盟过去 30 年环保政策的评价。不仅如此，欧盟的环境治理模式不仅使欧盟各国的环境得到了进一步改善，也解决了一些世界性的局部环境问题。欧盟环境政策作为世界上独特的跨国环境政策体系，突出地体现了当代环境治理的发展趋势并成为世界范本。与此同时，欧共体在

---

① 吴云：《欧盟环境保护无穷期》，《人民日报》2001 年 8 月 11 日第 3 版。

国际环境合作中也逐渐发挥着领导作用，并一定程度上将社会文明向绿色文明方向转变。欧盟环境治理模式当然适用于海洋环境问题的合作治理，它对于当前实践中鲜有成功案例的海洋环境治理模式而言具有十分重要的借鉴意义。

（一）欧盟环境治理体制的特征

首先，欧盟的非权力价值取向推动着欧洲一体化的进程。一方面，为了保证一体化的顺利扩展和深化，共同体机制要求成员国政府让渡部分决策权力；另一方面，欧洲各国公民并不希望欧洲一体化发展的结构在已有的权力金字塔上再添加一个权力等级①。从治理视角分析，非权力的价值观使人们关注的焦点集中于如何更好地解决问题，使现存的欧盟制度更加完善，国家政府的角色从行政命令下达者、执行者转变为政策制定的参与者、协调者。

其次，欧盟的治理体制具有多层级和网络化的特点。菲利普·施密特指出，欧盟的多层治理是在以地区划分的不同层级上，相互独立而又相互依存的诸多行为体之间形成的通过持续协商、审议和执行等方式作出有约束力的决策过程，这些行为体中没有一个拥有专断的决策能力，它们之间也不存在固定的政治等级关系②。其形成源于国家权力向上、向下和向两侧的多维度转移，即中央政府的权威同时向超国家、次国家和地方层级以及公司网络分散、转移。"多层次"指的是决策主体的多层次性，"治理"则指非等级制的决策形式。这种治理的本质是通过协调行动，促进成员国以及各层级行为体之间的稳定与合作，不断增加共同利益、实现共同目标。欧盟政治体制的多层次性和多元主体在政策制定中发挥的重要作用使欧盟多层治理也兼备了"网络治理"的内涵。

再次，欧盟的环境治理呈现出由硬性治理到软性治理的转向③。硬性治

---

① 吴志成：《世界多极化条件下的欧盟治理》，周弘主编《欧盟是怎样的力量》，社会科学文献出版社，2008，第52页。

② 傅聪：《欧盟环境政策中的软性治理：法律推动一体化的退潮?》，《欧洲研究》2009年第6期，第71～83页。

③ 傅聪：《欧盟环境政策中的软性治理：法律推动一体化的退潮?》，《欧洲研究》2009年第6期，第71～83页。

理包括欧盟环境治理结构要素方面传统的自上而下、权威式的决策模型；欧盟环境治理在规制风格上坚持法条主义的传统，以正式的、具有法治权威的立法方式进行环境管理，解决环境问题；欧盟环境治理中的干预主义传统，政府意图通过以"命令—控制"式的环境立法干预行为阻止公共产品市场的失灵。毫无疑问，欧盟硬性治理中的规范制定和制度实施起到了"法律推动一体化"的重要作用。但是随着对20世纪90年代出现的"执行赤字"的反思，欧盟开始了软性治理的转向。软性治理，即意味着充分利用协商、强调权利、责任分担的软性规范大量出现。譬如，欧盟的新兴决策方式——公开协调方法，能够将利益相关者纳入决策过程中，整合出各方基本能够接受的方案从而降低执行成本。此外，欧盟环境治理的规制方式也更加重视合作、非正式的程序、自我约束、灵活的市场方式和政策学习。

（二）欧盟环境议题决策机制及模式

1. 欧盟环境议题决策机制

欧盟环境政策的制定，实际上就是欧盟的环境决策①。欧盟内部决策的主要机构为欧盟委员会、部长理事会和欧洲议会。欧盟环境政策的基本决策过程是：欧盟委员会通过排他的立法提案权提出环境政策议案，部长理事会在其提案的基础上通过协商咨询等程序向欧洲议会和基础条约规定的机构（主要是经社理事会与地区委员会）咨询意见，理事会最终以一致同意或特定多数进行议决②。这一决策过程表面上是上述三个机构的复杂运作，但其实质是成员国之间、成员国与欧盟机构之间复杂的讨价还价过程及泛欧利益集团、成员国及地区和地方层面上的环境和工商界利益集团广泛参与的民主、科学、公开的环境决策过程。其中部长理事会由各国首脑和委员会主席组成，欧洲议会则按"综合比例原则"由各国人民代表组成，因此欧盟环境政策的制定仍体现了各成员国在决策过程中的主导作用。经社理事会与地区委员会分别代表公众和地区，对涉及其特定利益的

---

① 蔡守秋：《欧盟环境政策法律研究》，武汉大学出版社，2002，第67页。
② 蔡守秋：《欧盟环境政策法律研究》，武汉大学出版社，2002，第6~17页。

事项发表意见。各种行业组织和非政府组织也通过各种谈判来对政策制定施加影响①。从某种意义上来看，欧盟环境政策是公权力机构和各种私权部门在不断的碰撞和交流中各种环境利益诉求的整合与统一②。这种自上而下、全方位的政策制定机制保证了各方利益的平衡，也为环境政策的实施铺平了道路。

2. 欧盟环境决策模式

欧盟多层级治理决策模式主要分为五种：相互调整、政府间协商谈判、超国家/等级模式、共同决策模式以及公开协调方式③。①相互调整模式是国家之间在国际机制尚未建立或不能建立的领域内所采取的一种互动模式。这一模式中，国家间没有共同行动的义务，每个国家都自由支配自己的行为。然而，每个国家的政策选择都是在判断其他国家的行为后作出的，各国政策也会因他国政策调整而不断调整。②政府间协商谈判模式立足于欧盟层级，是制度化水平和决策效率较低的一种模式。通过定期召开部长理事会和政府间首脑会议（欧洲理事会），成员国政府间相互协商、达成共识，并制定一致通过的条约。这些条约即对成员国行为有共同约束。③超国家/等级模式中，决策和执行能力完全集中在欧盟层级，超国家行为体在没有国家政府参与的情况下控制和掌握决策权。由于某些问题的专业性和复杂性，过于广泛的参与反而会使决策效率低下，为此，有必要在特定领域内施行等级治理。④共同决策模式将政府间协商和超国家治理模式相结合。在欧盟政策的提案、决策、实施和监督的各个环节中，任何超国家机构、政府间组织或国家政府都不能单独左右形式。然而，由于欧盟的信息中枢地位、多元化体系结构、缺乏类似政党的利益聚合机制，其治理更能摆脱权威，在合意协约基础上实现稳定。⑤公开协调方式，要求成员国预先确定共同的政策目标，并将这一共同目标以"国家行动计划"的形式加以确定，最终由委员会组织评估各国的行动结果并由理事会向各国传达。

在环境决策模式中，相互调整模式允许各国间的自由博弈，然而在环境

①　蔡守秋：《欧盟环境政策法律研究》，武汉大学出版社，2002，第6～17页。

②　罗熹：《欧盟环境政策实施初探》，《北京行政学院学报》2007年第6期，第77～80页。

③　吴志成：《世界多极化条件下的欧盟治理》，周弘主编《欧盟是怎样的力量》，社会科学文献出版社，2008，第53页。

领域容易形成零和博弈，造成环境公地。政府间协商谈判模式可以降低执行成本，是全球环境问题治理中最主要的模式，通过政府间协商谈判模式解决环境问题，极易使磋商纠缠于政府间利益的讨价还价，难以达成有效力的行动计划。超国家/等级模式超越了各利益相关者的利益，将博弈引入集体理性的轨道，使个体理性的总和符合集体理性，在环境问题的解决方面有其独到的优势。欧盟通过这一决策模式良好解决环境问题的范例，对于我国地方区域一体化的实践有极具价值的借鉴意义。而共同决策模式在引导各利益相关者博弈的基础上，又吸收了网络化治理的精髓，充分听取利益相关主体的利益诉求，通过协商的方式，既实现集体利益最大化又照顾各个利益相关者的利益。公开协调方式是一项更具分散性和多元性的治理模式，属于"软"机制，体现出灵活性，最终目的是促进国家间的互相学习，进一步达成环境目标。此种方式能否持续发挥良好的作用还有赖于公私行为体之间能够密切合作。

（三）欧盟环境政策实施经验分析

1. 不断更新环境价值理念

欧盟环境行动计划表明，欧盟环境政策理念的阶段性发展趋势体现着全球环保理念的发展轨迹，同时也折射出西方文明方式的转变之路。20 世纪 70 年代以末端控制来减少和防止污染的宗旨和目标，80 年代的源头治理污染、污染者付费及以环境政策作为优先发展领域的思想，90 年代最终确立可持续发展的环保理念，21 世纪全面实施可持续发展战略和倡导绿色文明的思想，欧盟环保理念一直在世界处于领先地位①。欧盟环境政策价值理念的不断更新，必然带动着相应的立法原则、法律制度及其实施机制和手段的调整与完善。环境保护理念的与时俱进是欧盟环境政策有效实施的思想基础。

2. 欧盟环境政策的一体化与灵活性

欧盟环境政策的一体化，主要是指将环境考虑纳入欧盟其他政策的制定和执行之中。自从 1983 年通过《欧共体第三个环境行动规划（1982 ~ 1986）》以来，"将环境问题纳入到欧共体的其他政策之中"已经成为欧共

---

① 蔡守秋：《欧盟环境政策法律研究》，武汉大学出版社，2002，第 97 页。

体环境政策的关键词①。现今欧盟将对环境的考虑已纳入诸如工业、能源、运输、农业、旅游等多个政策领域，以实现政策的系统性，发挥合力。此外，欧盟层次的环境政策与国家环境政策、地方环境政策也呈现出协调、融合的趋势，各层级法律之间不相冲突而是围绕共同环境目标，依据各地区、层级实际情况具体规定。欧盟在环境政策制定之时充分考虑共同体内不同地区的环境条件，先确定环境质量再确定污染物排放标准。例如，在《关于水生植物环境污染的76/464指令》和《关于二氧化钛的指令》中，成员国能够选择水质量目标制度来代替排放限制②。此外，欧盟国家的环境政策涉及区域财富差别巨大，穷国经常面对经济发展和环境控制之间的矛盾，欧共体已认识到其最穷成员国的特别需要，根据协约规定的凝聚基金（区域基金转化计划）③，欧盟将优先为穷国的环境项目提供资金。这都展示出欧盟各层级环境政策的一致性与灵活性。

3. 环境政策手段多样化

欧盟的环境治理从"硬性"走向"软性"，相应的政策手段也由以自上而下的法律为主到以法律与自下而上的社会经济手段相结合为主。欧盟近些年的趋势是越来越注重市场手段在环境治理中的运用。通过环境外部性的内部化，运用经济和财政刺激、抑制和民事赔偿等方法，引导生产者和消费者习惯的改变，使其对负责任地利用自然资源、避免污染和浪费日益敏感，使价格合理以促进提供环境友好产品和服务的企业在市场中较污染环境或浪费资源的竞争对手处于优势地位④。排污权交易制度是欧盟很好地运用市场力量遏制温室气体排放的经济手段。

4. 环境政策制定过程强调参与性与开放性

《欧盟白皮书》将公开性、参与性、责任心、有效性等作为欧洲治理的基本构成要素⑤，强调欧盟应当接近公众，欧盟制度应对成员国及其公众更

①　蔡守秋：《欧盟环境政策法律研究》，武汉大学出版社，2002，第90~91页。
②　蔡守秋：《欧盟环境政策法律研究》，武汉大学出版社，2002，第62页。
③　蔡守秋：《欧盟环境政策法律研究》，武汉大学出版社，2002，第63页。
④　蔡守秋：《欧盟环境政策法律研究》，武汉大学出版社，2002，第93页。
⑤　吴志成：《世界多极化条件下的欧盟治理》，周弘主编《欧盟是怎样的力量》，社会科学文献出版社，2008，第65页。

加开放，应增强与公众的互动交流，充分考虑公众意见，并以易于理解和接受的语言让公众知晓欧盟政策制定及其运作方式。吴志成从四个方面对欧盟政策制定的参与性与开放性进行了梳理①：欧盟委员会为制定政策提供更多最新的在线信息，利用欧盟网站，建立信息交流平台，鼓励公众参与欧洲事务；促进区域政府和国内之间的相互作用，在区域和本地政府间建立更系统的对话机制，积极发展市民社会，加强欧盟与市民社会的关系，加强市民社会的作用，争取更多的支持；加强协商和对话，增强欧盟政策制定的有效性和透明度，通过不同的政策工具（如绿皮书与白皮书、咨询委员会、商业谈判小组和广告协商集团）与利益集团协商，发展在线与网络协商新形式；支持跨国或跨界合作的地区和城市网络，使其更加公开，并成为与欧洲机构联系、传播欧洲意识、增强政策透明度的重要渠道，有效地为欧盟服务。

欧盟作为治理理论的现实范例，用长期的实践证明了该范式的效用。同时，欧盟的环境治理体系、理念与环境政策经验，为促进全球海洋环境合作与区域海洋环境合作提供了非常有益的借鉴。

---

① 吴志成：《世界多极化条件下的欧盟治理》，周弘主编《欧盟是怎样的力量》，社会科学文献出版社，2008，第65页。

第八章　海岛开发与保护

一　海岛保护行政执法模式及相关配套制度

《海岛保护法》规定了各级海洋主管部门负责无居民海岛保护和开发利用的管理及有关工作。这一规定解决了无居民海岛的集中统一管理问题,是海洋管理职权综合化在法律制度中的体现。该规定是海岛管理模式以及海岛行政执法模式的一种积极探索,不仅拓宽了海洋管理部门的职权范围,将其延伸到海岛上,而且将极大地提高无居民海岛保护和开发利用管理工作的效率和效能。

《海岛保护法》规定,海洋主管部门及其海监机构依法对海岛周边海域生态系统的保护情况进行监督检查。这一规定的重要意义在于,第一次从法律的角度明确了中国海监机构的执法地位,为海监机构的执法行为提供了法律依据,海监机构的公权力配置和行使得到法律的认可和保障。

(一)海洋行政执法模式

1. 模式的定义

模式(pattern)其实就是解决某一类问题的方法论。简单地说,就是从不断重复出现的事件中发现和总结出最佳方案,以用于解决和处理同类型的事件。亚历山大(Alexander)给出的经典定义是:"每个模式都描述了一个在我们的环境中不断出现的问题,然后描述了该问题的解决方案的核心。通过这种方式，你可以无数次地使用那些已有的解决方案，无须再重复相同的工作。模式有不同的领域。例如，商业领域有微软模式，社会领域有中国模式……当一个领域逐渐成熟的时候，自然会出现某种模式。"

2. 海洋行政执法模式分析

（1）模式的由来——以10年30多万次的执法检查为基础。

海洋行政执法工作自1998年中国海监总队成立以来逐步规范化，执法的力度逐步加强、成效逐年递增。表8－1、表8－2是我们对2000～2009年海域使用管理执法和海洋环境保护执法相关数据的统计分析。

表8－1　海域使用管理执法

年份	检查项目（个）	检查次数（次）	发现违法行为（次）	作出行政处罚（件）
2009	28611	67499	1817	1151
2008	26451	54637	2048	1241
2007	22855	44193	2082	1419
2006	18229	36232	2436	1587
2005	10912	19534	2037	1519
2004	8632	18022	2004	1043
2003	6368	10380	1834	841
2002	2520	4121	979	721
2001	1148	—	132	—
2000	—	—	—	—

表8－2　海洋环境保护执法

年份	检查项目（个）	检查次数（次）	发现违法行为（次）	作出行政处罚（件）
2009	5163	28658	631	413
2008	5523	20245	722	543
2007	2235	10130	702	557
2006	1382	7671	648	389
2005	1232	5779	—	348
2004	1258	6832	—	354
2003	928	2802	180	91
2002	1196	4240	—	78
2001	266	2383	238	—
2000	—	1139	—	308

可以看出，近 10 年来，各级海监队伍开展了 24 万多次的海域使用执法检查和近 10 万次的海洋环保执法检查，这些工作为国家海洋局总结提炼海洋行政执法模式提供了丰富的经验和素材。

（2）模式的成型。

如前所述，模式就是解决某类问题的方法论。海洋行政执法模式即是解决各种海洋违法问题的方法论，是 10 年来国家海洋局认真分析海监执法的新形势，通过出台多份法律法规以及下发规范执法工作文件而形成的。它分为三个时期。

第一，初探期（2000～2003）。标志性事件：《海域使用管理法》《关于中国海监集中实施海洋行政处罚权的通知》《重大海洋违法案件会审工作规则》《海洋行政处罚实施办法》出台。

其一，《关于中国海监集中实施海洋行政处罚权的通知》授权各级海监机构代表国家海洋局集中行使行政处罚权，明确了以分片包干为原则的"海区＋地方"双轨执法体制，统一了职权，明确了职责。这一文件正式拉开了海监执法的大幕，它是一个起点，10 年来执法形势蓬勃发展。

其二，《海域使用管理法》自 2002 年 1 月 1 日实施。2002 年，各级海洋行政主管部门及其所属的中国海监机构通过报刊、广播、电视等新闻媒体，广泛宣传《海域使用管理法》，并结合执法检查，深入用海单位和施工现场开展普法宣传。全年度共出动宣传车 1980 台，召开座谈会 760 次，电台、电视台宣传 1526 次，举办学习班 760 次，公益广告宣传 2106 次，发放宣传册 3.2 万份。经过一整年的宣传工作，2003 年，执法检查的项目、次数和发现的违法行为都大幅度增加，其中检查项目的数量增加了 150%，检查次数增加了 150%，发现的违法行为增加了 87%。

其三，《海洋行政处罚实施办法》《重大海洋违法案件会审工作规则》规定了海洋行政处罚案件的查办程序，为各级海监机构依法办案提供了操作指南，也为日后的案卷审查以及监督提供了依据。

第二，发展期（2004～2007）。标志性事件：《防治海洋工程建设项目污染损害海洋环境管理条例》出台。

2004～2007 年是海域使用管理执法深入开展的 4 年，随着海域法的颁布以及中国海监各项工作规范的成型，海域执法力度不断加强。检查的项目数从 2004 年的 8632 个增加到 2007 年的 22855 个，检查的次数从 2004 年的 18022 次增加到 2007 年的 44193 次。而全国海洋环境执法则直至 2007 年检查次数才有较大幅度的增加，首次突破万次大关。这与 2006 年 8 月 30 日通过的《防治海洋工程建设项目污染损害海洋环境管理条例》有莫大的关系；《防治海洋工程建设项目污染损害海洋环境管理条例》明确了海洋工程的定义，对海洋工程建设项目的监管规定了现实的可操作性措施，进一步打开了海洋环境保护执法的局面。

第三，成型期（2008～2010）。标志性事件：79 号文件、641 号文件、717 号文件和《海岛保护法》出台。随着 2000～2007 年这 8 年来各级海监机构的努力，大量的执法经验和执法案例为海洋行政执法模式形成提供了基础，而这时海监执法也出现了来自于内外部的各种阻力，阻碍了执法形势深入发展。国家海洋局以规范海区总队行政执法工作为切入点和着力点，通过下发 79 号文件，实现了执法工作的一次飞跃。79 号文件是国家海洋局第一次对海洋行政执法模式进行的全面总结和概括，它赋予了海区总队新的任务，明确了新的责任，对执法管辖、执法检查、案件查处、报告与通报、监督与督办等工作都作了明确的规定，提出了相应的要求。以海区总队单独检查以及查办案件为利器，通过上述途径突破地方各种各样的保护主义，整合了海区总队以及海区支队的执法队伍，提高了海区队伍的战斗能力，对地方海监执法队伍形成了强大的压力，从而带动全国海洋执法形势的大发展。从 2009 年与 2007 年执法数据的对比可以看出，海域执法的检查次数从 2007 年的 44193 次提高到 2009 年的 67499 次，海洋环境执法的检查次数从 2007 年的 10130 次提高到 2009 年的 28658 次，检查项目的数量从 2007 年的 2235 个提高到 2009 年的 5163 个。

641 号文件、717 号文件、255 号文件是 79 号文件的继承和发展。首先，明确了海区队伍单独专项执法检查的作用和意义，进一步肯定了海区支队单独专项执法检查的必要性，这是对 79 号文件通过规范海区队伍执法办案促进全国海洋执法形势发展这一思路的进一步继承和发展；其次，肯定了支队在海洋行政执法中的主力军地位，通过海区支队独立开展案件查处工作，行使国家海洋局法定海洋行政处罚权，来强化海区支队的作用，实现执法重心下移的目的，从根本上提高了海区支队工作的积极性。这些工作的目的只有一个，就是进一步破除执法中的种种阻力，促进全国海洋行政执法工作的全面深化。

《海岛保护法》的出台则意味着海洋执法工作跨入了一个新的时代，这是中国海监第一次在一部国家大法里有了自己的位置。海岛的特殊性以及国家海洋局对海岛工作的重视，使得各级海监机构都必须面对一种全新的执法环境，每一次职权扩充随之而来的是职责的加重，可以预计的是，海岛执法将为海监执法工作注入更多的活力。

3. 模式的架构

根据上述分析，当前海洋行政执法模式可以阐述为："以中国海监为执法主体，以分区包干为基本架构，以案件查处为核心，以定期巡查为基础，国家与地方各级执法力量共同打击各类海洋违法行为的执法模式。"这一模式可以简称为"79号文模式"。

（二）海岛保护执法特殊性剖析

1. 我国海岛分布的特点

（1）数量众多。

我国海岛数量众多，沿海 11 个省份（除港澳台）共有海岛数量达到 7086 个，我国海岛分布情况见表 8 – 3。

表 8 – 3　我国海岛分布情况

省份	数量（个）	省份	数量（个）
辽　宁	265	福　建	1545
河北、天津	71	广　东	753
山　东	326	广　西	813
江苏、上海	38	海　南	205
浙　江	3070		

（2）分布严重不均衡。

①省份之间分布不均衡。我国各沿海省份海岛数量分布严重不均衡，其中浙江省 3070 个海岛，占全国海岛总数的 43%，福建省 1545 个海岛，占全

国海岛总数的 22%，而海岛数量相对较少的江苏省和上海市相加才 38 个海岛，天津和河北相加才 71 个海岛。

②省内各地市之间分布不均衡。各省份内各地市的海岛分布也并不均衡。以广东省为例，14 个沿海的地级市，江门 157 个，珠海 145 个，惠州 108 个，汕尾 102 个，这四个海岛大市共有海岛 512 个，占广东省海岛总数的 68%。而东莞仅管辖 2 个海岛，中山 5 个，广州 13 个。

2. 海岛执法建议

正因为我国海岛数量众多，且分布不均衡，部分海岛分布较为分散，我们建议海岛执法采取以下策略：海岛执法以飞机全范围空中监视为主，船舶重点区域巡查有居民海岛周边海域和无居民海岛，定期登检部分热点开发区域和经批准开发的岛屿。

3. 存在问题

（1）目前，全国海洋系统用于海洋执法的飞机 7 架，千吨级船舶近 30 艘，两年内即将入列千吨级船舶 7 艘，艇 100 多艘，执法车辆 200 多辆。根据海岛行政执法的特点，以飞机空中监视和船舶巡查为主。近几年，维权执法任务较重，需要飞机船舶投入大量的时间开展执法。在行政执法中，海域执法需要飞机的支持，海洋环境执法需要船舶的支持。在这样的情况下，目前的装备水平很难完全满足海岛执法的需求。

（2）我国海岛分布区域不均衡，全国沿海共 11 个省（直辖市、自治区）共 7086 个海岛。按照海区划分，北海区 662 个，东海区 4653 个，南海区 1771 个。按照沿海省份（直辖市、自治区）划分，最多的是浙江省，3070 个，占全国总数的 43%，其次是福建省，1545 个，占全国总数的 22%，而上海和江苏两省市总共才 38 个海岛，仅占 0.5%。

"以分区包干为基本架构"是当前海洋行政执法模式的主要方式，而我国海岛分布的严重不均衡将对既定的人员、装备等执法资源的分配带来极大的变数。在一定程度上说，执法资源的分配方式与执法成果在一定范围内呈正比关系。如果按照既定的资源分配模式来应对海岛执法，要么造成执法资源在部分地区的浪费，要么造成执法资源在部分地区得不到充分的配置。可以预见的是，短期内执法资源的增量难以得到较大提高，如何分配有限的资源将体现政治智慧。

（三）海岛保护行政执法模式构想

1. 建立以海岛定期执法巡查为核心的执法模式

"79 号文模式"是海监在相当长的一段时间内应该坚持的执法模式，鉴于海岛保护行政执法的特殊性，理应在侧重点方面作一定的调整。鉴于我国海岛数量多、分布不均衡、大部分集中、少部分分散的特点，海岛违法行为可能相对集中，但偶发性违法行为发现的难度较大。因此，如何设计定期执法巡查制度以及提高执行力度将显得极为重要。海、陆、空相结合的执法巡查制度，即以定期空中巡查为基础，以飞机全范围空中监视为主，在一定的周期内全面覆盖所有海岛。对于河口等经济相对发达、海岛集中、利用相对较多的地区，定期指派船舶在周边海域进行巡航，一旦发现违法行为，则指派执法人员登岛检查，及时查处违法行为。

2. 建立维权执法与海岛行政执法相结合的综合型执法模式

鉴于执法资源的有限性，部分海岛又在离陆地较远的海域，单独进行行政执法成本过高，在这种情况下，应当将海岛行政执法与维权执法相结合。培训持证高级船员基本的海岛执法知识以及调查取证的知识，在维权执法的过程中，对部分海岛进行监控，发现违法行为，立即保存证据，有必要时开展简单的调查工作。

3. 引入"卫片执法检查"这一崭新的执法手段

"卫片"是卫星遥感图片的简称，是利用卫星遥感等技术手段制作的叠加监测信息及有关要素后形成的专题影像图片。通过卫星遥感等技术手段可以将一个地区的海岛利用情况制作成"卫片"，将该地区同一地域前后两个不同时间的"卫片"进行叠加对比后，就可以反映出该海岛利用的变化情况。例如，某海岛原来是未开发的，被占用开发之后，就可以在图上反映出来。这一执法方式首先从国土部门开展起来，而且积累了一定的实践操作经验。

据资料显示，自 2000 年以来，国土资源部已经先后组织实施了 9 次土地"卫片"执法检查工作，国土资源部以卫星遥感监测和信息网络技术为手段，不断加大执法监察工作力度，积极创新执法方式，努力提高执法效果，执法工作在保发展保红线中发挥了十分重要的作用。"卫片"执法检查历时 10 年，检查范围逐步扩大，方式不断创新，工作逐步规范。从检查范围看，由最初的 66 个城市扩大到 2008 年度的 172 个城市，2009 年度则已覆盖全国（不含港澳台）。从检查方式看，从最初单一的发现、查处、通报发展到 2007 年度实行约谈制度，2008 年度实行登门通报、集体约谈和委托约谈相结合，并扣减用地指标。2009 年度"卫片"检查不仅继续实行约谈、扣减指标，还实施问责。卫星遥感监测的技术水平不断提高，数据分辨率也在不断提高。"卫片"执法检查工作逐步规范，2010 年出台了《土地矿产卫片执法检查工作规范（试行）》，进一步明确了相关工作程序、技术要求及政策界限。

可以说，土地"卫片"执法检查已经形成了一定的经验，对于海洋部门的海域执法以及海岛执法，在条件允许的情况下，可以引入"卫片"执法，作为一种全新的执法方式。

（四）对海岛法配套制度的建议

法律的生命在于实施，《海岛保护法》颁布实施后能否取得预期的法律实效，关键还在于海洋主管部门对该法的贯彻落实情况。《海岛保护法》规定了一系列重要制度，需要在法律实施后制定一系列规范性文件去细化落实。可以说这些规范性文件的细化水平、落实程度决定了《海岛保护法》的法律实效。目前，需要尽快完善以下配套制度。

1. **加强举报受理工作，降低执法成本，提高执法效率**

很多海岛，特别是无居民海岛地理位置特殊，离陆地较远，仅仅依靠执法部门的巡航排查可能尚难以达到全面监控的目的，同时也极大消耗了行政资源。群众举报是发现违法线索的很好渠道。如前所述，海岛保护执法的手段，不管是陆地巡查执法、海上巡查执法、空中巡查执法，抑或利用"卫片"进行执法检查，均存在执法成本高、执法效率低的弱点，如果能在海岛保护执法的过程中加强利用举报这一针对性较强的执法途径，或许能获得事半功倍的效果。可以考虑设立统一的海洋行政违法行为举报电话，并在媒体上进行宣传。另外，在海岛特别是无居民海岛相对集中的海域，对沿岸的群众特别是渔民进行一次大规模的普法宣传。

2. 由海洋主管部门负责无居民海岛保护和开发利用的管理工作

《海岛保护法》赋予了海洋行政主管部门集中管理的权力，各级海监机构统一行使无居民海岛的执法监督权，这也是海洋行政主管部门集中行使管理权的题中应有之义。就执法角度而言，如何通过配套制度落实这一要求，并在不违反上位法的情况下，拓展部门职权，是应当着力思考的问题。比如，《海岛保护法》规定，未经批准禁止在无居民海岛从事生产、建设、旅游开发等活动。那么，生产、建设和旅游开发等活动应当如何界定？在无居民海岛上进行生产、建设活动的，海洋行政主管部门只能责令停止违法行为，没收违法所得，并处罚款。《海岛保护法》没有像《海域使用管理法》一样，规定要求相对人"恢复原状"。对于生产建设活动的违法后果如何处理，法律并未明确规定。

3. 全面推进海岛保护规划

海岛保护规划是《海岛保护法》确立的一项基本制度，是从事海岛保护、利用活动的依据。国家海洋局会同国务院有关部门和军事机关正积极推进海岛保护规划工作，已确定的是浙江、广东、广西三省区为省域海岛保护规划的试点省份。

4. 强化特殊用途海岛的保护

根据国家对领海基点海岛、国防用途海岛、海洋自然保护区内的海岛等特殊用途海岛实行特别保护的要求，国家海洋局会同相关部门确定特殊用途海岛名录，制定特殊用途海岛的保护规范。与军事部门密切配合，切实加强对国防用途海岛的保护。

5. 协调开展有居民海岛生态系统保护工作

按照《海岛保护法》的要求，国家海洋局以及各地海洋主管部门将积极配合有关部门协同做好有居民海岛的生态保护工作。沿海城市、镇在编制海岛保护专项规划时，海洋部门将积极主动为其他部门提供海岛背景资料，并从保护有居民海岛及其周边海域生态系统的角度提出意见和建议。对用岛涉海项目要加强审批和管理，从严审批在有居民海岛沙滩建造建筑物或设施及挖沙项目。

二　海岛的可持续发展

目前，我国的海岛保护工作已初具规模，相关职能部门不断完善配套制度，提高管理水平，夯实工作机制。但海岛管理因其特殊性，与大陆、海域管理既有类似又有不同之处，无论从历史上还是从过往经验来看，都缺乏可借鉴的管理模式。面对新的世界格局、新的历史时期、新的发展方向，海岛管理既关系到国防安全问题，又关系到陆地经济扩展问题，更关系到维护国家的重大权益问题。因此，如何保障海岛的可持续发展，具有极其重要的现实意义。

2012 年的国家海岛管理工作规划中也体现了可持续发展的思路：以科学发展观为统领，紧紧围绕"三个六"工作部署，深入贯彻落实《海岛保护法》和《国家海洋事业"十二五"发展规划》对海岛工作的战略部署，以深化海岛管理制度建设、完善海岛保护规划体系、扶持边远海岛发展、推进海岛整治修复、完成海域海岛地名普查任务和实现海岛监视监测业务化运行为重点，稳步推进海岛资源综合调查试点工作和海岛宣传培训工作，坚持海岛合理开发与保护，创新海岛管理工作机制，改善海岛人居环境，提升海岛管控能力，促进海岛地区经济社会可持续发展。

（一）《海岛保护法》出台后取得的成效

1. 海岛保护有法可依，明确了管理主体

2009 年 12 月 26 日，全国人大常委会表决通过了《海岛保护法》，并在 2010 年 3 月 1 日正式施行。《海岛保护法》的颁布实施填补了我国海洋管理中有关海岛保护的空白。目前，中国海监执法的法律依据有四类：海洋资源管理类法律，如《海域使用管理法》及其配套法规和规章；海洋环境保护类法律，如《海洋环境保护法》及其配套法规和规章；海洋权益维护类法律，如《领海及毗连区法》《专属经济区和大陆架法》《涉外海洋科学研究管理规定》《铺设海底电缆管道管理规定》；国家的行政执法程序类法律，如《行政处罚法》、政府部门规章、《海洋行政处罚实

施办法》等。

《海岛保护法》是一部综合性的法律，涉及资源管理、环境保护、权益维护等方面。据报道，从 2009 年 4 月开始，珠海市某单位在未得到海洋行政主管部门批准的情况下，在无居民海岛大杧岛实施开发利用活动，严重破坏了海岛及其周边海域的环境。经调查，海岛被斜面削切，导致岛体表面约 3000 平方米裸露，5000 平方米岸滩被堆填，该行为已严重违反了《海岛保护法》的有关规定。有关部门根据《海岛保护法》已将此单位处以最高罚款处置。《海岛保护法》的实施使得海岛管理工作有法可依，过去海岛开发中存在的无序、无度、无偿的"三无"现象也将得到遏制。

长期以来，由于海岛管理牵扯部门多、分工不明确，造成"群龙闹海"的局面，涉及中国海监、中国渔政、中国海巡、中国海关、中国海警等部门执法，执法主体多元导致执法不到位或执法越权等现象。这部法律比较明确地规定了海岛管理主体，并对管辖范围作出规定：国务院海洋主管部门负责全国无居民海岛保护和开发利用的管理工作。沿海县级以上地方人民政府海洋主管部门负责本行政区域内无居民海岛保护和开发利用管理的有关工作。

（1）海岛命名有利于宣示主权。

根据《海岛保护法》第 6 条，海岛的名称，由国家地名管理机构和国务院海洋主管部门按照国务院有关规定确定和发布。在《海岛保护法》实施前，我国的一些岛屿在历史上早有名称，并在地图及教科书上均有标示。通过法律程序予以确认，将有利于宣示主权。《海岛保护法》颁布后，国家海洋局对中国海域的海岛进行了名称标准化处理，并于 2012 年 3 月经国务院批准，国家海洋局、民政部对钓鱼岛及其部分附属岛屿的标准名称、汉语拼音、位置进行描述并公布。此次命名使得这些岛屿在法理上拥有正式的命名，也为海岛维权做好了准备。

（2）有助于南海及其他海域的争端解决。

有关《海岛保护法》的颁布，全国人大环境资源委员会法案室相关负责人曾表示："从制度设计和具体内容而言，海岛保护法都不涉及海岛主权问题，是在主权既定前提下一部保护海岛生态的行政法。"随着世界格局的变化，踏入 21 世纪以来，中国海域周边国家特别是南海附近的国家越来越频繁地在一些原本不属于其主权管辖的无居民海岛进行活动，甚至企图将一些礁变成岛，纵容本国渔船向外扩张捕鱼。《海岛保护法》为我国解决南海争端提供了法律依据。

（3）防止海岛消失，捍卫领海基线。

中国作为海洋大国，海岸线长达 1.8 万公里，500 平方米以上的海岛有 6900 多个，无居民海岛占到 94% 以上。据资料显示，与 20 世纪 90 年代相比，辽宁省海岛消失 48 个，减少数量占海岛总数的 18%；河北省海岛消失了 60 个，减少了 46%；福建省海岛消失了 83 个，减少了 6%……消失的海岛或遭受自然灾害的侵蚀，或遭受人为的过度开发，与其他国家不断修筑加固海岛相比，我国以往由于缺乏长期科学的保护，导致某些海岛不断遭受破坏而消失。据了解，我国已经颁布的 77 个领海基点全部位于岛礁上，一旦这些岛礁遭受破坏，缺乏应有的保护与维护，岛礁就有消失的可能性，我国邻海的界限便无从划起。《海岛保护法》的出台有助于保护海岛岛礁，维护国家领海完整，维护国家权益。

（4）加快海岛的开发与利用。

在《海岛保护法》实施前，我国的海岛开发还是无序的，海岛权属不清，《海岛保护法》实施后将推动海岛开发合法化。2011 年 4 月，国家集中公布的第一批开发利用无居民海岛名录涉及辽宁、山东、江苏、浙江、福建、广东、广西、海南等 8 个省区，共计 176 个无居民海岛。其中，辽宁 11 个、山东 5 个、江苏 2 个、浙江 31 个、福建 50 个、广东 60 个、广西 11 个、海南 6 个。海岛开发主导用途涉及旅游娱乐、交通运输、工业、仓储、渔业、农林牧业、可再生能源、城乡建设、公共服务等多个领域。

2011 年 11 月 8 日，我国首个无居民海岛使用权证书落户浙江省宁波市象山县旦门山岛。据了解，旦门山岛位于宁波市象山县东南，长 1.82 公里，宽 0.52 公里，面积 1 平方公里左右。岛上有全国并不多见的丹霞地貌。旦门山岛自然资源丰富，海岛旅游又是旅游业中的新兴产业，发展潜力巨大。海岛开发没有太多可借鉴的经验，前期投入较大，这也给海岛开发和利用带来了挑战和机遇。

（二）《海岛保护法》实施初期存在的问题

1.《海岛保护法》缺乏配套制度

《海岛保护法》的出台使得我国的海岛保护与利用有法可依，之后虽然沿海各省市出台了海岛保护的规划，中国海监于 2010 年 12 月也制定出台了首个中国海监海岛执法办法——《中国海监海岛保护与利用执法工作实施办法》。但全国性的海岛保护规划及海岛开发和保护申请审批管理、海岛出让给私人后的相关管理办法仍未出台，海岛开发保护缺乏后续实操性。

2. 无居民海岛使用缺乏二级市场

对于无居民海岛的使用，政府采取经济手段将之推向市场，"政府搭台，企业唱戏"无疑有利于无居民海岛的开发利用。但政府仅仅将海岛拍卖转让使用权的做法是远远不够的，无居民海岛出让后期必将出现无居民海岛使用权抵押、作价入股、转让等行为，无居民海岛使用权二级市场也将随之诞生。如果缺乏相应二级市场的制度管理、配套运行，二级市场也就难以发展，市场也就无法盘活。

3. 海岛命名缺乏后续持续工作

海岛普查、海岛命名、海岛名称标准化程序使我国的海岛真正"名正言顺"，在海岛普查及命名后，有关职能部门对海岛进行海岛名称立碑设置，但要建立海岛的信息资料库，仅靠调查地名、确定经纬度位置难以满足对海岛开发保护的需求。海岛的面积、气候状态、自然资源、人口密度等数据是海岛开发、利用、保护的必要信息，建立海岛资源信息档案库工作迫在眉睫。

4. 海岛监视监测业务化工作重、难度大

我国海岛数量多，分布面积广，涉及区域大，海岛监视监测工作由各海区海监部门负责，就海监职能部门而言，以定期巡航维权执法为主，通过船舶、飞机、卫星等设备进行监视监测。我国海岛大多远离大陆，交通不便，海岛上涉及渔业、土地、林业等资源的管理，人员不足、缺乏综合管理知识、大型监测设备跟不上形势发展等问题都增加了执法人员的管理难度。

5. 海岛开发模式处于初级阶段

由于大部分海岛远离大陆，海上交通不便，开发周期长、成本高，如果由政府单独开发，人力、物力、财力都无法完全支撑。另外，海岛生态系统与大陆生态系统无法形成交换进化，生物少、生态层级低，因此也造成生态系统脆弱。一旦海岛的生态系统遭受破坏，便很难修复。现在政府把无居民海岛以转让使用权形式由私人开发，这种形式有利于海岛的开发与持续发展，但海岛的开发完全依赖私人是不现实的。现在海岛开发的模式仍然处于初级阶段，海岛基础设施建设、生态环境监测保护等的实施工作均不够完善。

（三）海岛可持续开发和保护的建议

1. 完善可持续开发和保护的制度

海岛保护仅靠法律保障只做到了有法可依，海岛保护还须完善制度、贯彻法律。首先，制定全国海岛中长期保护发展规划。要从宏观上、中长期着眼，依据海岛类型规划海岛的开发和保护，由全国海岛管理机构统一规划，各海区海岛部门分级负责。其次，制定海岛保护常规检查工作办法。我国海岛大部分属于无居民岛屿，海岛执法工作机制尚未完全形成，海岛执法监测检查应当以已开发利用的无居民海岛为重点，确定海岛检查程序、范围，采用船舶、飞机、卫星地面站等海岛监测技术手段，使海岛检查工作常态化、立体化。

由于海岛类型的多样性及保护开发目的的不同，海岛的开发和保护要建立分类管理机制，对于生态受到破坏的海岛要立项长期修复，恢复生态环境；对于具有划分领海基点功能、涉及国家权益的海岛要禁止开发，护礁筑礁；对于具有生态、旅游、航运、渔业等功能的海岛，要因地制宜，建设基础设施，依据生态的多样性进行有序开发。

2. 完善海岛开发的基础性、持续性工作

政府出让海岛使用权是海岛管理的创新机制，将无居民岛推向市场，政府必须要做好基础性工作，才能使海岛在市场经济中持续发展。首先，制定海岛使用权在二级市场交易的相关政策，明确有关部门对海岛使用权招标、拍卖、挂牌出让等市场行为的程序，使交易双方在市场平台上合法交易。其

次，由于海岛投资大、周期长，建议基础性的设施建设由政府牵头实施，如海岛交通、海岛淡水、海岛环境良性循环等等。最后，由于海岛生态系统比较脆弱，海岛生态风险高，如果盲目追求经济利益而对海岛不恰当、过度的开发或保护不当，都会对海岛造成不可弥补的损害。海岛的开发项目不仅仅要做事前环评，而且还要事中监测检查，事后仍然要跟踪调查，这样海岛开发才能可持续发展。

3. 完善全国海岛地名基础信息、宣传《海岛保护法》

海岛地名普查具有重要意义，地名普查不仅仅是普查、更新、登记等工作，而是要建立全国海岛地名数据库，将海岛所处经纬度、面积、人口密度、生态环境、资源禀赋、历史情况、气候条件等一一记录在案，并进行系统化动态管理，将定期巡航检查内容更新到数据库中，及时掌握海岛的最新情况，为海岛管理提供最全面的信息。同时，也为海岛开发的总体部署及分类开发做好基础性工作，以准确定位海岛开发与保护，做到有的放矢。

《海岛保护法》的实施目前处于起步阶段，海岛保护需要引起更多的关注。不但要通过传媒定期宣传海岛工作的进展，而且要对海岛当地居民进行宣传，使他们知法懂法，并在具有代表性的海岛上建设展馆、教育基地，组织学生、市民参观，以形象生动的方式进一步宣传海岛开发和保护工作。

4. 提高执法部门的管理能力

提高海岛管理能力主要包括以下几方面。第一，海岛管理模式。海岛管理对于执法部门来说是一个崭新的课题，执法部门应坚持定期巡航执法、专项执法和联合执法相结合的模式。第二，海岛管理手段。开展海岛保护与开发利用的执法工作，采取卫星遥感、航空巡视、船舶巡航和登岛巡查等方式，利用航空拍摄、摄像及遥感技术及时掌握海岛保护和开发利用情况，引导海监船舶和执法人员开展海岛巡航和登岛巡查工作。第三，海岛管理人员配置。扩充人员编制，以适应海岛管辖范围广阔的需求，引进复合型人才，特别是法律、环境工程、通信技术等方面的专业人才。

三　海岛土地资源的可持续利用

（一）海岛土地资源可持续利用的国内外研究现状

海岛土地资源可持续利用是以可持续发展理论为指导的，可持续发展的概念最先是在 1972 年斯德哥尔摩举行的联合国人类环境研讨会上正式提出的。关于可持续发展，国际上有不同的认识，爱德华·B. 巴尔比（Edward B. Barbier）在其著作《经济、自然资源——不足与发展》中将可持续发展定义为："在保持自然资源质量及所提供服务的前提下，使经济发展的净利益增加到最大限度。"皮尔斯（D. Dearce）认为，"可持续发展是今天的资源使用不应减少未来的实际收入，当发展能保持当代人的福利增加时，也不会使后代人的福利减少"。这两位学者是从经济方面对可持续发展进行阐述的，而斯帕思（James Gustare Spath）的定义更加侧重于科技方面，他认为，"可持续发展就是转向更为清洁、更为有效的技术，尽可能接近'零排放'或'密封式'的工艺方法——尽可能减少能源和其他自然资源的消耗"。土地是人类赖以生存和进行生存活动的重要物质基础，威廉·配第关于"土地是财富之母，劳动是财富之父"的著名论断道出了土地利用的本质。马尔萨斯和大卫·李嘉图从人口、技术等与土地的关系方面，对土地利用进行了全面论述，认为人与土地的关系对经济增长和土地利用的影响极为重要。萨伊提出的关于劳动、资本和土地的"三位一体"公式，认为土地产生地租，揭示了土地资源有效利用的价值和内涵。

国际上关于土地可持续利用的思想是在 1990 年印度农业研究会与美国 Rodal 研究所在新德里举行的土地利用研讨会上首次正式提出的，美国学者扬（Yong）从土地科学的角度认为土地持续利用是"获得最高的收获产量并保护土壤赖以生产的资源，从而维持其永久的生产力"；联合国粮农组织（FAO）在《可持续土地利用管理评价大纲》中的定义是："如果预测到一种土地利用在未来相当长的一段时间内不会引起土地适宜性的退化，则可以认为这样的土地利用是可持续的。"哈特（Hart）和桑兹（Sands）从系统科学的角度出发，将土地可持续利用定义为："利用自然和社会经济资源，生产当前社会经济环境价值超过商品性投入的产品的同时，能维持将来的土地生产力及自然资源环境。"由此可见，土地资源可持续利用包括：在资源数量配置上与资源总量稀缺性高度一致，实现优化配置，在资源的质量组合上与资源禀赋相适应，在资源的时间安排上与资源的时序性完全相当，土地资源配置应当因地制宜。

国内有关研究认为，土地可持续利用是指土地利用不能对后代的持续利用构成危害，也就是说，土地的利用既要满足当代人的需要，又要不影响人类今后的长远需要。与国外学者侧重于理论研究不同，我国学者主要通过实例研究我国海岛土地的可持续利用，研究了我国海岛土地资源可持续利用中存在的问题。我国学者王泽宇、韩增林在《海岛土地资源可持续利用战略研究——辽宁省长海县为例》一文中，概括了海岛土地资源可持续利用中存在的问题："填海造地"蚕食"蓝色国土"、开发海洋资源使大工业登岛、土地利用环境问题严重。杨木壮等以广东南澳岛为例，概括了海岛土地资源利用中存在的主要问题：耕地逐年建设，土地供需矛盾突出；土地开发利用程度低，大量山地、海洋资源尚未充分利用；地表淡水资源缺乏，制约了土地的开发利用；海岛管理体制不健全。同时，在研究中提出了海岛土地资源可持续利用的原则。王泽宇、韩增林认为，海岛土地资源可持续利用应遵循的原则为以人为本、生态优先、资源节约，并针对海岛土地资源可持续利用中存在的问题提出了对策建议。刘兰、彭超、王开晓则针对青岛崂山区海岛的特殊情况，提出了关于海岛资源可持续利用的对策建议：加强海岛法律和法规建设，把海岛管理纳入法制化轨道；加强无居民海岛规划建设，实施海岛综合管理；加强无居民海岛保护区建设工作，保护海岛生态系统；贯彻落实《全国海洋经济发展规划纲要》，体现科学发展精神。杨木壮提出了海岛土地可持续利用的策略：因地制宜，既保护土地资源，又提高土地利用效率；加强生态环境建设；充分利用滩涂资源，大力发展水产养殖；充分开发岛内旅游资源。

由于学者们的学科背景、研究领域与重点不同，对土地可持续利用的内涵界定各有侧重，相对而言，发达国家侧重于生活质量的提高，因而强调资源利用的环保效益；而发展中国家则侧重在提高经济效益的前提下，保持生态平衡，这正符合可持续发展的公平原则。

从搜集的文献来看，国内关于海岛土地可持续利用的文献较少，并且集中于近几年，大都是通过实例研究当地土地可持续利用中存在的问题并提出对策建议，很少对海岛土地资源可持续利用中存在的问题进行深入思考和探究，我们将对海岛土地资源可持续利用中存在的问题进行归纳整理，并深入探讨问题产生的根源。

（二）海岛土地资源可持续利用中存在的问题

我国海岛土地资源的开发利用，还处在比较粗犷的阶段，造成了海岛土地资源开发长期以来一直处于"无序、无度、无偿"状态。随着 2010 年 6 月 13 日财政部和国家海洋局联合下发《关于印发〈无居民海岛使用金征收使用管理办法〉的通知》，进一步明确了我国海岛有偿使用的制度，基本结束了我国海岛土地资源利用中的"无偿"问题，但"无序""无度"问题在我国海岛土地资源的利用中仍然很突出。

1. 我国海岛土地资源利用中"无序"问题的具体表现

（1）海岛土地资源管理机制不健全。海岛土地资源管理机制包括海岛土地资源管理机构设置和海岛土地资源管理职能权限划分。随着海岛地位的提升，海岛的开发越来越受重视，但是我国海岛的管理仍然是陆地管理方式的延伸，我国海岛土地资源管理体制上的纵横关系尚未完全理顺。在纵向上，由于地方利益而越权批地的现象时有发生，在横向上，土地管理部门和其他部门在土地管理职能的界定划分上模糊不清，海岛管理的各部门都从自身利益和需要出发制定有利于自身的发展规划，缺乏统一的规划和协调管理，难以实现海岛土地资源利用的经济、环境和社会效益的统一。我国海岛土地资源属国家所有，但是长期以来，在海岛土地资源的开发利用中，实际上执行的是资源无价或低价使用的政策。虽然通过《海岛保护法》等一系列法律政策的颁布实施，加强了海岛土地资源的管理，但是适应开发趋势的海岛资源管理机制仍未完全建立，资源遭受破坏以及浪费等问题仍然比较严重。

（2）海岛功能区划分不完善，不同功能的海岛用地矛盾突出。海岛往往是我国海洋国土安全的防卫基地，是我国海上国防的要塞和前沿，素有"不沉的航空母舰"之称，是保卫我国国防安全的天然屏障，这是海岛土地资源区别于陆地土地资源的一大特点。基于海岛肩负着海洋防卫的功能，海岛土地资源又十分有限，因此军事用地与经济建设用地之间便发生了冲突和矛盾。随着国际形势的转变，当前国际形势转向和平与发展，国际上普遍进行了大量裁军，空置了大量的营房和土地，部分军事用途的海岛实际上已经被废弃，但仍然没有进行其他方面的开发和利用。由于功能区划不完善，海岛各产业的发展用地也存在矛盾，产业布局不合理，海岛产业形成和分布受资源和技术影响较大。对于单个海岛来说，特有的资源、经济和环境条件，决定了其在区域经济分工中的角色也各不相同。

（3）海岛土地资源特别是无居民海岛土地资源权属不清。根据我国的宪法及有关法律，国家对管辖海域内的海岛拥有所有权，海岛作为国家领土的重要组成部分，是一项宝贵的自然资源。但是当前有些无居民海岛权属不明确，国家所有权被虚化，出现擅自占用、出让、转让和出租海岛的问题。

2. 我国海岛土地资源利用中"无度"问题的具体表现

（1）对我国海岛土地资源的"无度"利用造成了海岛土地生态环境的恶化，产生了一系列严重的后果。第一，土地资源生物多样性的丧失。我国海岛生态系统具有丰富的多样性，但是人类对海岛土地资源近乎掠夺式的无度利用导致生物多样性的丧失。广东南澳岛东半岛东西两个迎风口的原生群落被砍伐后，形成了退化的草坡，植物种类以阳性和旱生性种类为主，生物多样性大大降低。第二，自然灾害加剧。海岛土地资源的无度利用，很多工程开挖坡脚、采石、爆破等活动改变了坡体的原始平衡，会导致崩塌等自然灾害的发生，挖掘后废弃的采石场未经治理可能导致水土流失加剧，易形成风沙危害，过度开采地下水还会引起海水倒灌等灾害发生。

（2）土地资源短缺，土地供需矛盾突出。海岛土地面积本来就非常有限，随着人口的增加和经济的迅速发展，非农业建设的需要、农业内部结构的调整以及人类的过度开发，导致海岛土地资源中的耕地资源锐减。

（3）我国海岛土地资源利用中的相关法律法规不完善。法制建设在海岛土地资源利用中具有重要意义，是保证海岛土地资源可持续利用的前提和条件。虽然我国已经制定了一系列关于海岛的法律法规，但尚未形成完整的法规体系，并且大多数是单项法规，基本上是陆地法规的延伸，并且在我国现行的关于海岛保护的法规执行中，还存在很多有法不依、执法不严的现象，这些都不利于海岛土地资源可持续利用。

317

（三） 我国海岛土地资源可持续利用中存在问题的理论探究

1. "公地悲剧"和产权理论

"公地悲剧"理论是美国加利福尼亚大学人类生态学家加勒特·哈丁（Garrett Hardin）提出的。他认为，以公共利益为代价的个人获利使村庄的公地牧场过度放牧，因为每一个牧人都想放养更多的牲口——过度放牧的结果由所有放牧人承担，而增加的牲口的利益则为个体牧人所有，其结果是大家都想在公地上尽量多放牧牲口，最终导致公地被毁，牧人无处放牧。"公地悲剧"理论同样适用于海岛土地资源的可持续利用问题。

海岛土地资源在一定意义上讲，是一种准公共产品，准公共产品具有有限的非竞争性和局部的排他性，即超过一定的临界点，非竞争性和非排他性就会消失，"拥挤"就会出现。特别是一些资源因其禀赋特征，所提供的消费和服务是有限的，过多的消费和利用会出现"拥挤"。海岛土地资源具有共享性，在当前关于海岛土地资源利用的法律法规还不是很完善的情况下，任何人有能力且有意愿的单位和个人都可以去开发利用，同时不能排斥他人的利用，这种资源的共享性就会刺激使用者的过度使用，甚至出现利用者之间的相互排斥和干扰，这会导致对共享资源的利用超过资源承受能力。一般意义上的土地是可分的，但土地资源中的共享部分如阳光和空气，则往往由于技术上的限制不能分割给不同的单位和个人使用，即使可以在技术上分割，但分割的成本过高，或分割后会大大降低其功能。同时，根据西方经济学的理性经济人假设，即作为经济决策的主体都是充满理性的，所追求的目标都是使自身利益最大化，假定人都是利己的，在面临两种以上的选择时，总会选择对自己更为有利的方案。海岛土地资源作为我国国土资源的一部分，《宪法》明确规定所有权归国家所有，但是国家所有权要通过单位或个人对海岛的开发使用来体现，而开发海岛的单位和个人都是利己的，面对海岛土地资源这一公共资源时，他们的原则是使自身利益达到最大化，而较少考虑他人利益和海岛的承受能力，特别是在不同单位、产业之间产生用地矛盾的情况下，都是从自身利益和需要制定策略和规划。海岛土地资源在一定意义上讲相当于"公地"，缺乏明确的产权界定和保护，当"公地"被理性经济人以自身利益为导向进行开发时，就导致了海岛土地资源利用中出现了"无序、无度"等现象，这就需要明晰界定海岛土地资源的产权。

产权理论源于科斯对于交易成本的研究，根据科斯在其《社会成本问题》中所设想的实例和分析，可以把科斯定理概括为：如果交易费用为零，无论怎样选择法律规则、配置权利，双方当事人都可以通过相互协商进行交易，实现资源的有效配置。产权最主要的功能是能够给产权主体以激励：产权能够减少不确定性和降低交易费用，而不确定性的减少和交易费用的降低对产权主体显然具有激励作用，并且明晰产权可以将外部性内部化。海岛土地资源可持续利用中出现的诸如无序、无度利用问题，可以归结为产权不明确致使人们缺少激励对海岛的土地资源采取保护性开发，实现可持续性的利用。海岛土地资源特别是无居民海岛的土地资源虽然说名义上归国家所有，但是，集体是谁却并没有界定清楚，由于集体土地所有权主体不能对政府的侵权行为进行约束，对土地使用者在使用土地过程中的机会主义也不能给予有效的约束和监督，所以说海岛土地资源集体所有权的产权主体不明晰，导致耕地流失严重。但海岛土地资源是由具体的单位和个人来开发的，在我国现行的海岛土地资源管理中，开发单位和个人的产权没有被很好地确定下来，导致了土地资源利用中的一系列问题，如果海岛土地资源的产权界定清晰，就能减少开发的不确定性，降低交易费用。

2. 区域分工理论

区域分工是指由于各区域的发展条件、发展基础、经济结构、资源禀赋、生产效率等方面存在巨大的差异，在差异性资源和要素不能完全自由流动的情况下，为了以最有利的条件、最低的成本和最佳的效益来满足各地区经济和社会发展的实际需要，各区域必然会在区际关系格局中按照比较成本和比较利益的原则选择和发展最适合自己且最具优势的产业或项目。马克思经济理论认为，人类经济活动按地域空间进行分工，分工与合作相互依存，双方相互保障和促进，并通过分工与合作提高效率、增进效益，区域分工的根本目的是为了实现优势互补，获得最佳的整体效益和个体效益。海岛作为我国国土中相对独立的区域，处在海洋中，四周被海水包围，有着不同于陆地区域的特性，自然条件、资源等都不同于陆地，因此应该制定不同于陆地土地区域的发展规划，发挥海岛的比较优势，实现与陆地土地资源的优势互补。而现在对海岛土地资源的开发利用中没有充分考虑到这些因素，还是以开发陆地土地资源的方式开发海岛土地资源，海岛土地资源生态脆弱，自身承受能力较差，海岛土地资源的比较优势没有被发挥出来，而是被盲目地开发破坏。我国海岛资源丰富，数量众多，各个海岛之间的土地资源也不尽相同，小到一个海岛的内部，各个部分的土地资源条件也不一样，如果按照一个统一的规划，或者根本没有功能区域的划分，必然会导致海岛土地资源开发利用中的无序状态。各个不同的功能区域和产业之间竞相开发海岛有限的土地资源，导致出现各种用地矛盾，并且也不利于海岛土地资源的可持续利用。海岛土地资源可持续利用应该以现代区域分工理论为指导，进行土地利用综合分区、功能分区以及建设用地需求量预测和用地量分配工作时，综合考虑海岛土地资源的自然条件影响因素（气候、地貌、土壤、水文水质等）、经济影响因素（人口增长、经济发展、城市化等）和社会影响因素（社会基本制度、国家政策法规、文化习俗等）。

3. 博弈论

博弈论有时也称对策决策论或赛局理论，是研究具有斗争或竞争性质现象的理论和方法，主要是指某个个人或组织，面对一定的环境和条件，在一定的规则约束下，依靠所掌握的信息，各自选择行为或策略，加以实施，并从中取得相应结果或收益的过程。具有竞争或对抗性质的行为称为博弈行为，在这类行为中，参加斗争或竞争的各方具有不同的目标或利益。为了达到各自的目标和利益，各方必须考虑对手的各种可能的行动方案，并力图选取对自己最为有利或最为合理的方案，博弈论就是研究博弈行为中斗争各方是否存在最合理的行动方案，以及如何找到这个合理行为方案的数学理论和方法。海岛土地开发利用的各方利益主体，都是从自身的立场出发制定发展规划，都是以自身利益最大化为目的的。海岛土地资源要想实现可持续开发就一定要有相关利益部门的积极合作，如果每个海岛土地资源开发的利益相关者合作会得到最大的利益，对于整体来说，合作显然比不合作更优；但是对于个体来讲，无论别的利益相关者采取何种行动，只有选择不合作，才有可能得到比别人更多的利益，这就促使大多数利益主体在选择时选择了不合作，由此导致了海岛土地资源利用中的诸多问题。

（四）关于海岛土地资源可持续利用的理论思考

以上分析了海岛土地资源可持续利用中存在的问题，关于海岛土地资源的可持续利用，可以从两个方面思考。

1. 以系统论来统筹海岛土地资源可持续利用

通过上文关于海岛土地资源可持续利用中存在问题的理论探析可知，许多问题可以用区域分工理论来解释，但是区域不是孤立的区域，而是处在一定系统之中的。按照系统论的观点，系统是由相互连接或互相依存的事物组成或聚集所形成的复杂统一体，是按照一定的秩序安排各个组成部分而形成的总体。一般认为，系统可以分成三大类，不和外部环境交换物质，也不交换能量的孤立系统；和外部环境交换能量但不交换物质的封闭系统；与外部世界既交换物质，又交换能量的开放系统。系统的特征不是各因素的简单相加，重要的是成分之间的相互联系和相互作用。海岛土地资源是一个相对封闭的系统，土地资源中各组成要素与人类社会构成一个特有的人地关系系统，在这个系统中，不但各种要素有着自身的价值和使用价值，它们的相互匹配关系有时显得更为重要，其中一个因素的变化就可以引起一系列的变化。以系统论的观点来统筹海岛土地资源可持续利用问题，实现资源的优势互补、结构优化、集约利用。

系统论对于海岛土地资源可持续利用的指导意义在于：通过海岛土地资源利用结构调整，发挥海岛土地资源利用的整体性功能，使海岛土地资源可持续利用的总体功能大于各子系统功能之和，协调好海岛土地资源可持续利用中的竞争与合作关系；对海岛土地资源系统中各类不同类型土地的需求量作出准确、科学的动态预测，处理好海岛土地资源可持续利用规划与城市规划、产业规划、经济社会发展规划之间的关系，使各规划之间能相互协调和促进，使海岛土地资源可持续利用与海岛的生态承载能力相适应，保障海岛社会经济的协调、可持续发展。

2. 以资源伦理观来规范海岛土地资源可持续利用

在对海岛土地资源可持续利用进行探讨的时候，我们从"公地悲剧"

"博弈论"等角度进行了分析，无论是"公地悲剧"还是"博弈论"都可以归结到理性经济人假设，但人不仅仅是经济人，也应该是社会人，不应该仅仅以自身经济利益最大化作为根本目标，应当以一定的伦理对人的行为进行相应的规范。英国资源经济学家罗杰·珀曼（Roger Perman）指出，从本质上讲，主张在可持续性基础上开展经济活动，其实是一个伦理问题。资源伦理是在社会发展中人类和资源的伦理关系，是处理人类与资源关系的价值判断和理性选择，也可以说是人类应如何认识、对待和处置自然资源，它反映出的是人与自然、人与人的关系，是认识到了自然要素存在的固有权利和内在价值，而对自然资源与环境的"感情上的尊重"。

关于海岛土地资源可持续利用中存在的问题，从资源伦理观来看，应该树立公平和公正意识，土地资源伦理观规范的是人与海岛土地资源、人与人在土地资源开发利用过程中的关系。树立公平意识，公平包括代内公平和代际公平，法图伯格曾经指出，后代"在住宅空间、肥沃土壤、新鲜空气等方面都具有相同的利益"。代内公平主要是指本代人在开发利用土地资源中的公平，同时还要注意人与资源的公平，不能竭泽而渔，对资源进行毁灭性的开发和利用；而代际公平实际上是一种时间上的公平，是本代人与后代人的公平。海岛土地资源不是我们这一代人的资源，不能以牺牲后代人的利益来换取本代人的发展。

海岛是我国一项非常宝贵的资源。目前海岛土地资源的开发现状不容乐观，本书通过对海岛土地资源利用中存在问题的分析，认为在以后的开发中要以系统论和资源伦理观为指导，更合理地利用海岛有限的土地资源，实现土地综合利用效益的最大化。

四 我国无居民海岛开发的进程回顾与趋势展望

（一）我国无居民海岛的开发进程

我国广义的无居民海岛开发行为既可远溯至最原始的贝类采拾和渔猎行为，也涵盖了目前的生态旅游、空间仓储、助航导航等，可谓内容繁多、历史悠久。因而按照时间顺序和发展特征，可将无居民海岛开发进程分为古代（新石器时代至清朝末年）、近现代（1848 年至 1949 年）、当代（1949 年至今）三个阶段，以下对每个阶段的开发内容分别予以梳理。

1. 古代无居民海岛开发（新石器时代至清朝末年）

我国古代无居民海岛开发以贝类采拾和渔业捕捞为主，其中海岛渔业资源的开发占主导，它是在贝类采拾的实践中发展起来的。

新石器时代的贝类采拾，掀开了我国无居民海岛开发的第一页。据记载，新石器时代早期，由于人类生产能力极低，食物稀少，居住于沿海地区的原始人，主要靠采拾沿岸滩涂及陆连岛上丰富的贝类为食。经考古证明，我国北起辽宁、南至海南沿海地带的贝丘遗址就是当时留下来的贝壳堆，在这些沿海地带中发现贝丘遗址最多的当推辽东半岛、长山群岛、山东半岛及庙岛群岛等海岛，这是我国无居民海岛开发的最早例证。那些不计其数的贝丘人，是第一批意识到无居民海岛价值并将其为己所用的人。而且，当时已出现最原始的航海工具——舟楫，据《周易》中记载："伏羲氏刳木为舟，剡木为楫，舟楫之利，以济不通，致远天下。"同时，伏羲还结绳为网，教会了人们最原始的渔猎方法，"舟楫之利"将"渔猎之法"通过部落迁徙不断向沿海扩展，使人类活动范围延伸至极少数沿岸无居民海岛。据考证，早在 6000 年前，我国长海县就有人在岛上渔猎耕耘，繁衍生息。

随着生产工具的改进和人类需求的逐步增加，无居民海岛的渔业捕捞技术不断发展。夏商时期，我国跨入青铜器时代，渔具也由骨制发展至铜制，河南偃师二里头出土的 3500 年前的铜鱼钩，结实锐利，钩形可随意制作，其功能明显优于骨制钓钩。同时，渔船也迅速发展，舟楫被广泛运用到陆海交通和捕鱼活动中，周武王时期还设有"苍兕"一职，专门负责管理舟楫事务，《尚书·说命上》中记载，"王置诸其左右，命之曰：若济巨川，用汝作舟楫"。渔具、渔船的进步，不断拓展无居民海岛开发的对象，所开发的陆连岛屿数量逐渐增多，岛上资源也开始受到重视。在商周时期，一些无居民海岛被作为属地分封给诸侯开发管理，沿海岛屿上采集而来的海产品也成为诸侯向王朝进贡的主要物品之一。

到春秋战国时期，对无居民海岛的开发更成为诸侯国的主要经济活动，鱼类捕捞向离岸无居民海岛发展，从而结束了只局限在陆连海岛区域开发的历史。据《管子·禁藏篇》中记载："渔人之入海，海深万仞，就彼逆流，乘危百里，宿夜不出者，利在水也。"当时许多致力于发展渔业的无居民海岛，后来都成为富庶之地并开始有常住居民，如春秋时期的舟山群岛就因此被越国首设为"甬东"。"沥心于山海而国家富"，春秋战国时的燕、楚、越等诸侯国，都十分重视无居民海岛开发，欲借此富国强兵。在这些诸侯国中齐国的海洋事业发展最为迅猛。地处今日山东沿海的齐国，具有丰富的无居民海岛资源，而且善于开发和利用，尤其是管仲桓公时代，把齐国称为"海王之国"，意为海洋大国，颁布了"官山海"的开发政策，由诸侯统一组织开发无居民海岛资源，使齐国"通色盐之利，国以殷富，士气腾满，日益富强"。

及至秦汉，我国的航海技术已较为成熟，所开发的海岛离陆地越来越远，同时由于统一中央集权国家的出现，无居民海岛开发上升到国家层面，采取政府主导的方式进行。秦始皇时期曾派徐福东渡，出寻"蓬莱""瀛洲"和"方丈"三神山，并亲临过芝罘岛、养马岛、斋堂岛、秦山岛等无居民海岛；汉武帝时，为获取无居民海岛上的渔盐之利，实行盐铁官营，由政府专设官员对无居民海岛的资源进行开采、控制。其后，为适应封建中央集权的需要，对无居民海岛开发进行管理的行政机构雏形开始出现。隋朝时，设置三省六部中的水部司掌舟津、渔业、漕运，九寺五监中的都水监掌川泽津梁之政令，这两者都是当时海岛开发管理的机构，看似职掌有重复之处，实则不然，因为六部负责行政，九寺五监负责具体事务，是"尚书制段，诸卿奉成"的海岛行政管理体系，九寺五监接受六部的指导。经历隋末农民大起义之后建立的唐王朝，在唐高宗时疆域"地东极海"，势力范围已经东至日本海，开始运用户籍制度将海岛纳入地方管辖区域。唐朝时曾实行"徙闽民于合州"（即雷州半岛）等方式，将诸多子民向无居民海岛迁移定居，然后由中央政权进行建制，将无居民海岛划分为州县。例如，公元738年，在浙东沿海设立翁山县，下辖富都、安期、蓬莱三乡，这是舟山群岛第一次建立县治。唐宋两代，因倡行海运、开放门户，成为我国古代海运及海上贸易最发达的时期之一，无居民海岛的航运中转功能得到大幅度开发，并使许多较远的沿岸岛屿出现了人类活动的迹象。

元朝时的无居民海岛开发除延续唐宋时的海运贸易之外，还带有明显的军民共治色彩，朝廷在沿海包括海岛地区设立卫所，由军民共同开发无居民海岛，并由卫所对开发活动进行管理。明朝时由于行业的增多和所管事务的增加，设立四司分管政治经济，其中的虞衡司典山泽采捕、陶冶之事，都水司典川泽、陂池、桥道、舟车、织造、券契、衡量之事，两司共同管理无居民海岛渔猎、开发事宜，此种设置近似于隋朝时的两部门分管制，但又有所区别，隋朝时是上下两级管理，而这时是平行两司共治。明朝永乐年间，郑和下西洋，将开发范围推至更远的南海群岛，通过其随员所著的《星槎胜览》《瀛涯胜览》《西洋番国志》以及《郑和航海图》，对西沙、南沙群岛的海域、岛礁分布及地理特征作了详细描述，为南海无居民海岛的渔业开发以及后来的"下南洋"历史迁移提供了重要依据。明朝末年，由于受东南倭患、海盗等海疆问题影响，无居民海岛开发活动逐步受限。清朝统治者入主中原后，"清承明制"，倾力关注广袤的陆域疆土，而非波涛汹涌的东南海疆，呈现浓重的"重陆轻海"思想。为与隔海相望的郑成功集团相抗衡，清王朝以海洋防御为基本政策取向，先后厉行"禁海""迁界"措施，试图以此断绝其经济来源。顺治十三年（1656 年），清廷公开颁布《申严海禁敕谕》，敕谕沿海各省督抚及文武各官"严禁商民船只私自出海。有将一切粮食、货物等项与逆贼（指郑氏集团）贸易者……即将贸易之人，不论官民俱行奏闻处斩，货物入官"，阻塞了无居民海岛与大陆的货物交易，使许多海岛失去陆域依靠。顺治十八年（1661 年）郑成功占据台湾后，清廷又颁布"迁界"令："迁沿海居民，以垣为界，三十里以外，悉墟其地。"受此政令影响，康熙年间我国先后三次大规模迁界移民，范围遍及山东、江苏、浙江、福建、广东五省沿海，使部分已开发无居民海岛再度成为荒岛，开发进程基本中断。

2. 近现代无居民海岛开发（1840 年至 1949 年）

迁界、禁海让我国付出了沉重的历史代价，海洋事业出现停滞甚至倒退，国力日渐衰弱，最终被帝国主义的"坚船利炮"惊醒。1840 年，鸦片战争爆发，叩开了清政府闭关锁国的大门，从此中国陷入了近百年的动荡中，无居民海岛权益不断受到侵犯。在近代诸多不平等条约中，涉及无居民海岛的有：《中英南京条约》中割让香港本岛及其所属的部分无居民海岛；

《中俄北京条约》割让乌苏里江以东包括库页岛在内约 40 万平方公里领土；中日《马关条约》将辽东半岛、台湾全岛及其附属岛屿、澎湖列岛割让给日本，其中钓鱼岛是台湾的附属岛，至今中日两国还在争议中；通过《中德胶澳租界条约》，德国抢占胶州湾，划山东为势力范围；《中法广州湾租借条约》使法国强租广州湾，包括麻斜、坡头、特呈岛、南三岛和海头、赤坎、东头山岛、东海岛，并在硇洲岛设置淡水区（现硇洲淡水圩）、建造硇洲灯塔；中日《二十一条》规定，所有中国沿海港湾及岛屿，概不让与或租与（日本以外的）他国。这一系列丧权辱国的条约，不仅使我国失去了无居民海岛开发的自主权，甚至丧失了大片海洋国土。同时，由于清末各派政治势力轮流上台，忙于争权夺利，无心进行政务调整，无居民海岛基本只处于权属管辖状态，只有少量民间开发行为。1868 年《中国海指南》记载了我国渔民在南沙群岛的一些开发活动，郑和群礁有"海南渔民，以捕取海参、贝壳为活，各岛都有其足迹，亦有久居礁间者，海南每岁有小船驶往岛上。携米粮及其他必需品，与渔民交换参贝。船于每年十二月或一月离海南，至第一次西南风起时返"。民国建立以后，我国的海外远洋航运虽仍然处于外国势力的控制之下，但是由于强加于民间航运业的封建束缚有所削弱，同时第一次世界大战期间西方列强忙于在欧洲争夺，暂时放松了对中国的侵略，为我国近代无居民海岛开发提供了一个空前有利的环境和条件。在民族资本和海外华侨的推动下，海外航线不断增加，无居民海岛资源逐步得到恢复利用。日本《海南群岛概况》记载，中业岛有渔民"栽种之甘薯"，"昔日有中华民国渔民居住于此岛，并种植椰子、木瓜、番薯和蔬菜等"，这说明已有部分渔民开始回到无居民海岛进行栽种养殖了。当时的临时政权也曾为引导这些开发活动，设置相应部门进行管理，如南京临时政府时的实业部就负责管理渔林牧猎事务，北洋政府时期也曾立工商部掌管渔业、农业、水利、牧业、工务。由于时局特殊，为保障无居民海岛开发的安全性，当局也投入了一定的人力维持海上治安。以浙江为例，民国二十四年（1935 年），国民政府在浙江建立由省政府所辖的"浙江省渔业管理委员会"，下设宁波、台州、温州等地区渔业警察局，负责浙江沿海岛屿管理。其后抗日战争爆发，由于日军侵略我国，人心恐慌，社会混乱，海上盗匪横行，无居民海岛开发活动被迫中止。抗战胜利后，国民党在 1946 年政治协商会议中对"党政府系统"进行改组，仿照美国行政院体制，设立涉及海岛开发的农林部、交通部以及资源委员会。然而，在帝国主义压迫和国民党政府的腐败统治下，我国无居民海岛开发一直难以得到真正发展，也从未建立专门的海洋或海岛管理机构。

3. 当代无居民海岛开发（1949 年至今）

1949 年新中国成立后，我国仍处于帝国主义、各国反动势力的包围、封锁之中，盘踞在台湾的国民党当局又叫嚣要"反攻大陆"，因而从新中国成立初期到 20 世纪 70 年代，我国无居民海岛的开发重点一直放在海防建设上，以军事利用为主。采用封闭或半封闭式的基本开发模式，不对外开放，以岸为依托，由军民共同将许多具有重要军事价值的无居民海岛开发成为"不沉的航空母舰"。当时建设的长山群岛、庙岛群岛、舟山群岛、万山群岛、南海诸岛以及其他一些无居民海岛，如今已是各种不同级别的陆军要塞、海军基地、水警区、巡防区、观通站、导航台站、指挥哨所等。无居民海岛海防建设结束了自鸦片战争以来，我国有岛无守、有海难防的耻辱历史。

但在这二三十年中，我国众多无居民海岛只有少数近岸岛和具有特殊价值的海岛得到了开发利用，而另外一些资源较为丰富的岛屿则长期处于"谁占有、谁开发、谁使用"的混乱状态。改革开放以来，伴随着东部沿海地区对外开放的深入，国家开始重视无居民海岛的经济建设，胡耀邦、宋平、江泽民等党中央领导人先后视察海岛开发工作，并由国家经委发布了《关于进一步开发建设海岛的意见》。1988 年，由国家科委、国家计委、国家海洋局、农业部、总参谋部共同组成全国海岛资源综合调查领导小组，对我国管辖范围内所有海岛的环境要素、自然资源以及开发状况等作全方位调查。此项调查为期 8 年，于 1996 年出版了《全国海岛资源综合调查报告》，为后续无居民海岛开发奠定了坚实的基础。20 世纪 90 年代，在全国海岛资源调查后期，国家确定了山东省长岛、浙江省舟山六横岛、福建省海坛岛、辽宁省长海、广东省南澳岛、广西壮族自治区涠洲岛等 6 个国家级开发试验区，1999 年，国家海洋局又分批建立了 11 个海岛管理试验点。这些试验区的建立，标志着我国海岛开发的全面起步，民间开发活动随之产生。从 1996 年浙江普陀的莲花岛整体出售以来，我国已先后产生了数十位"岛主"，深圳三门岛、温州竹屿岛、茂名放鸡岛等诸多无居民海岛被出租给私人开发。但经营效果不佳，只有放鸡岛成功塑造成了 4A 级景区，其他都在勉强运转或已亏本退出，甚至有人说开发海岛更适合有理想的人，少数仍在坚持的中国岛主是在"靠信仰吃饭"，这也说明了我国当前私人开发无居民海岛的困境。

2003 年《无居民海岛保护与利用管理规定》出台，首次明确提出"国家鼓励无居民海岛的合理开发利用和保护"，使无居民海岛开发活动得到法律承认和允许。随后颁布的《海岛保护法》则从综合管理与保护的角度，确立了海岛开发的合法程序，使其由无序走向有序。2011 年 4 月 12 日，国家海洋局公布了我国第一批 176 个可开发无居民海岛名录，各岛用途涉及旅游娱乐、交通运输、工业、仓储、渔业、农林牧业、可再生能源建设、城乡建设、公共服务等多个领域，名录一经公布，立刻引起了全社会的关注。为引导后续的开发热潮，达到规划开发的目的，国家还在此之前和之后颁布了一系列配套文件，如《无居民海岛使用申请审批试行办法》《无居民海岛使用金征收使用管理办法》《无居民海岛开发利用具体方案编制方法》等，用以规范无居民海岛的开发行为，保障了私人开发者的权益和海岛的可持续发展，以更为合理地利用和保护无居民海岛资源。2011 年 6 月 10 日，《南澳县凤屿保护和利用规划》在汕头市通过了专家组评审，成为广东省首个通过评审的单岛保护和利用规划，凤屿岛是国家公布的首批开发利用无居民海岛名录中第一个通过规划审批的。这也表明了我国现代无居民海岛开发的逐渐兴起。

与无居民海岛开发实践相伴随的是我国无居民海岛管理机构的变化。自1964 年国家海洋局成立以来，无居民海岛开发管理不断受到重视，2008 年国务院的"三定"职责中，明确赋予国家海洋局"承担海岛生态和无居民海岛合法使用的责任"，并将海域管理司更名为海域和海岛管理司，专司无居民海岛的开发、建设、保护与管理工作。2010 年，国家海洋局印发《关于加强海岛管理组织机构建设的通知》，正式成立海岛管理办公室，下设海岛综合处、保护处和使用处。同时，国家海洋局还先后成立了国家海岛开发与管理研究中心、国家海岛规划与保护研究中心和国家海岛与海岸带发展研究中心三个海岛管理技术支撑单位。另外，国家海洋信息中心和国家海洋技术中心也分别成立了独立的海岛研究室。在我国无居民海岛开发中，各管理机构的具体职能分配为：由海洋主管部门受理使用申请，由省级以上人民政府或国务院批准。经批准后，由省级海洋主管部门或国家海洋局负责下发批准通知书、征收无居民海岛使用金、办理无居民海岛使用权登记和颁布无居民海岛使用权证书。在申请中还需要将无居民海岛开发利用的具体方案委托给有资质的单位编制，目前国家海洋局认定的编制单位有国家海洋局第一、第二、第三研究所以及国家海洋环境监测中心四家。这些机构的设置说明，我国对无居民海岛的开发正在走向市场化、规范化、合理化，管理方式也在逐步创新。

（二）　我国无居民海岛开发中的历史趋势

从上述开发进程可见，从新石器时代至今的 6000 多年开发历程中，我国无居民海岛开发活动随着历史环境的变化和生产力的提高而不断发展，并呈现了一系列的历史规律和趋势，通过总结可以发现主要表现为以下三个方面。

1. 开发对象的扩展

无居民海岛作为人类开发的对象，其范围是与人类生产力水平密切相关的，经过 6000 多年的历史开垦，我国无居民海岛开发对象从陆连岛到沿岸岛，再到近岸岛，甚至向远岸岛逐渐扩展，开发岛屿数量也在不断增多。

新石器时代，由于人类自身能力有限，只能在沿海滩涂或经由陆连带步行至少数陆连岛上采集贝类，供食物能量摄取，以维持生存。后由于铜器、铁器的出现，尤其是商周时舟楫之术及渔具的改进，各沿海诸侯国逐渐开始向离岸无居民海岛探索，部分渔民到达少数沿岸无居民海岛进行渔猎捕捞生产。春秋至秦汉时期，中央集权国家初步建立，开始倾国家之力、以政令之法向山东、浙江等地的许多沿岸无居民海岛进发，谋海济国。隋唐宋元时期，我国疆域不断向沿海拓宽，东至日本海，中原农耕文化与海洋文化开始接触、融合，亚洲各国海上贸易活动频繁，我国居民开始向少数近岸无居民海岛迁徙，朝廷随之在这些海岛上设户籍、建县制。明朝时，伴随着郑和七下西洋的伟大创举，我国航海路线远至非洲国家，部分远岸无居民海岛得到重视和开发，我国的南沙群岛就是那时被发现的。明朝末期及清王朝时期，由于受闭关锁国政策影响，无居民海岛开发范围一直保持原状，甚至一度受迁界、禁海政策影响而向近岸缩小。1840 年至 1949 年这 100 多年里，由于社会动荡、政权更迭，国家基本无力关注无居民海岛开发，因而开发进程基本处于停滞阶段，未有突破。直至 1949 年新中国成立后，近岸、远岸无居民海岛的军事价值受到重视，海防建设不断稳固，但海岛开发对象仍处于点状分布。改革开放尤其是 20 世纪 90 年代后期，海岛开发试验区的建立和部分地区无居民海岛开发政策的放宽，开发对象由点向面聚拢。21 世纪以来，随着各项无居民海岛开发法规条例的颁布，我国无居民海岛开发呈现"星火燎原"之势，尤其是浙东沿海、广州湾地区，大批地方政府、私人和单位开始对无居民海岛进行"岛群开发"，规模化利用水平提高，许多远岸无居民海岛逐步运用于仓储、能源开采基地等。

总体来说，原始社会至封建王朝中期，无居民海岛开发对象受生产力水平制约，仍局限于陆连岛和少数近岸海岛；从明朝末期开始，我国无居民海岛开发的对象一直受政治影响而波动，至民国时期，除发现少量远岸无居民海岛外，开发范围未曾有所扩展；新中国成立后，尤其是改革开放以来，我国无居民海岛开发对象已由近岸海岛延伸至远岸海岛，且大多数沿岸、近岸无居民海岛都已受到重视、得到不同程度的规划和开发。

2. 开发主体的转变

开发者是无居民海岛开发的实践者和拓展者，从无居民海岛几千年的历程中可以看出，我国无居民海岛开发主体经历了从个人到国家，再由国家到多元主体的转变过程。

原始社会时期的贝类采拾以及夏商周时期的渔猎耕耘都是个人自发行为，因而一般都是沿海居民根据个人社会分工，制作生产工具，出海至岛上进行开发。从战国时期到各封建王朝，各诸侯王意识到了无居民海岛资源对于本属地及整个国家的重要价值，以分封王国或者国家政权的名义，组织民众进行开采利用，如官山海、盐铁专卖等。为加强中央集权，维持对无居民海岛的控制权，各朝还设置相应的行政管理部门，如水部司、都水监等掌管川泽之事，另徙民于岛、设户籍、建县制，增加无居民海岛开发力量，通过军民共治将开发与管理融于一体。我国近代时期，因帝国主义侵略、内战连绵，政府对无居民海岛开发的主导行为有所松弛，民间开发行为有所恢复，但终因时局动荡无法发展。

新中国成立后至 20 世纪 70 年代，我国无居民海岛开发仍以政府为主，投入大量人力、物力建设海岛防线，民间虽有采石、挖沙、季节性捕鱼等活动，但都处于无序状态，大多未经法律承认或许可。20 世纪 90 年代以后，为适应改革开放的要求，通过沿海岛屿连接世界市场，逐步放宽无居民海岛开发限制，并相继颁布了《无居民海岛保护与利用管理规定》《海岛保护法》《无居民海岛使用申请审批试行办法》等政策法规以及首批可开发无居民海岛名录。民间资本不断涌向无居民海岛，出现了许多"岛主"，开发主体转变为个人或单位，政府逐渐退出直接开发者行列，政府转变为制度、规则的制定者和监督者。

开发主体由私人变为政府，再由政府转向多元主体，既反映了社会、经济、政治环境变化对无居民海岛开发行为的历史影响，也说明了我国无居民海岛开发市场的逐步成熟。

3. 开发方式的提升

无居民海岛的具体开发方式也随着时代而变迁，从拾贝、渔猎、晒盐，到采矿、移民开垦、航运交通，再向驻防、工业、空间仓储、旅游、科研、公共基础建设等转化，凸显了人类开发技术的提升。

原始社会时期，人类只能徒手采拾贝类，或用石器进行初级渔猎。春秋战国时期，开始广泛利用无居民海岛滩涂进行晒盐，并利用铁制、铜制渔具进行捕捞，还出现了征收赋税的情况。封建社会时期，部分适宜人类居住的无居民海岛出现季节性居民，他们通常以渔业生产为生，因而无居民海岛周围海域渔业养殖逐步发展，同时岛上丰富的矿石资源开始被大批量运用于民房、宫殿、工事建设。当时，还将扇贝、鲍鱼、珍珠等海产品及宝石作为珍贵的贡品敬献于君王。唐宋时期以及明永乐年间，中外交流频繁，无居民海岛成为海上航运、贸易的中转站，部分港口出现了"黄田港北水如天，万里风樯看贾船"的繁华景象。明清时期，因为倭患频发及与台湾郑氏家族的对抗，无居民海岛经济功能萎缩，转向军事驻防或荒废状态。近代时期无居民海岛开发技术处于停滞，如无居民海岛渔业方面的许多渔船仍为旧式木帆船，直至抗日战争前才出现了机轮捕捞。

新中国成立初期也仍以海防建设为主，但无居民海岛开发技术有了很大提高，各类导航、信息技术广泛应用于开发过程，设置了许多航标、灯塔和领海基点。20 世纪 90 年代以来，无居民海岛开发方式趋向多元化，海岛价值被充分发掘。一是渔业资源开发，如浙江象山县的菜花岛的种养殖开发、西霍山岛的涨网作业以及长涂东部海岛的深水垂钓作业等；二是工业开发，如南沙群岛的石油开采；三是空间仓储，如西沙的永兴岛现已经成为我国渔民出海捕鱼的中转站及大型航运、空运的联结点，再如惠州纯洲岛因其东南两侧水深条件好、西邻惠州湾荃湾港区、北面通过跨海大桥与大亚湾石化工业区连成一片，即将开发成一个世界级的石油化工产品仓储工业区；四是公共基础设施开发，如浙江岱山的龟山水道潮流能开发，部分无居民海岛的潮汐能、风能发电；五是生态旅游，如厦门在火烧屿利用海沧大桥桥墩兴建青少年科技博物馆，并以岛上地质学资源为基础，发展地质观光旅游项目。这些开发方式的转变，反映了我国对无居民海岛价值的不断挖掘，也表明我国无居民海岛正在向全面开发、可持续发展方向提升。

（三）展望

从新石器时代到 21 世纪，我国无居民海岛开发经历了 6000 多年的风雨历程，其开发对象、开发主体、开发方式都随着生产力的提高和政治社会环境的变化而发展。目前我国对无居民海岛越来越重视，其开发利用已关系到我国海洋战略的实现和综合国力的提升。但从开发现状来看，我国无居民海岛还存在着诸多问题，如开发层次偏低、海岛生态破坏严重、海岛产权界定不清、管理体制混乱等，需要我们借鉴历史经验，结合无居民海岛的特殊属性，不断进行完善，以促进无居民海岛的有序、合理、有效开发。

（1）加强政策支持。从我国春秋战国以来的开发历史可见，无居民海岛的开发对一个国家的兴衰有着直接的关系，"向海而兴，背海而衰。禁海几亡，开海则强"。新中国成立之初，也有过无居民海岛开发的尝试，但却失败了。当时在浙江温州市 200 多名垦荒队员组成的"大陈岛温州青年志愿垦荒队"，来到被国民党军队劫掠一空的大陈岛重建家园，并开发了周围无居民海岛，但由于投资太大、困难重重、收益微薄，当年垦荒队员开发的羊歧岛、竹屿岛等如今依然是荒岛。无居民海岛自然条件差且无基础设施，投入成本较高，单靠民力开发确实难以长久维系，因而需要政府保持长期有效的介入，积极进行政策扶持，维护开发者利益，保障国有资源的有效利用。

（2）促进技术革新。无居民海岛开发史也是人类生产力的发展史，科学技术作为第一生产力，对提高开发层次，具有重要作用。从石器到铁器，再到青铜器、造船术，我国无居民海岛开发范围一直在随着技术的革新而拓展。针对我国目前无居民海岛开发的状况，应当加强生态、信息、工程建设等方面的技术创新。运用生态学知识合理制定无居民海岛开发与保护规划，维持海岛开发与海岛生态间的平衡调节能力，做到"生态优先"；发展海岛信息技术，了解我国各海域的无居民海岛分布、地质地貌、人类活动、气象灾害等信息，服务于海岛开发；在工程建设中，考虑无居民海岛自然属性及开发项目需要，可采取"岛群"开发的方式，克服无居民海岛自身封闭、狭小的限制，发挥腹地支撑作用和规模化整体效应。

（3）完善组织管理。隋唐时的三省六部和九寺五监共同管理方式，看似有职能重复之处，但前者负责规划制定，后者具体执行，分工明确。我国现在也认识到无居民海岛不同于有居民海岛的开发特点，"因岛制宜"，改变多头管理的组织架构，完善法律，规范所有无居民海岛的开发行为，赋权统一的部门进行专项管理。依法确立无居民海岛权属，由产权者进行实质性监督、授权，充分调动开发者的积极性，保障所有权和使用权的完整行使。

通过对我国无居民海岛开发的历史经验进行回顾并将其运用于现代管理中，有助于政府正确定位海岛管理，促进我国无居民海岛的合理、有效开发，推动我国海洋事业的发展。

五　基于产权视角的无居民海岛开发

近年来随着市场化改革的推进，各项公共资源开始转向多元投资，中国第一个私人产权海岛的诞生就是一个典型例子。1998 年，深圳市弄潮儿公司董事长孙良浩以 650 万元买得大亚湾三角洲海岛 40 年产权证，将其开发为潜水俱乐部，成为中国首位"岛主"。但回顾申报、开发的经历，孙先生说"当岛主并不是件容易的事"。1997 年初，孙良浩就向惠东县和惠州市政府提出申请，希望能够受让位于惠东海域的大亚湾三角洲海岛进行潜水开发。当时国家尚未出台《无居民海岛保护与利用管理规定》，国内还没有受让无居民海岛的先例，但惠州市惠东县政府出于招商引资的目的还是同意了。由于是第一次整体受让无居民海岛，弄潮儿公司从给当时的县计委、国土局、规划局、海洋与水产局打报告，一直到了惠州市，惠州市政府有关部门又就此请示广东省国土厅，1998 年 7 月，省国土厅批复同意惠东县出让海岛使用权给弄潮儿公司。这个层层审批过程，足足耗时 1 年半，是我国行政审批效率低吗？不是，问题在于我国无居民海岛产权不清晰，导致政府与开发者之间协商谈判的交易成本提高。

其实相对于珠海市来说，孙先生能最终成为"岛主"已属顺利。珠海市正因为海岛产权复杂，海岛处于发展瓶颈期。珠海拥有 190 个海岛，其中无居民海岛 117 个，岛上资源十分丰富。但在目前，大部分无居民海岛还没有开发，使用率不高。为此，珠海向中央争取政策，希望能系统开发海岛，建设国际性的机场口岸，以将海洋产业与航空业结合起来，发展空港业，但至今仍未实现。其主要原因是：绝大多数海岛的产权关系难以厘清，尤其是计划经济时期的军事设防或其他需要所占用而现在已闲置不用的海岛，连广东省都没有办法解决其产权归属问题，因而资源难以整合利用，系统开发难度大。

由此可见，对无居民海岛产权的界定已成为我国海洋资源开发的关键要素。为此，本书从海岛产权角度出发，对我国无居民海岛的开发进行研究，以期通过明晰产权，推动无居民海岛资源的合理利用。

（一）无居民海岛产权

产权是一种通过社会强制而实现的对某种经济物品的多种用途进行选择的权利。它作为一种具有可交易性的社会工具，能通过清晰的安排确定每个人与物的关系，帮助一个人形成与其他人进行交易时的合理预期，从而提高稀缺性资源的利用效率。产权理论创始人科斯将产权范围界定为：所有权、利用权、处分权和收益权等。我国无居民海岛产权也相应分为以上几种，包括无居民海岛所有权、利用权、处分权和收益权，后三种用益权统称为无居民海岛使用权。根据我国《宪法》第 9 条规定："矿藏、水流、森林、山岭、草原、荒地、滩涂等自然资源都属于国家所有，即全民所有；有法律规定属于集体所有的森林和山岭、草原、荒地、滩涂除外。"无居民海岛因无人居住，尚未确认为集体所有，所以依据我国《海岛保护法》规定："无居民海岛属于国家所有，国务院代表国家行使无居民海岛所有权。"

我国无居民海岛存在所有权与使用权的天然分离。国家是一个集合体，其任何一个公民都不能单独作为海岛所有权的行使主体，而国家所有的无居民海岛开发必须经由具体的人或组织执行。这就决定了无居民海岛所有权与使用权的分离，其使用、收益及处分，总要"执于非所有人之手"，这也是所有者行使其权力的一种方式。因而，无居民海岛开发的实质是海岛使用权的转移，涉及的是海岛使用权的设定。在现代市场经济中，无居民海岛所有权由法律设定，而使用权则通过协议设立，一般运用拍卖、招投标的方式进行权利配置，并通过证照形式对无居民海岛使用权予以确立，这是一个产权交易的过程。

（二）我国无居民海岛开发中的问题及原因分析

1. 我国无居民海岛开发中的问题

虽然我国是一个海陆兼备的国家，但由于受"重海轻陆""重农轻商"思想的影响，历史上无居民海岛开发活动受到严格限制。在相当长的一段时间内，我国无居民海岛工作服从国防和战备需要，6500多个无居民海岛中只有少数近岸岛和具有特殊价值的海岛进行了开发。而另外一些资源较为丰富的岛屿则长期处于"谁占有、谁开发、谁使用"的混乱状态。改革开放以来，伴随着东部沿海地区对外开放的深入，国家开始重视海岛经济建设，出台了一系列政策措施，逐步开放无居民海岛。20世纪90年代，在全国海岛调查后期，国家确定了山东省长岛、浙江省舟山六横岛、福建省海坛岛、辽宁省长海、广东省南澳岛、广西壮族自治区涠洲岛等6个国家级开发试验区，1999年，国家海洋局又分批建立了11个海岛管理试验点。这些试验区的建立，标志着我国无居民海岛开发的起步。2003年《无居民海岛保护与利用管理规定》出台，首次明确提出"国家鼓励无居民海岛的合理开发利用和保护"，从制度上推动了我国无居民海岛开发的深入、扩展。随后颁布的《海岛保护法》则从综合管理与保护的角度，确立了海岛开发的合法程序，使其由无序走向有序。

我国无居民海岛资源丰富，但由于起步较晚，在开发过程中仍存在以下几个问题。

（1）行政权属争议，阻滞开发进程。我国目前省际归属有争议的海岛有 20 多个，其中无居民海岛和常年有人定居的岛屿各占一半，还有一些面积大于 500 平方米的无人小岛，历史上文字记载不多，归属从来没有明确过。在未开发阶段，这些矛盾处于缓和状态，一旦在海岛上发现新的资源或新的利用价值，争议双方就会为了各自的经济利益，竭力争夺，导致矛盾激化、开发秩序混乱。此类用岛纠纷的存在，使许多无居民海岛的开发计划被迫搁置，珠海市政府就是因为港口附近的无居民海岛产权不清，一直无法建成国际机场，影响了沿海城市的经济发展及无居民海岛的进一步开发。

（2）所有权虚化，致使资源流失。国家是无居民海岛的所有者，依法拥有无居民海岛这一资源性资产，但长期以来国家并没有真正行使其作为所有者的权利。对于计划经济体制下没有明确产权属性的无居民海岛，国家在转为市场经济体制后仍然没有及时予以界定。因而除了上述的省际纠纷之外，中央与地方之间、各产业管理部门之间以及各开发主体之间的产权关系也缺乏明确的界定，造成不少沿海地区的无居民海岛资源遭到掠夺性开发，国有资源性资产大量流失。在这种无约束情况下，许多开发者通常是无偿或付费极低地使用无居民海岛资源，使国家利益受到巨大损失。

（3）使用权不完整，缺乏开发动力。在我国公有制体制下，无居民海岛所有权是不能作为可流转的财产权直接进行交易的，因而采用出租、出让的形式实现产权转移，无居民海岛开发者得到的是土地资源性质的使用权。现阶段我国无居民海岛使用权并不完整，对于岛上可利用资源虽有宪法约束，仍缺乏具体、可操作的规定，使用权无法作为一个完整的用益物权进行转让。随着无居民海岛使用期届满，开发者只能放弃岛上设施及建筑物的价值，开发积极性严重受挫。在此影响下，中国 6500 多个面积超过 500 平方米的无居民海岛 94％至今未被开发，而在这开发的 6％中，迄今为止，能真正算得上赚钱的还数不上一家。因为无居民海岛开发者无法独立支配海岛使用权，开发形式受行政许可限制，许多私人投资难以得到快速回报，纷纷撤资，导致海岛开发中断。

（4）权责不一致，生态环境破坏。海岛产权不明带来的是保护责任的缺失。无居民海岛的生态系统十分脆弱，一旦遭到破坏很难实现可逆性恢复，因而其开发与保护是一个复杂的管理系统，涉及海洋与渔业、交通、国土、能源、军事、环境、林业等多个部门，但实际工作中存在着职责交叉或空白，缺乏一个明确的主体予以监督实施，这严重影响了开发过程中保护责任的履行。同时，无居民海岛开发者自身由于使用权不清，没有受到具体的职责限定，不愿为海岛保护投入成本。许多开发者将无居民海岛视为无主地，随意倾倒废弃物，改变自然地貌，使海岛岸滩受到严重侵蚀。这种保护意识的淡薄和责任机制的不完善，使许多无居民海岛处于粗放型的低层次开发状态，生物资源锐减、生态环境破坏，负外部性不断增长。

2. 原因分析

无居民海岛开发过程中问题的产生源于多方面，包括我国历史上的"重大陆、轻海洋"思想、经济和科技实力的局限、生态意识的淡薄等，但最根本的原因是我国无居民海岛的产权结构不清。

市场交换的前提是交易者对交易物有明确的、排他性的和可以自由转让的产权。对于无居民海岛开发来说，重要的不是产权采取哪些实现形式，而是这种形式的产权结构是否清晰，能否有效地促进资源的优化配置。目前我国无居民海岛产权的状况是：中央与地方产权不明、地方政府与地方政府之间权属混乱、交易后开发主体产权不完整。这种模糊的产权结构必然导致无居民海岛开发过程中负外部性的产生和交易成本的增加，最后影响无居民海岛的可持续发展。我国海岛开发中的资源过度开发、生态环境破坏就属于无居民海岛产权不清引发的负外部性；海岛开发进程受阻、开发中断则是由于产权不完整导致的交易过程困难、交易成本增加。具体分析如下。

无居民海岛作为一项公共资源，具有外部性这一隐性特征。在产权界定清晰的前提下，外部性能通过损害方和受害方的协商谈判达到某一帕累托最优点，科斯对此已有明确论述。但若无居民海岛产权不清，正外部性将无法得到显扬，负外部性却会不断显现。一方面，开发无居民海岛资源、保护海岛环境是一项惠及全社会和下一代的行为，不仅可以促进民间资本发展、拉动当地经济发展、增强国家海洋实力，还可以保证海岛资源的可持续利用，具有正外部性。但由于缺乏明晰的产权界定，无居民海岛成为了"无主的财产"，公众、政府、开发者都不愿为此付出高于个人收益的成本，无居民海岛保护陷入困境。因而只有明晰海岛在各权利主体中的产权分配，才能建立有效激励机制，使之有动力去维护海岛资源和环境。另一方面，每个经济个体都是理性经济人，追求利益的最大化，无居民海岛产权的界定不清导致开发者在无约束条件下，肆意攫取海岛资源，产生了海洋环境恶化、海洋灾害加剧等后果，造成了严重的负外部性。

无居民海岛产权的清晰界定是产权交易的基本前提。根据科斯产权理论，在交易成本大于零的情况下（现实中交易成本不可避免地存在），产权的清晰界定将有助于降低人们在交易过程中的成本，提高经济效益。而在我国无居民海岛开发中，却存在着交易成本无效率增加现象。

一方面，产权不明增加了交易中的信息、组织、谈判成本，致使无居民海岛开发中产权流动受阻。一是信息成本加大。我国自1998年开始允许民间个人、组织购买无居民海岛产权，但无居民海岛转让权具体属于哪一行政部门，至今仍未清楚界定。政府间混乱的产权情况，使市场主体难以获取海岛和相对价格的真实信息，增加了信息搜寻难度。二是组织成本增加。由于不明确无居民海岛产权到底在哪一级政府中，因而需要由下而上层层申报审批，各行政组织及社会机构的人力、物力资源消耗增大。三是谈判成本升高。无居民海岛是一项公共资源，管理主体繁多，各主体都认为无居民海岛与自身权利相关，因而在无居民海岛交易中均有利益表达，这种多元分歧，导致交易过程中的谈判主体增多，浪费资源和时间。

另一方面，产权不清带来了度量困难和沉淀成本的增加，降低了开发者的积极性，导致开发中断。一是度量困难。无居民海岛资源具有复杂性，它的开发、利用、保护是一个长期过程，但由于缺乏专门的技术部门对开发者的使用情况进行综合考量，导致政策调整不及时、扶助优惠措施不到位，使开发行为仅靠私人力量无法长期维系。二是沉淀成本高。无居民海岛基础设施差，投资回报慢，开发者需要长期投入大量成本。但因自身产权的不完整，开发者经常受所有者权力的干扰，无法自主规划开发项目，处于"戴着镣铐跳舞"的尴尬境地。在此境况下，开发者无奈放弃海岛使用权，但其已建造的建筑物却无法通过产权的自由转让收回投入，只能承受巨大的沉淀成本。这一系列因素导致开发者动力缺失，逐渐退出无居民海岛开发的行列。

由此可见，只有清晰的产权界定，才能保证无居民海岛开发中交易双方的权责一致，促进我国无居民海岛的合理使用，达到海洋资源的优化配置。

（三） 完善我国无居民海岛产权制度的对策

科学合理的无居民海岛开发行为，应建立在完善的海岛产权制度基础上。为此我们按照无居民海岛开发的时间顺序，从开发前的产权界定、开发中的产权保障、开发后的产权监督这三个方面，来明晰无居民海岛开发过程中的产权关系，促进海岛"科学规划、保护优先、合理开发、永续利用"原则的贯彻落实。

1. 开发前的产权界定

开发前通过法律及制度的完善，明确无居民海岛的界定规则及产权归属。我国目前已颁布实施的关于海岛的法律规范，主要规定了无居民海岛的功能区划和规划制度、开发申请审批制度、保护整治制度以及对无居民海岛的名称管理制度等。这些制度为无居民海岛开发提供了一定的基础，但仅有这些规定还不足以完成科学利用与保护海岛的工作，为了最大限度地合理开发海岛，应当做到以下两点。

明确无居民海岛行政归属。在处理无居民海岛归属纠纷时，应采用地理邻近原则和上级裁决原则，使其尽可能与陆上行政区划相一致，不形成"飞地"。法律已有明确规定的，按照"上位法优于下位法，后法优于前法"的原则进行管辖，但应注意国家海洋局在海域资源或海岛调查中所列的无居民海岛行政归属仅作参考，不具有最终的法律效力，也不能作为划分依据；对于管辖区域不明确或者有争议无居民海岛的利用，依据我国《无居民海岛保护与利用管理规定》，"由共同的上一级批准机关批准"。

基于海岛资源建立物权管理制度，明确无居民海岛物权人（即海岛使用者）的权利义务与法律地位，吸引投资者对海岛进行开发。通过购买获得的无居民海岛使用权是一种独立的物权，海岛物权人（即海岛使用者）对该权利应当享有充分的处分权，可以进行出租、转让、抵押。但由于我国的无居民海岛使用权带有较强的"公法色彩",对其开发采取许可制,因而海岛使用者须在获得原批准机构的允许后,才能对海岛使用权进行出租、转让。这一规定限制了开发者的行为,在一定程度上阻滞了开发的深入,过多的行政干预甚至违背了市场规律,导致许多"岛主"出现了亏本现象。为此,应将"硬约束"转化为"软指导",借鉴日本"限制区域"的做法,根据无居民海岛及其周边海域的生态、资源、环境和经济发展因素,确定"可利用区域"。在此区域内的无居民海岛,均可通过法定程序出让使用权,且一经登记后,使用权人的合法权益受法律保护,具有独立性和排他性。

2. 开发中的产权保障

开发过程中,建立无居民海岛所有者、使用者的伙伴合作关系,通过协议保障海岛产权的有效实现。无居民海岛作为一种具有非排他性、竞争性的公共资源性物品,其所有权和使用权存在可分离性,因而政府(即所有者)可以采用合同外包、特许经营等方式出租、出让给私人或单位进行开发,两者之间建立一种公私伙伴合作关系,以其所有,易其所无。只有建立在"自愿、平等、互惠"基础上的契约式合作关系,才能使无居民海岛所有者和开发者的目标趋向一致,自觉维护已确定的产权分配方式,避免开发者"竭泽而渔"的无序、无度行为,使无居民海岛得到可持续发展。为此须从以下几个方面入手。

(1)明确合作对象。无居民海岛是产权的载体,因而明确其内容是合作关系的基础。为此,交易双方在契约拟定之前必须明晰以下几个问题:①除领海基点所在的无居民海岛以外的海岛,开发者可否开采、利用岛上的矿产、动植物资源;②开发者可使用的海域范围为多少,具体包括哪些权利;③岛上公共基础设施由谁负责建设、维护;④海岛使用权期满后的建筑物归谁所有;⑤若造成海岛及周围海域环境破坏,由谁出资整治;等等。这些都涉及无居民海岛的使用权效力,必须在交易中达成一致。为了调动开发者保护海岛的积极性,维护交易双方的产权完整及地位平等。①对无居民海岛资源的利用采取有偿使用制度,按市场价对所开采的资源进行估价收费;②海域使用范围的确定应充分考虑开发者的使用需求与海洋生物资源的生存条件,进行科学合理划分,无居民海岛使用权人拥有该海岛相关海域的通行权、海岛空间使用权。③岛上公共基础设施应由政府(即所有者)负责出资建设及维护，使用者可无偿使用但不能用作经营赢利，且所有权归政府所有，不随无居民海岛使用权的转移而转移。④海岛开发中建筑物的归属问题可借鉴《劳德哈伍岛法》的规定，承认使用权人的取回权。无居民海岛使用期届满时，"使用权人可以取回其工作物及竹木，但应恢复海岛原状，海岛使用权人的建筑物所有权因海岛使用权存续期满而消灭时，无居民海岛所有人应按该建筑物的时价做出相应补偿"。⑤海岛环境整治应由该岛所属行政区域的县级以上海洋行政部门负责，其预算费用可计入海岛估价中，向无居民海岛使用者征收。

（2）完善合作细则。为了达到激励合作双方的目的，必须合理制定契约细则，使无居民海岛所有者和使用者达到"风险共担，收益共享"。其中最主要的就是以下两个方面。

一方面是无居民海岛估价制度。我国《海域使用管理法》中提出通过招标或拍卖的方式转让海域使用权，在无居民海岛开发中也应引入市场机制，从而减少行政审批的弊端，提升无居民海岛管理的公开性。实行无居民海岛有偿使用制度，就需要对海岛使用人收取使用金，作为使用海岛的对价，这也是合作双方利益分歧最大的一点。目前国际上主要有两种租金支付方式：从量征收和从价征收。前者按照海岛的面积征收使用金，后者按照海岛的使用价值或使用海岛所获得的经营收入的一定比例征收使用金。我国的无居民海岛虽然面积不一，但影响其价值的最重要因素还是海岛的地理位置、资源拥有量和周边海域环境等情况，因而我国可采用"从价征收"，聘请专业估价机构作为第三方，对无居民海岛的资源、地理环境、海域位置等进行评估，计算出海岛的使用价值，以此作为征收使用金的依据。这样既可以保证使用者支付的对价较为公平合理，也可以保证充分实现国家的所有权利益。

另一方面是无居民海岛使用权期限。使用权期限是关系到合作双方产权存续的一个重要问题，是合作双方权益能否得到保障的关键，因而要合理界定无居民海岛使用权期限。期限过短，海岛使用者难以收回成本，不利于吸引投资，容易造成开发者因强调短期利益而过度开发、破坏无居民海岛环境；期限过长则风险较大，交易主体中的一方可能因经济环境变化而遭到利益损失，使双方公平性失衡。因此，本书根据保护海岛可持续发展的目的以及无居民海岛建设的长期性，提出适应经济变化的"灵活期限"。我国《无居民海岛保护与利用管理规定》第 15 条规定："无居民海岛利用期限最长不得超过 50 年。"交易双方可在此前提之下，设定一个开发者的最小收益净值，一旦开发商获得规定的最小收益净值后，使用权就到期。为了降低开发者的风险，双方合同中应约定在什么情况下可以延长使用权期限；为了约束开发者的行为，也应在合同中注明出现哪些违约行为时，可以提前取消海岛使用权。

（3）创新合作模式。针对目前无居民海岛开发管理体制混乱无序的情况，可采用 BOT（build-operate-transfer，即建设—经营—转让）模式作为海岛产权交易的主要形式，为开发者提供良好契机。BOT 模式，是指政府通过契约授予一定的公司以项目特许权，获得特许权的公司或财团通过一定的融资渠道获取项目运营所需要的资金，建设该项目，并在特许期内经营该项目设施，向项目产品的消费者收取相应的费用，回收建设运营成本并赢取利润，到特许期满后，转让给授权的政府或者其他特许人。结合我国无居民海岛基础设施差、投资风险大的特点，应鼓励开发者采取"选址—评估—设计—建设—运营—管理"一线式操作，其开发项目由海岛使用者独立筹划，所有者可辅助其宣传输出。在此过程中开发者虽然只拥有无居民海岛的经营权，但具有更大的灵活性，从而使得开发过程有序、有度、责任到位，也使海岛的产权更为明确、连贯。

3. 开发后的产权监督

通过管理机制的改革，完善无居民海岛交易后的产权监督，保证产权效用的发挥。无居民海岛开发是一个长期的过程，在前面两个阶段中双方产权都已得到了明确的界定，但能否实现促进无居民海岛永续发展的结果，还需要各管理机构的有效监督及反馈。主要应从以下几个方面进行制度建设。

（1）落实授权监管主体。无居民海岛往往远离大陆，监督成本高，且难以实施有效管理，所以应确定无居民海岛产权交易后的具体监督主体。在 2003 年《无居民海岛保护与利用管理规定》颁布后，无居民海岛的管理属国家海洋局。但由于海岛资源的"立体性"，其管理主体较为复杂，无居民海岛土地资源由国土部门管理，渔业资源归水产主管部门管理，矿产资源由矿产部门负责，生态环境问题又受环保部门监督。这种多部门交叉管理模式造成无居民海岛产权缺乏统一有效的监管主体，产生组织成本、管理纠纷增加等障碍，为此应明确授权管理主体。从我国目前无居民海岛管理的实际情况看，由于海上尚未划界，对地方政府的管理范围无法作出界定，各地都认为自己对某无居民海岛有管理权，自行监督检查，导致各自为政、多头管理，甚至出现了管理空白，有些海岛承包出去之后任由开发者肆意攫取资源，无人制止。为此，我们首先应明确无居民海岛监管责任的授权机制，是国家授权到省、省到市、市再到县的逐级委托授权，还是国家海洋局直接授权给某一派出机构；另外，必须确定未经授权就对自认的海岛进行监管是否有效。依照《海岛保护法》的精神，统一管理机构为海洋行政主管部门，应该由该海岛所属的县级以上海洋行政部门联合海监机构负责监督，管理无居民海岛的具体保护、开发活动，且不能跨界对毗邻海域的海岛进行管理。

（2）明确监督内容。在确立海岛权属之后，还要加强对无居民海岛开发行为的监督，避免负外部性，为后续发展提供基础。具体任务包括：在初始阶段，为给海岛开发者提供相对宽松的投资环境，坚持保护为主、适度开发的原则，对无居民海岛的开发效用进行准确的评估管理，以确保海岛旅游资源、地貌特征及生态环境不会因过度开发受到损害；在发展阶段，通过实地检查对管辖海域内的无居民海岛进行清理统计，对因历史遗漏而未曾批租但符合海岛保护原则的开发项目，督促其补办审批手续，对恶意破坏海岛环境的行为，立即制止并予以处罚。在合约实施后，开发者若要改变海岛功能定位或开发利用方向的，需经规划批准机关和管理机关同意，方可变更。另外，应建立可利用无居民海岛的资源环境监测系统，采集海岛开发信息，为海岛管理提供现代化技术支撑。

（3）实施激励机制。除了通过以上手段规范无居民海岛开发外，还可以采用奖励措施，调动开发者的积极性，促进产权交易的顺利完成。在无居民海岛使用期届满后，政府（海岛所有者）可对无居民海岛原有和现有资源、设施以及环境影响进行检查、对比、评估。如果评价较高，政府可以在新一轮的竞标中偏向于原有开发者，使其重新获得海岛使用权以获取持续的利润或者给予开发者适当的财政补偿（这一补偿并不是由政府而是由新的开发者具体支付），这可以激励无居民海岛开发者从合作双方角度出发，采取科学的开发手段利用海岛资源，达到使用者与所有者的双赢。

　　无居民海岛是我国的宝贵财富，在国防、权益、资源等多个方面都有着极其重要的地位。中国作为海洋大国，对于这一重要自然资源的价值发掘及保护应走在世界的前列。我们相信，从开发前、开发中、开发后这三个阶段，明确无居民海岛产权及各主体的具体权利，必能促进无居民海岛开发中的权责一致，达到开发与保护并重的目的，使我国海岛资源得到合理利用、永续发展。

图书在版编目（CIP）数据

变革中的海洋管理/王琪等编著. —北京：社会科学
文献出版社，2013.3
ISBN 978 - 7 - 5097 - 4169 - 6

Ⅰ.①变…　Ⅱ.①王…　Ⅲ.①海洋 - 管理 - 研究
Ⅳ.①P7

中国版本图书馆 CIP 数据核字（2012）第 303726 号

变革中的海洋管理

编　著 / 王　琪　王　刚　王印红　吕建华

出 版 人 / 谢寿光
出 版 者 / 社会科学文献出版社
地　　址 / 北京市西城区北三环中路甲 29 号院 3 号楼华龙大厦
邮政编码 / 100029

责任部门 / 社会政法分社（010）59367156　　　　责任编辑 / 曹长香
电子信箱 / shekebu@ ssap. cn　　　　　　　　　责任校对 / 李晨光
项目统筹 / 王　绯　　　　　　　　　　　　　　责任印制 / 岳　阳
经　　销 / 社会科学文献出版社市场营销中心（010）59367081　59367089
读者服务 / 读者服务中心（010）59367028

印　　装 / 三河市尚艺印装有限公司
开　　本 / 787mm×1092mm　1/16　　　　　　　印　　张 / 22.25
版　　次 / 2013 年 3 月第 1 版　　　　　　　　　字　　数 / 361 千字
印　　次 / 2013 年 3 月第 1 次印刷
书　　号 / ISBN 978 - 7 - 5097 - 4169 - 6
定　　价 / 68.00 元